循证设计——从思维逻辑到实施方法

Evidence-Based Design: From Thought Logic to Implementation Method

刘晓燕　王一平　著

中国建筑工业出版社

图书在版编目(CIP)数据

循证设计——从思维逻辑到实施方法／刘晓燕，王一平著．—北京：中国建筑工业出版社，2016.2

ISBN 978-7-112-18890-1

Ⅰ.①循… Ⅱ.①刘… ②王… Ⅲ.①建筑设计—研究 Ⅳ.①TU2

中国版本图书馆CIP数据核字（2015）第306661号

本书基于信息时代的大背景，以建筑界的现实问题为线索，以大量业内专家的实践经验为支持，以循证医学和制造业的成熟机制为参照，突破现行系统的制约，对“循证设计——基于证据的设计”这一新型的价值观和方法论，从理论体系到操作体系进行了一次系统探讨，建立起一套先导性的思维和实施理论架构，为其向实践层面的推进奠定了基础。

由循证设计开始，建筑学将形成一种以科学方法与证据指导建筑设计的新方法。与此同时，通过实践证据的不断积累，逐步构建起当代建筑学的基础知识和学科体系，并经由多个维度，构建起基于循证设计的新型知识运行机制。这是在信息时代，建筑行业发展及一切相关活动所依赖的最深层基础，由此将最终带来整个行业设计范式的转变。

责任编辑：吴宇江
责任设计：董建平
责任校对：党 蕾 赵 颖

循证设计——从思维逻辑到实施方法
刘晓燕 王一平 著
*
中国建筑工业出版社出版、发行（北京西郊百万庄）
各地新华书店、建筑书店经销
北京永峥有限责任公司制版
北京市密东印刷有限公司印刷
*
开本：787×1092毫米 1/16 印张：13½ 字数：327千字
2016年6月第一版 2018年9月第二次印刷
定价：**45.00**元
ISBN 978-7-112-18890-1
(28040)

前　言

按照人本地认识、深入理解、实施及推广循证设计的逻辑顺序，全书整体结构设计分为3大部分：第1部分是循证设计的理论体系，即如何理解循证设计；第2部分是循证设计的操作体系，即如何实施循证设计；第3部分为全书总结及后续研究展望。

较之先前的研究文献，本书的创新价值体现为以下几个方面：①基于对循证设计及相关理论的“循证”整合研究，并以建筑界的现实问题为线索，搭建了循证设计完整的思维逻辑体系；②基于信息时代的技术和文化背景，将“循证设计”与“知识管理”相结合，分析了当前建筑信息化建设的弊端和发展方向；③参照循证医学的实施模式及进展状况，建立了完整的循证设计实施架构，并预见了循证设计未来的发展目标；④借鉴“循证医学中心”和制造业知识管理系统，建立了一套从证据生产到证据应用的系统性的循证设计操作理论体系。

第1部分（第1、2篇）：循证设计的理论体系，集中于认识层面。

第1篇（第1章）：循证设计概论。由于循证设计的概念对于我国的设计者和学者们还相对陌生。因此，本书首先对循证设计的起源及发展、概念及核心思想、背景及学科意义等基本状况进行总体介绍，并对该领域当前国内外的研究现状进行系统的综述和解析，从中寻找和确立学术空白。

第2篇（第2~4章）：循证设计解读。实际上，对于循证设计的认识不应只停留于“基于证据”的表层理解，由循证设计出发可以引出一系列相关概念，相互之间内在关联地形成一个体系，共同体现出第二代设计方法的特征：重视科学分析、调查研究、评估反馈、信息集成等。本篇分为3个层次，由循证设计的基本特征与现实意义，到证据知识体系的学科价值，再到建筑行业的运行方式，层层推进，系统而详细地对循证设计展开解读。

第2、3章：“循证设计”的“循证”整合研究。对循证设计理论及相关概念的整合研究，重在阐述笔者对循证设计的综合理解。因而写作特点是通过广泛的文献阅读和访谈，收集各相关领域的著作、文献、现象、事实、案例、专业经验、专家看法等资料，借用循证设计的“空筐”将其拢在一起，在一个整体性的逻辑下进行通盘思考，建立起清晰的脉络。

在论述方式上，将循证设计的内涵与当下中国建筑界的现实问题结合讨论，是提问，同时也是解答。以“循证”的方式，通过寻找现有系统的弱点和漏洞，提出“十大现实问题”，然后借用大量的“证据”，给出循证设计系统的恰当回应。当中包含着对“循证设计”的核心思想、内在机制、现实意义、应用价值等方面的深入剖析。一方面具有理论研究的严谨理性特征；另一方面严肃真诚地对待实际问题，从而为下一阶段循证设计向实践层面的推进，奠定坚实的理论基础。这种“整合机制”和“用证据说话”的过程本身，就是循证设计思想的直接体现之一。

第4章：基于知识的全行业设计范式。在循证设计的特点和现实意义明了之后，紧接着需要探讨的就是循证设计的可行性问题。作为信息时代建筑学的一种价值观和方法论，循证设计如何参与现实？循证设计的证据如何获得？基于信息集成化的设计过程如何实现？循证设计在其中又发挥着怎样的作用？

由历史的经验可知，建筑行业的发展，因涉及范围的广泛，其发展往往总是滞后于其他行业。为了正确地预见和引导其未来方向，有必要借鉴与之具有相似性的其他学科的成熟体系。而制造行业的设计和生产过程与建筑设计行业有很多类似，对建筑行业具有现实的指导意义，因此，本研究通过参照制造业的设计知识重用模式，对建筑设计的模式进行了探讨。明确指出，在未来的建筑行业中，应将“循证设计”与“知识管理”充分结合，基于循证设计的系统理论和实施方法指引，带动行业知识系统的建设；同时，完善的知识系统为循证设计的实施提供支持，从而共同保证“绿色建筑”的实现以及建筑行业的全面跃升。这种“借他山之石”的跨领域参照方式，是循证设计思想的体现之二。

第2部分（第3、4篇）：循证设计的操作体系，面向实施层面。

在循证设计的概念相对明晰，理论相对完备之后，如何确保循证设计获得系统性的有效实施，就成为迫切需要解决的一大问题。然而，在本书之前，循证设计的研究，更大程度上还是思辨性的存在，或是局限在某一领域（尤其医疗建筑领域）的零散循证实践。即便是已经过若干年发展的美国，面向更广泛领域的系统性的循证设计操作研究亦付之阙如。

但事实上，对任何事情的探究都不应片段化。循证设计之于建筑学的全面改造，绝不可能依赖于简单地研究几个案例，而是需要对整个系统进行优化。明智的做法应当是：首先突破现行系统的制约，建立先导性的理论体系，然后再进行实际验证。因此，本书后半部分，通过借鉴现有循证医学的研究成果，尝试搭建循证设计操作体系的系统架构，旨在将被动的情境通过主动的预设去实现。首先有一个预设的目的，然后基于判断和预测选择合适的做法，并进行系统地论证，由此建立一个完整的操作理论体系，从而确保在实践之前大量的基本问题就已被解决。然后，经由下一阶段的实施应用，进行试错、调整和修正，最终确立一套合理可行的系统模式，据此可在行业内建立机制，普及推广。

第3篇（第5章）：循证设计的实施架构。基于相似的产生背景、思想机制和运作模式，本章对于循证设计的发展目标和实施模式的探讨，将以参考和对照循证医学的方式展开，并立足于建筑学科自身的特点和现实条件，构建循证设计的实施架构，建立一般的程序和实施方法，为循证设计从理论到实践的应用提供实现途径和操作指南。

第4篇（第6～11章）：循证设计网络中心。循证设计的实施，最根本地依赖于大量可供查询检索的证据。所以，在循证设计的理论体系和实施方法确立之后，最为迫切的就是建立基础的循证设计证据库。本章对于该空白领域的首次系统探索，是对循证设计研究的一次重要推进：基于循证设计理论的主旨和原则，立足于我国国情和建筑行业现实，通过广泛借鉴循证医学中心、产品设计知识系统等领域的研究机制，尝试对“循证设计网络中心”进行建构。围绕“证据”研究和数据库建设的一系列相关问题，展开初步的系统研究，形成适用的信息网络及其使用原则与方法，进而建立起一套结构化的管理与实施系统理论，从而为循证设计向实践层面的全面推进做好准备。

第3部分（第5篇）：总结

第5篇（第12章）：总结与展望。为了便于读者清晰地把握本研究的核心内容，本篇首先对前面两个部分——循证设计理论体系和操作体系的内容进行了回顾总结，从每个章节中提取关键信息（前提+结论），在归纳重点的同时，又不失其语境含义。然后，紧扣操作理论，制定了后续的循证实践研究计划。在物理学里，总是从较为典型的模型开始研究。同样，对于循证设计实践来说，也必须立足于一个最典型的建筑领域，开展重点而深入地研究。住宅建筑，因其建设量最大、涉及和影响范围最广、与人们的生活最为息息相关，而且功能相对简单明确、结论的普适性相对较高，因此，本研究后续将以此为切入点，开展住宅证据体系的循证实践研究。一方面建立起大量证据样板，用以指导和提升此类设计；另一方面，对预设体系进行检验和完善。需要强调的是，不同于传统意义上的类型建筑研究，对于住宅建筑的循证实践研究更侧重基于一般研究方法的前提讨论问题，其过程与方法的意义大于结论。这一循环过程：预设目标—系统论证—实践检验，是循证科学思想的体现之三。

目　录

第1篇　循证设计基本理论

第1章　循证设计概论

1.1　循证理论的起源与发展：从循证医学到循证设计

循证设计（Evidence－Based Design，EBD）理论的发展与循证医学（Evidence－Based Medicine，EBM）密切相关。开始于20世纪70年代的循证医学，是临床医学在当代的最新发展，其基本特征为：传统现代医学以“经验医学”为主，循证医学则更重视“诊疗证据”，循证医学强调任何医疗决策的制定过程，均应建立在最佳证据基础之上，从而有利于获得最优化的治疗方案。

1.1.1　循证医学理论的发展

循证医学概念的产生，起源于20世纪中叶医学界对传统医学模式的反思。传统的现代医学是以个人经验为主的经验医学，医生通常是根据自己的实践经验，或者借助于高资历医师的指导，以及医学文献上零散的研究报告来制订诊疗方案。然而问题在于，尽管个人的临床经验非常重要，但其对于治疗方案的整体性而言却非常有限，因此也就不可避免地会带有一定程度的局限性和主观性，很容易导致决策的片面性，甚至造成失误。已有大量的人体大样本随机对照实验结果发现，一些理论上认为有效的治疗方法实际上却是无效甚至有害的，说明传统的医疗决策模式并不科学，因此，医学界不断呼吁由传统经验医学向科学医学转变。

1972年，英国流行病学家Archie Cochrane出版了《疗效与效益——健康服务中的随机对照实验》一书，提倡临床实践应以可靠的科研成果为依据。1979年，Cochrane又组织开展了对临床医学文献的系统评价SR（Systematic Review）研究，这种重视预后效果的医学新方法对于医疗实践具有重要的指导作用。

1992年，加拿大McMaster大学的David L. Sackett及其工作组首次提出了“Evidence－Based Medicine”的名称，EBM作为专有名词首次出现在医学杂志上。我国学者王吉耀教授将其翻译为“循证医学”，此后循证医学逐渐引起了国内学者的重视。

1992年，英国成立了第一个循证医学实践机构——英国循证医学中心。为纪念循证医学思想的先驱、已故的Archie Cochrane医生，该中心以他的名字命名。

1993年，国际性的循证医学网络“Cochrane协作网”在英国正式成立，该组织致力于广泛收集临床随机对照实验（RCT）的研究结果，在严格的质量评价的基础上，进行系统评价（SR）和荟萃分析（Meta-Analysis），将有价值的研究结果推荐给临床医生以及相关专业的实践者，以帮助他们实践循证医学。

1996年Sackett教授及其同事提出了循证医学的明确定义“明确、明智、审慎地应用最佳证据作出临床决策的方法。”

2000年，Sackett教授在新版《怎样实践和讲授循证医学》中，再次对“循证医学”

(EBM)的定义进行了补充完善，将其描述为："慎重、准确和明智地应用当前所能获得的最好的研究证据，同时结合临床医师的个人专业技能和多年临床经验，考虑病人的价值和愿望，将三者完美地结合，制定出病人的治疗措施。"至此，循证医学正式形成。

近20年来，循证医学在国内外医学界得到迅速普及与推广，并建立起完善的信息网络系统，目前已成为临床教学和实践中的常规工作方法。

对循证医学与传统现代医学的特点加以比较总结，可以看出其最大区别在于决策方法：传统医学决策是基于医生个人经验的、相对主观的；而循证医学则是基于医疗证据整体的、相对科学的，它要求决策以证据为前提，重疗效检验，而且强调开放性。原因其实很简单，现代医学面对更加庞大和复杂的系统，已经无法承担主观臆断的风险，必须具备科学的方法论才能得以应对。以实际效果为判断标准，对众多的诊疗方案进行检验和对照，确认其有效性，从而取其精华去其糟粕，最终形成一整套确切的知识体系，以此为基础，在充分考虑患者意愿的前提下，加以灵活运用，从而更加有利于获得系统最优决策。

1.1.2　循证设计理论的发展

循证设计沿袭循证医学而来，是建筑学在当代的最新发展。"循证设计"其概念意识的萌发，以1984年得克萨斯A&M大学建筑学院Roger Ulrich教授在《科学》杂志上发表《窗外景观可影响病人的术后恢复》一文为标志，该文首次运用严谨的科学方法证明了环境对疗效的重要作用。

1991年，Ulrich教授又提出了"循证设计支持性理论"，强调从医疗设施的设计入手，帮助改善和调节医疗效果，并鼓励社会支持和交往。

1992年，美国成立了世界首家循证设计专门研究机构——健康设计中心(Center for Health Design，CHD)，此后，循证设计逐渐成为英美发达国家医疗与养老机构建筑设计领域的主流研究方法。

2003年，Hamilton首先对循证设计作出了简单定义，随后借鉴循证医学的定义，对循证设计的正式定义进行了补充完善(Hamilton，2007b)。

2008年，"健康设计中心"开始了"循证设计认证"(Evidence-Based Design Accreditation and Certification，简称EBAC)的专业资质评级工作，目前美国建筑师协会(AIA)也已开始全面推广循证设计。

2008年以来，美国陆续有10多部循证设计相关著作正式出版。2009年底Hamilton与Watkins合著的《循证设计——各类建筑之"基于证据的设计"》(Evidence-Based Design for Multiple Building Types，该书已由刘晓燕和王一平翻译为中文版，即将出版)，首次将循证理论从医疗建筑设计推广到学习环境、办公环境、商业环境、科研环境、演会场所、历史建筑保护、城市规划等多种设计类型。近10年来，循证设计更形成了跨越式发展，以"循证科学"的思想，影响到建筑、规划、医学、护理学、心理学、社会学、管理学及金融等多个领域，逐渐成为一个受到各行业广泛关注的研究热点。

与此同时，循证设计在国内也日益受到重视。2008年开始，陆续有一些介绍国外医疗建筑循证设计的文章发表，2011年来，各大医疗建筑学术论坛纷纷将循证设计作为其研究重点，循证设计由此在医疗建筑领域逐渐取得一些进展。

2009年，《建筑数字化之教育论题》和《建筑数字化论题之二：循证》等一系列文章

(王一平等)，从信息数字化的角度分析和预见了循证设计在设计实践和专业教育中的应用价值和前景。在文章中，参照循证医学的最新中文定义，正式给出“建筑循证设计”的完整中文定义。

2012 年，王一平的博士论文《为绿色建筑的循证设计研究》，更进一步地对循证设计相关的一系列基础问题进行了系统性的理论研究。我们有理由相信，循证设计在建筑各界的关注下，其未来的发展前景将更为广阔。

1.2 循证设计是什么?

1.2.1 循证设计的基本概念

循证设计（Evidence - Based Design）的简单定义可以是通过深思熟虑地应用现有的最佳知识来提高设计决策。建筑循证设计（Evidence - Based Architectural Design，EBD）正式的中文定义，参照循证医学（EBM）最新定义的文本结构，相关同构地描述为：

“慎重、准确和明智地，应用当前所能获得的最好的研究依据；同时结合建筑师的个人专业技能和多年的工程设计经验；考虑到业主的价值和愿望；将三者完美地结合，制定出建筑的设计方案”（王一平，2009）。

1.2.2 循证设计的核心思想

循证设计是一种重视证据的观念和思考方式，其核心思想在于遵循最佳证据。它旨在突破传统以规范为依据，依靠个人经验和主观臆断的设计方式；走向以建成效果和实际使用为目标，重视积累和循环应用证据的设计模式，从而确保设计决策有理可依，有据可查。这一研究思想和方法不仅具有较强的科学性和实践性，而且其结果比采用常规方法具有更高的可信性和有效性，从而成为一种更为科学严谨的研究方法与设计模式。

循证设计并非一种产品，而是一个由设计者和客户一起，基于现有的研究与实践成果，共同为项目寻求最佳设计方案的过程。（Hamilton，2009）它首先从实际出发，寻找并确立项目中的关键问题，然后通过收集和借鉴行业内最可靠的成果和有价值的信息作为设计依据，基于对成果的借鉴和转义，研究探讨针对当前问题的解决办法。期间需要针对具体的研究对象不断地进行分析、论证和检验，并通过设计师、开发商、使用者等多方面的互动，最终获得最优化的设计解决方案。在此过程中，也为不同领域搭建起统一的共享研究成果的平台。

相对于传统的设计方法，循证设计突出强调了以下几点：通过调查研究发现现实的核心问题；理性严谨地寻求最佳证据的支撑；科学研究与实践应用高度结合；系统性与个体化充分协调；业主及其他相关主体的真正参与；以建筑的建成效果和日常使用为最高目标，重视对结果的评估与反馈；重视全行业的知识积累与共享。

1.3 为什么需要循证设计?

近 30 年来，中国进行了大规模的经济建设，发展速度举世瞩目，但随之而来也造成了很多问题，最显著的问题就是整体的建筑品质不高，综合效益不尽如人意。而导致这种后果的最主要原因正是在于建筑的设计与建造过程缺乏科学性和严谨性。现行模式下，建设项目仅仅以满足最低建设标准的控制性规范为设计依据，缺乏科学证据的指导；设计师主要依据个人非常有限的经验、主观的审美判断或者零散的类似项目案例进行设计，思路有限，方案也不具有说服力。

更为糟糕的是，在当下的“图像时代”，设计者获得的信息往往流于表面形式，缺乏对其内在机制的探究，以及对建筑性能品质和使用的关注，因而特别容易造成照猫画虎的形式主义危机。

可见，传统的设计模式已不足以应对建筑当下所面临的挑战。因此，当前迫切需要一种积极有效的方式，为建筑设计提供更全面和严谨的知识基础，并探索出一种以科学方法与证据指导建筑设计的新方法。

那么，理性的基础如何建立呢？首先应当强调的是实践经验的积累。建筑不同于任何其他艺术，它具有很强的物质性和实用性，因此建筑研究必须面向实践。经实际验证的实践经验中蕴含着大量的智慧，对设计最具实际指导价值。每一个项目投入大量的财力物力，凝聚了项目人员的大量心血和智慧，不应该仅仅发挥一次性的作用。所以，非常有必要集合大量切实可行的实践经验，构建学科知识基础，从而使得每一次设计都能发挥学科的整体智慧，带来建筑整体的品质提升。

经历了几十年的飞速发展，中国现在非常有必要回过头对历史过程加以调查和审视。近20年来，先后从西方引入了建筑策划、使用后评价等很多关注建筑后效的新概念，国内外很多学者也通过建筑使用后评价（POE）作了大量的研究。可是这些努力对实际的项目发挥作用吗？有多少日后的项目真正地借鉴了已有的评价报告？关键的问题在于，没有将评价和应用真正有效地建立起关联。评价只有上一个的终，没有下一个的始，不参与应用，无法转化为生产力，就没有实际意义。所以，未来最迫切的是增加一个整合环节，使其形成有效循环。使得工程的完成不再仅仅是以获得最终产品为终结，还应为未来的发展提供基础和解决方案的源泉。如此一来，所有的研究才能真正显示出价值。循证设计的理论和方法，对于克服上述弊端是一项有力举措，具有重要的理论和实践价值，这正是本研究开展的原因和目的所在。

循证设计将设计决策建立在对实际案例大量调查研究、切实分析的基础之上，基于已有证据和当前项目的实际条件，寻求最适当的可能性，从而使得决策具有更高的严谨性和合理性。由循证设计开始，在信息时代的数据支持和管理组织下，建筑学将形成一种以科学方法与证据指导建筑设计的系统化的全新设计方法。这种重视后效检验并倡导系统性地从实践中积累和应用证据的循环设计模式，对于转变设计观念、改善设计方法、提升设计决策、保证设计的高完成度等各方面都有着深远的意义。相信经过若干年时间的研究与积累，必将在中国建筑界的实践领域产生实质性影响，最终带来整个学科的范式转化。

1.4 国内外研究现状

1.4.1 国外研究状况

在医疗建筑设计领域，循证设计的概念一经确立之后，便逐渐形成了各类国际性的跨学科研究组织、年度会议、医疗建筑设计杂志、专业认证及培养计划（如 EDAC 计划）等，此外，各教育机构也纷纷开设相关的研究课程，并同时开展实验项目。目前，循证设计已成为欧美发达国家医疗与养老机构建筑设计领域的主流研究方法，并逐步积累起强大的循证设计基础数据库。

2000 年起，健康设计中心（Center for Health Design）作为一个非营利组织，发起了一项“卵石项目”（Pebble Project）联合研究计划，由多家医疗组织、建筑师、行业合作伙伴等共同合作，采用循证设计方法（EBD），开展关于医疗机构及其建筑设计的研究，旨在为医疗设计机构及其客户积累更多的可用知识，从而提升整个医疗卫生领域的服务质量。目前已有超过 40 家医院和护理机构，并且参与机构的数量还在不断增加。

另外，在美国还有多家单位、大学研究机构或设计策划咨询部门，以及医疗设备家具厂家设立专门机构开展结合工程项目及产品的循证设计。

目前循证设计的资源库已有：“医疗建筑设计师中心”网站 www. healthdesign. org，可以查找到各种研究和调查的基础知识；由美国建筑师协会发起的基于网络的知识门户网站 Soloso；由美国明尼苏达大学和室内设计师协会（ASID）主办的基于网络的研究和交流数据库 InformeDesign 等等，这类工具及其应用思维，对于实现设计模式的转型非常有利。

2008 年以来，美国陆续有一些循证设计的相关著作出版，比如：《循证设计——各类建筑之“基于证据的设计”》（Evidence-Based Design for Multiple Building Types，D. Kirk Hamilton，2008）、《医疗建筑循证设计》（Evidence-Based Healthcare Design，Rosalyn Cama，2009）、《循证设计在中小学设计中的应用：以一种互动方式创建学习环境》（Evidence-Based Design of Elementary and Secondary Schools：A Responsive Approach to Creating Learning Environments，Peter C. Lippman，2010）、《支持性设计：以循证设计推动创新》Design Informed：Driving Innovation with Evidence-Based Design，Gordon H. Chong，2010）、《治疗景观：一种设计愈合花园和恢复性户外空间的循证方法》（Therapeutic Landscapes：An Evidence-Based Approach to Designing Healing Gardens and Restorative Outdoor Spaces，Clare Cooper Marcus，2013）、《循证设计在医疗设施设计中的应用》Evidence-Based Design for Healthcare Facilities，Cynthia McCullough，2009）、《特级护理设计：一种循证方法》（Design for Critical Care：An Evidence-Based Approach，D. Kirk Hamilton，2009）、《循证设计在室内设计中的应用》（Evidence-Based Design for Interior Designers，Linda L. Nussbaumer，2009）、《循证设计在医疗建筑室内设计中的应用》Evidence-Based Design in Healthcare Interior Design Practice，Emily Phares，2011）、《基于循证设计原则改造医生办公室》（Transforming the Doctor's Office：Principles from Evidence-Based Design，Ann Sloan Devlin，2014）等。

另外，循证设计研究在英国也取得了一定进展，最典型的是，谢菲尔德大学建筑学院已将循证设计思想融入其“研究型设计”的教学方法。（康健，2015）英国的循证设计著作，有《医疗建筑的可持续与循证设计》（Sustainability and Evidence-Based Design in the Healthcare Estate，Michael PHIRI，2014）等。

然而，这些外文著作中，研究对象大多仅限于医疗设施和康复环境的循证设计研究，只有个别研究视野已超出医疗建筑的循证设计，扩展到更广泛的设计领域。比如 2009 年底，Hamilton 与 Watkins 合著的《循证设计——各类建筑之“基于证据的设计”》（Evidence-Based Design for Multiple Building Types），此书的重要意义在于：首次突破医疗建筑循证设计的限制，将循证设计理论推广到多种建筑类型。书中除详细介绍了循证设计过程的普遍性指导原则和方法之外，还论述了如何将这一过程应用于特定类型的建筑设计，包括医疗环境、学习环境、办公环境、商业环境、科研环境、演会场所、历史建筑保护、城市规划等。书中针对每种建筑类型都提供了一些综合案例研究，以展示循证设计的应用和结果。

另一本面向整个建筑领域的循证设计研究著作是《循证设计在室内设计中的应用》（Evidence-Based Design for Interior Designers，2009）。本书介绍了循证设计在住宅和各类商业空间中的应用：阐述了循证设计项目的设计过程、数据收集、证据的应用等各个方面的问题；通过大量历史先例进行了建筑和室内设计的标准分析；馈集了有关住宅和各类商业空间的相关数据；最终通过一个综合项目，将循证设计的研究与应用加以整合，直观地展现设计过程，同时形成包括课程大纲、研究问题、检验问题、在线互动和项目概念的教学手册。

此外，还有《循证设计在中小学设计中的应用：以一种互动方式创建学习环境》（Evidence-Based Design of Elementary and Secondary Schools：A Responsive Approach to Creating LearningEnvironments，2010）。该书探讨了一种有关中小学设计的循证设计方法。在研究原则、理论、概念、研究方法、行为科学的基础上，通过共享信息资源，建立了一套整体的循证设计的方法策略，以应对教育工作者和学生的需求变化；并通过 20 多个不同类型学校的典型案例，研究了物理环境对学习和教育的影响，总结出相应的指导策略；最终基于现状和历史，探讨了未来的学习环境的组织模式及设计方法和框架。

从以上各类研究成果来看，国外的研究存在 3 大特点：①目前尽管已有个别关于各类型建筑循证设计的探索，但主流仍然偏重于医疗建筑的循证设计，在更广泛领域的推广和应用还有待继续发展；②对于循证设计的关注停留在“基于证据”的直义层面，近年来循证设计在实践领域逐渐有一些零散的应用，然而，在其外延不断扩展的同时，对循证设计核心理论与方法的系统综合研究较为缺乏；③现有的循证设计研究主要关注的是独立循证设计，尚没有进入到信息化的层面，探讨循证设计深层的信息与知识系统价值。

1.4.2　国内研究状况

循证设计在国内的发展才刚刚起步，自 2008 年才开始出现有关循证设计的论文，但是近年来，特别是在医疗建筑设计领域内循证设计逐渐得到重视。2011 年以来，各大医疗建筑学术论坛更是纷纷把循证设计作为讨论重点。

在“中国期刊全文数据库”和“万方数据库”中（截至 2015 年 3 月），以“循证设计”为关键词，一共可以检索到 60 多篇建筑文献，绝大多数论文的研究对象都是集中于医疗设施和康复环境的设计。其中有 20 多篇是“聚焦‘以人为本’的循证设计”专题研究成果，是对循证设计理论及其现实意义的简单介绍；另外，有相当一部分论文，是对国外医疗建筑循证设计的研究方法及案例的推介；有 4 篇是以信息数字化为前提，讨论循证设计对建筑设计及教育的影响；有 2 篇是关于工程质量的循证管理研究；有 3 篇学位论文，基于国外的循证设计研究架构，分别探讨了其理论及方法应用于绿色建筑和城市规划领域的可行性；另有

1 篇博士学位论文，对“建筑学循证设计”进行了系统性的理论研究。

其中比较典型的文章有：

2008 年，晁军等人的《趋近自然的医院建筑康复环境设计》、《走向生态自然观的医院建筑康复环境》、《英国医院建筑的循证设计初探》等文章是较早以医疗建筑的循证设计为主题的学术论文，主要的内容是对国外的医疗建筑设计理论和案例应用的介绍，分析了医疗环境中自然环境对患者康复和愈合能力的影响，并提出了一些有效的医疗环境设计策略。

2009 年，王一平等人的《建筑数字化论题之一：终结》、《建筑数字化论题之二：循证》、《“识别无障碍性”的问题框架与研究方法》、《建筑数字化之教育论题》等一系列文章，突破了循证设计“基于证据”的表层含义，从信息数字化角度分析和预见了循证设计在建筑设计和建筑教育中的应用价值和前景。

2012 年，潘迪的《医疗建筑的循证设计研究》介绍了循证设计的研究方法，并以首都医科大学附属医院为例，分析了循证设计的应用价值。金鑫等人的《基于循证设计理念的医院急诊医学科服务效率研究——以北京朝阳医院为例》则结合北京朝阳医院的实例进行了研究分析。这些文章已经开始结合我国医院案例对循证设计进行研究。

另外，2011 年，魏哲的硕士论文《循证方法在城市设计中的应用研究》，以及 2013 年温燕的博士论文《基于循证理论的绿色建筑设计方法研究——以重庆市建科院科研办公大楼方案设计为例》，已经开始借鉴国外已有的循证设计的基本方法，尝试将其引入城市设计领域和绿色建筑领域，进行了初步探讨。

2012 年王一平的博士论文《为绿色建筑的循证设计研究》，是对“建筑学循证设计”进行的第一次系统性理论研究。该文完全独立并超越于国外研究理论之外，是一项立足本土的自主研究，基于系统论的观察方法，从建筑数字化现象出发，以数字化对信息的研究为前提，确立了循证设计理论的全新架构。实际上，其写作的过程原本是打算沿着循证设计的基本概念继续往前推进，但是发现各方面的理论准备不足，于是回头从建筑学的一系列基本概念开始梳理，从整个学科的角度（目标：绿色建筑；工具：数字化；行为：循证设计）展开系统论述，某种程度上，可以看作是对建筑学的综合研究，也是有关循证设计的已有研究中最具革命性、最为全面和深刻的成果。

正如文中所说：“循证设计的概念及其作为方法的价值在文中被更深刻地理解，并不停留于‘基于证据’的直观意义，而是形成了一个具有‘自身结构’的研究命题。”“其最终成果的价值在于：为建筑学引入了‘循证’的理念，并预见了其对建筑学发展的价值；为绿色建筑提出了一些新的观念，并讨论了其实践的积极意义；重新理解了某些既有的概念，并研究了其内在的联系；最重要的，是为学科理论、设计实践和专业教育提出和预见了问题”（王一平，2012：5、8）。

2014 年，龙灏和况毅的《基于循证设计理论的住院病房设计新趋势：以美国普林斯顿大学医疗中心为例》，介绍了卵石工程的模拟研究方法，引入了一些关于医疗建筑的有效研究结论。

2014 年，舒平等人的《基于循证理念的建筑设计过程解析》，主要是对 Hamilton《各类型建筑循证设计》中的循证设计模式以及一些办公建筑实例的介绍；《基于循证设计理论在教学空间设计中的案例研究》，则是对西方国家循证设计所考证的教学空间设计原则及实例的介绍。

此外，近几年，各医疗建筑学术论坛及杂志纷纷把循证设计作为讨论重点。2011 年 8 月，《城市·环境·设计》和中元国际工程公司共同举办了“医疗建筑设计沙龙”，中元国际工程公司总建筑师黄锡璆发表了有关循证设计的讲话，探讨了循证设计在医疗设施、养老设施中的应用价值。

2011 年 9 月，《城市·环境·设计》和天津市建筑设计院在天津主办了“医疗建筑设计高峰论坛”，国内外医疗建筑设计专家将医疗建筑的循证设计作为主题之一，并结合一些实际案例进行了讨论。

2012 年 3 月，《城市建筑》主办了“我国综合医院建设问题与发展走向”主题沙龙，分析了我国当前医疗建筑设计与建设过程中的现实问题，并探讨了循证设计理论在我国的应用前景。

2012 年《中国医院建筑与装备》邀请美国得克萨斯 A&M 大学健康设计中心研究者与我国循证设计专家共同策划了“聚焦‘以人为本’的循证设计”专题（上、下），介绍了循证设计的基本理论，分析了国内外医疗循证设计的一些应用案例，并分享了国内外专家对循证设计的看法。

概括而言，循证设计在我国的研究主要经历了 4 个阶段：从对国外循证设计理论和国外医疗建筑循证设计案例的介绍；到国外循证设计理论与我国医疗建筑项目的结合分析；国外循证设计理论在我国城市规划等其他领域的应用探索；再到立足本土、面向整个学科和行业的自主性的系统理论研究，逐步推进发展。尽管在循证设计的整体研究和发展上较之英美国家仍有很大差距，但是在理论系统的探讨上已经有了重要推进：以“系统论”的观察方法，从数字化的信息管理本质上，思考循证设计的价值。

1.4.3　总结：循证设计领域的研究空白

综合国内外的研究现状来看，笔者认为主要存在两大问题：第一，就理论研究而言，虽然已有研究成果分析了循证设计在数字化前提下的信息管理价值，但是尚未从外延的“信息管理”深入到实质性的“知识管理”层面，另外，循证设计的完整理论体系仍缺乏系统整合；第二，就操作层面而言，尽管已提出独立循证设计的基本模式，但是对于循证设计的系统性应用以及作为其基础的证据网络建设研究仍然空白。可见，循证设计的进一步发展，亟待形成一套切中现实问题核心的、能够真正参与和影响设计活动本质的、切实可行的、体系化的理论和实施策略，以利于其向实践领域系统推进。

国内外最权威的两位循证设计研究者，都分别在其著作中对循证设计下一步研究进行了预见：

美国学者 Hamilton（2009：250）先生提到：“很显然，本章还缺少两个内容：①检验工具设计研究，如问卷、调查或其他数据收集工具；②统计分析方法研究。由于影响到该课题领域的全面研究，这两个问题将很快变得势不可挡。”

国内学者王一平（2012：10、104）先生明确指出：“循证设计的研究在当下仍是对概念的推介，即集中于说明‘为什么证据是被需要的’，而‘证据如何得到’等一些关键性问题，无论美国人的著作或本文的研究，都没有在工具和方法水平深入下去，至少本文预见了问题，并对问题做出了简要的拆解。”“围绕‘最佳证据’所展开的循证设计研究，实质上是要回答这样一系列的问题：为什么要遵循证据；如何寻找和提炼证据；如何检索相关文献资料，如何鉴别重组相关的知识信息；怎样运用所找到的证据，如何从实际的设计问题出发，以可靠性、正确性和可应用性测评证据，并将其运用到设计问题的解决工作中。数字化技术为建筑设计提供了获得‘最佳设计依据’的可能性，证据的产生与运用、信息的共享与检索、设计对象的研究以及研究方法的可靠性与数量化，凡此对设计知识的信息水平的研究，将构成循证设计的工作内容和研究框架。”

也即是说，循证设计的研究，在本书之前，更大程度上还是思辨性的存在，实践中还涉及不深、不成体系。但是循证设计的系统实施，对于建筑设计和科学研究的创新与发展却具有更为深刻的现实意义和实用价值。因此，下一阶段研究的重点是开展循证实践层面的系统应用研究，首先建立系统性的操作理论架构，然后，以此为基础，在整个建筑领域全面地践行循证设计。

1.4.4　本研究进展

初次接触“循证设计”是在2006年，那时我的老师王一平先生偶然间了解到循证医学的概念，迅速意识到“循证”思想的价值，便开始在师生间讨论“循证设计”的可能性。由此以后，我们便开始留意，并逐渐进行一些思考和积累。

2012年，王一平老师完成了《为绿色建筑的循证设计研究》的博士论文，借助该文对于循证设计及建筑学的一系列相关概念的系统梳理和深刻论述，我迅速形成了自己对于循证设计的全新认识，并逐渐将先前各种零散的理解聚拢到一起，建立起一个相互关联的体系。自此，便与循证设计正式结缘，强大的兴趣驱使我随即展开了对于循证设计思想理论的整合研究，通过持续地关注该领域的国内外著作、文献以及一系列相关概念，并结合工作的实际条件请教业内专家，不断地对自己的认识进行修正和补充。随着理解的加深，逐渐进入系统研究。目前为止，本研究已初步完成三方面的工作：①国外经典循证设计著作译介；②循证设计理论体系的“循证”整合研究；③循证设计操作体系的基础建构。

1.4.4.1　循证理论的系统整合

在一个新的概念展开之初，人们对它的把握不免相对零散和片面，因此，最有价值的研究工作首先是基于系统性的理解，对其进行全面的梳理和整合，厘清相互之间的逻辑关系，凸显出核心问题。所以，本研究的基础工作便是从对现有相关文献的整合研究开始。

由于对循证设计的概念已具有一个相对较长的认识积累，所以研究伊始就是基于系统性和普遍性的层面，关注其在整个建筑领域中的价值。循证设计并非一个单独的命题，而是牵扯到一系列概念，影响到很多方面。事实上，在此之前，建筑行业已经在向这个方向迈进，有大量的研究开始重视建筑的使用效果，以及建筑的设计与生产过程，这些研究在一定程度上，为循证设计作了思想和实践储备，比如建筑策划、使用后评价、建筑性能评价、建筑信息管理、建筑师职能转变、通用设计、批量定制，等等。概括来说，与循证设计相关的一系列概念，其共性在于都体现出第二代设计方法论[①]的特征：重视科学分析、

---

① 庄惟敏在其《建筑策划导论》中提到：自从20世纪50年代末，建筑设计的方法由那种主要凭借个人经验、带有手工艺气息的静态设计方法被现代设计方法所取代，到80年代，设计方法在西方已经走完了第一代路程，今天已经进入了第二代设计方法的探索领域。第二代设计方法论的特征：①基于调查研究收集和处理信息的过程特征；②分析、综合和逻辑推理的过程特征；③创新的过程特征；④以价值评估为基础的反馈决策过程特征。

调查研究、评估反馈、信息集成。

然而问题却在于，尽管目前上述各领域都已有不同程度的研究，并取得了相当的进展，但是，各概念之间仍然各自独立，缺乏联系，研究成果无法得到有效整合。由于学术理论间的密切关联性，迫切需要将现有资源的内在共性加以整合。因此，本研究便尝试基于对循证设计的综合理解，借用循证设计的空筐将一群相关概念拢在一起，在整体性的逻辑下进行通盘思考，梳理清楚各概念之间的逻辑关联，从而为下一阶段的研究奠定坚实的理论基础。

1.4.4.2　国外循证著作译介

随着对循证设计的价值以及国内外循证设计研究进展的不断认识，我们迫切地意识到尽早引进外文循证著作，供业内人士关注和借鉴的必要性。于是，第二个阶段的工作就是慎重地选择文本，进行翻译引介。尽管目前循证设计的外文著作已经很多，但其研究对象大多仅限于医疗设施和康复环境的循证设计。不可否认，循证设计沿袭循证医学而来，并且最早和目前最广泛的应用也是关于医疗建筑设计的研究。但是，循证设计的价值绝不因此就仅仅局限于医疗建筑而已。实际上，循证设计是一种重视证据的观念，一种系统性的思维方式，一种分析和解决问题的方法。这种观念和方法，具有面向一般建筑的通用性和更加深远的学科建构价值。因此，为避免误导，我们特意选择了研究视野已超出医疗建筑循证设计的权威著作。目前已翻译完成的著作是《循证设计——各类建筑之“基于证据的设计”》(Evidence - Based Design for Multiple Building Types)。

1.4.4.3　探索循证设计对中国建筑界的现实意义

循证设计思想一经成为笔者对建筑领域的思考机制之后，便开始在现实中不断寻找实施落地的可能性。最直接地，作为《世界建筑导报》“本期人物”专栏的采访编辑，3 年来，借助这个信息平台，笔者不断地有机会向业内一些优秀的专业人士学习和请教，开拓了眼界，同时认识并积累了行业中存在的一些普遍性的现实问题，印证了循证设计的一些想法。

与此同时，基于对新时代的媒体价值与发展前景的考量，必须转向信息的深度加工。因为，当前的建筑杂志对于建筑作品的报道基本流于一般性的项目概况 + 图片或图纸展示（当然可能会结合表达需要对图片进行一定的取舍以及强调或弱化处理），而缺乏深入的分析挖掘和经验总结。这种信息呈现方式，从“软”的方面来说，缺乏一定的文化和思想深度；从“硬”的方面来说，对技术、细节以及建筑性能的介绍又不够扎实到位，其实就是基于一种形式与美学前提，围绕建筑的功能、造型、色彩、空间、场所氛围等进行描述和展示。然而，在这个信息大爆炸的时代，这种浅泛层面上的建筑信息比比皆是。铺天盖地而来弄得人眼花缭乱，却只能看到表面而不得其要领，无法发挥实质性作用。同时，互联网与移动终端所承载的新型媒体对传统媒体提出了挑战，新媒体的瞬时、便捷和交互性使其在初级信息的提供方面拥有更加强大的优势，那么，作为传统的建筑专业杂志将如何突围？

正如汕头大学出版社社长胡开祥先生在 2012 年数字出版报告会上所说：“数字化出版的本质不是内容的电子化和屏幕化，而在于内容的深度加工、分类与整合，是创造性的加工工作，需要较强的综合能力和理解能力。因此，核心的部分仍然是传统编辑的精神。”

显然，为凸显专业杂志的核心价值，对信息的深度加工势在必行，而这也正是传统传媒产业日薄西山之时，专业杂志真正的独特优势所在。基本这种思想前提，笔者便开始思考尽一个编辑的本分，将循证设计的相关概念与建筑界的现实问题相结合，进行通盘考虑和编辑整合，使之成为一个了解当代中国建筑问题的“循证笔记”，同时提供理解循证设计的“现实证据”。

1.4.4.4 构想信息时代的建筑行业走向

建筑行业的发展总是由社会和技术发展水平所决定。与信息时代相对应，循证设计将成为建筑学的一种全新的价值观和方法论。循证设计的证据获取与应用，需要以信息的背景为基础，循证设计的过程则是一种信息集成化的设计方法。尽管这种观念并不难理解，但是，要将其落实到行业现实中，建立起清晰顺畅的、具有可操作性的逻辑体系，却存在一段很长的距离。这期间需要面对和解决一系列的问题和矛盾：循证设计与建筑的数字化有什么关系？设计证据与现有的建筑信息是什么关系？同样是以信息为基础，循证设计与当前备受关注的BIM信息系统、建筑行业信息化建设之间有着怎样的关系？基于信息集成化管理的设计如何实现？已有信息与知识如何参与实际生产？循证设计在其中又发挥着怎样的作用？带着这些疑问，随即进入对循证设计的可行性以及信息时代对建筑行业的影响的探讨。

1.4.4.5 建立循证设计操作体系的理论架构

循证设计的研究如果仅仅停留在理论层面上，就难免“纸上谈兵”的质疑。因为在最初跟同行介绍循证设计的时候，并不少见的反应就是，“那只不过是一种说法而已，文字游戏，谁做设计不找参考资料，不分析项目条件？”要么是，“还嫌城市僵化、千篇一律的不够吗？还要复制？继续山寨？”细想起来，造成这些误解的原因，一方面，是停留于字面含义，没有深入理解，这一点相信通过本书的“循证设计解读”应该有所帮助；另一方面的原因就是，没有看到实际操作，因此不相信它的可行性，也预见不到未来的局面。而实际上，循证设计在实践中的实施和普及，才是其最根本价值所在。很显然，循证设计向实践层面的推进势在必行。

因此，本研究紧承循证设计的理论体系，通过借鉴现有循证医学及产品设计的相关机制，建立了循证设计操作体系的系统架构，形成具有可推广性的一般程序和方法，并建立起循证设计网络中心的基础体系，从而将循证设计由最初的价值理论向实践层面全面地铺展开。

1.4.4.6 未来研究计划

在建立了完整的循证设计理论体系与操作体系的理论架构之后，下一步就是紧扣操作理论，选择建设量大、影响面广、最为典型的住宅建筑案例，开展循证设计实践研究。通过对现有文献、资料的深入研究，以及对大量建成案例项目的实际调查和回访，掌握第一手资料，建立起大量的循证证据样板，对预设的循证设计操作模式以及一系列“证据”研究策略进行检验和修正，形成可靠的一般程序和方法，建立起完善的实施系统，从而为未来在更大范围内推广循证设计，以及制定发展战略和相关政策提供参考和指导。

本章小结

本章作为对循证设计的起源及发展、概念及核心思想、背景及学科意义、国内外研究进展等基本状况的概括介绍，主要是为本书引入话题，确立该领域的研究空白及本研究的重点。更加具体的有关循证设计形成的现实背景、必要性、可行性、作用及影响等方面的内容，将在第 2 篇“循证设计解读”中结合建筑界的实际问题进行详细论述。

第2篇　循证设计逻辑解读

“一个研究课题的提出是与时代要求相关，是个人在其所了解的知识范围内对社会、对环境、对本专业问题积极的思索后而产生。责任感和对问题的敏感会敦促人去发现，去研究。志愿在科学领域中投身于某一狭窄的研究领域作出真正贡献”（苏实，2011：1）。

然而，首先需要弄清楚的是：怎样的学术研究具有现实意义？

在中国近代史上，曾有过一场关于“问题与主义”的著名论战。胡适（1919）先生曾提出：“要知道舆论家的第一天职，就是细心考察社会的实在情形。凡是有价值的思想，都是从这个那个具体的问题下手的。先研究了问题的种种方面的种种事实，看看究竟病在何处；再结合一生经验学问，提出种种解决的方法；然后推想每一种假定的解决法该有什么样的结果，根据假定结果拣定一种办法，作为我的主张。”李大钊（1919）先生随后回应：“一个社会问题的解决，必须靠着社会上多数人共同的运动。不然，你尽管研究你的，社会上多数人，却一点不生关系。那个社会问题，是永远没有解决的希望；那个社会问题的研究，也仍然是不能影响于实际。”接下来，一个名叫“问题研究会”的组织便在长沙成立了，成员毛泽东同志在章程中共列出了要研究的七十一大问题和十大主义，问题涵盖各个方面。（司徒朔，2011）

同样，建筑学未来的发展，也必须以客观地认清业内当前的现实问题为起点。因此，本书对循证设计的研究便遵循这种思路：首先基于当今时代发展的大背景，实事求是地审视中国建筑界的问题和学科面临的困境，然后探讨循证设计给出的解决方法，既是提出问题，也是循证与解答（这也正是“循证”思想的核心所在）。按照这样的思路对课题的研究进行梳理，真正地体现循证设计的现实意义。

本章对于循证设计理论的“解读”，所基于的本源对象是《为绿色建筑的循证设计研究》中已经超越表层意义的“循证设计”，解读的思想基础也是发源于其对建筑学的一系列基本问题的重新诠释、揭示和预见。本研究通过对“循证设计”这个课题的持续关注，对它具有了一定的深思熟虑，因此，基于自身的理解和思考脉络，进行梳理、设计，形成一种人本地认识循证设计的完整逻辑体系，并广泛借助该领域及其他相关领域的理论、实践、事实等“证据”的支持，对其进行系统化地整合、拓展和具体化，形成一种“循证设计”的全景思维，从而为本研究接下来的操作体系和实践体系奠定基础，同时也为后续的研究者提供一个相对完整的认知背景。

本篇论述的整体逻辑线索如下：

首先，建筑领域最根本的问题是建筑行业缺乏严谨性和科学性，循证设计为建筑学提供了基于证据的理性设计方法；

针对建筑行业的形式主义危机，循证设计要求经过实践检验的证据，关注建筑的最终品质和日常使用；

建筑学理论研究与实践脱节，循证设计强调观照现实，从实践中发现问题，并积累证据，搭建起研究与实践的互动平台；

尽管重视实践经验，但是不参与应用就无法转化为生产力，循证设计建立起评价反馈与证据应用的良性循环；

现有评价结果为什么不能发挥作用？因为评价太贪全，不足以解决实际问题，循证设计立足于微观层面，通过“拆解—整合”实现证据的有效应用；

理性设计是否会制约创造力，证据的重复利用是否会导致僵化？循证设计坚守着具体设计的客观性、设计主体的能动性以及设计证据的动态性；

“证据”不是孤立使用，循证设计的实施必然需要建立在系统性的证据体系基础之上，由此也就构建起当代建筑学科的基本知识体系；

针对实践层面的粗糙的大量性建设，科学性的循证知识体系有助于提升整体建筑品质；

针对教育层面的抽象化建筑教育，实践性的循证知识体系可成为专业教育的基础；

针对社会层面的建筑信息不对称，开放性的循证知识体系将带来“全社会的建筑学”；

建筑行业普遍缺乏整体性思考，循证思想的深层含义即为“系统整合”，因此下一场变革就是探索设计的“新秩序”；

信息时代的到来，为建筑学提供了怎样的发展机会？“循证设计”作为信息时代的一种价值观和方法论，本质上是一种信息集成化的设计方法，基于信息、知识、证据的有效集成和共享，将带来全行业设计范式的转变。

从更加宏观的角度来看，以“信息背景和技术”作为“知识管理”的支持，以“知识管理”作为“循证设计”的基础，以“循证设计”作为“绿色建筑”的保证，将这几方面有效结合并同步发展，必将带来建筑学科与行业的一次巨大跃升。

第2章　第一层次：循证设计为建筑学引入科学理性的方法

在2014年9月的教育报告会上，92岁高龄的吴良镛院士感慨地说："回顾几十年的学术人生，我深切地体会到科学理论的创新不是一蹴而就的，而是时刻保持对新鲜事物的敏感，不断注意现实问题与学术发展情况，进行知识累积、比较研究、借鉴启发，逐步'发酵'，得到的顿悟。我的学术道路上的第一个顿悟是：建筑学要走向科学。"

循证设计的核心是使用最佳证据。循证设计建立在对实际案例大量调查研究、切实分析的基础之上，旨在突破传统基于设计者个人经验和感觉的主观臆断的设计方式，强调任何设计决策，都应该以经过实践积累、检验、提炼的证据为指导，基于已有证据和当前项目的现实条件进行科学分析，以提高设计概念和实施的严谨性，从而确保建筑物最终的品质。由循证设计开始，建筑学将形成一种以科学方法与证据指导建筑设计的新方法。

2.1　建筑行业缺乏严谨性——循证设计是基于最佳证据的理性设计

通观建筑领域存在的各种问题，最根本的是建筑行业缺乏严谨性和科学性。长久以来，在建筑教育和理论中过分地夸大建筑的艺术性，建筑设计中又刻意强调建筑师个人的创造性，致使整个行业的理性意识和基础薄弱，相对于其他行业来说，建筑行业严重地粗糙、不严谨、不系统。"Magali Larson曾指出：建筑特别容易被质疑，因为它与艺术相关，是一项很大程度上依赖想象的活动。相对来说，医学和工程学就比较难挑战，因为它们属于科学，是基于证据的学科"（Hamilton，2009：23）。

在现行模式下，建筑项目的设计与建设缺乏科学证据的指导，除了满足最低建设标准的控制性规范之外，设计师仅凭个人的经验、感觉及主观审美判断或者零散的类似项目案例进行设计。然而，设计者个人的经验尽管非常重要，但其对于设计项目的整体性而言却是非常有限的。由于缺乏可靠的事实与依据支持，所作出的设计决策就可能带有一定的局限性和主观性。这种基于经验的传统设计所导致的直接后果之一，就是使一些有效且更好的方法或措施因不为设计者了解而无法被应用，也致使一些设计者个人喜好、习惯或估计有效而实际上无效甚至有害的做法在实践中反复地被应用。

例如，"在李保峰的绿色建筑专题研究中，如'遮阳策略'一节，已经通过可靠实验证明，传统教科书中已因袭多年的概念，实际上有想象的误区，说明建筑设计的技术基础在绿色性的要求下已经暴露出证据不足的'危机'"（王一平，2012：6）。

后果之二，受到设计者个人有限的知识、技能和经验的制约，缺少必要的比较论证，而且时常与整体行业发展脱节，因而无法保证设计方案的系统与全面。当今的建造材料和技术已经取得了巨大进展，新的解决方式层出不穷。但实践者却仍然固守个人习以为常的经验方式进行设计，片面地认为自己的解决方法最为经济有效，从而导致资源浪费且效果不佳。

哈佛大学医学院院长 Dr. Sydney Burwell 在学生的毕业典礼上就曾说过："在 10 年之内，作为医学生你们学到的一半知识都会被证明是错误的，而且麻烦的是没有老师能够告诉你们是哪一半。"（Sharon · E. Straus，2006）同样，奥雅纳建筑设计公司的董事郑世有先生在 2014 年的公司会议中也提到："过些年可能就会发现，我们很多的设计想法都是错的。"可见，知识的更新十分迅速。在这种情况下，只有尽可能有效地寻找当前的最佳答案，才是解决知识衰退的有效办法之一。

后果之三，在现实的商业世界中，随着建筑复杂性和客户要求的不断提升，单凭几张效果图已难以说服甲方。甲方对于建筑师的技术基础已经不完全信任，于是逐渐开始聘请各类具有扎实的技术知识的专业顾问主持工作，建筑师被明确排除在建造技术和方法的参与之外，变成单纯的造型师，其职能和地位被严重削弱。

实际上，设计本是预言性的工作，设计者设计的是一个还没有出现的东西，他们必须在建筑出现之前对它进行想象和预判，因此，所有项目必然都或多或少带有一些试错的成分。那么，究竟应该如何提高设计的准确性，如何提升建成环境品质，显然，这一切都需要依据。

由以上情况可见，在经济飞速发展、科学技术日新月异、建筑需求更为复杂的新时期，传统的相对非结构化的设计模式，已不足以应对建筑当下所面临的挑战。建筑实践的各个方面都迫切地需要强有力的可靠数据的支持，因而强烈地呼唤一种更为积极有效的科学性的新方法，从而将专业提升到一个全面、严谨的发展新阶段。

华南理工大学建筑学院的孙一民教授在《世界建筑》的"改进建筑 60 秒"中提出："今天，可持续发展、绿色建筑已经成为大家公认的趋势，我们面对更加复杂的需求，建筑设备越来越先进，新技术、新材料层出不穷。然而，由于理性基础的薄弱，新材料、新技术的应用，往往带来新的滥用。因此，我们说改进建筑，需要强调的首先是'技术理性'。应该脚踏实地，实实在在地补上'理性'这一课，从而在根本上改进中国建筑的现状。"

循证设计，正是这样一种具有科学实证精神的理性设计方法，其核心是遵循最佳证据。循证设计强调任何设计决策必须以客观事实和严格的科学证据为依据，而不能单凭个人感觉、经验或个别的案例下结论。循证的目的是利用已有信息提升决策质量。通过广泛地寻找和收集可靠证据，对研究对象进行针对性的分析、研究、推证和检验，从而得到最佳的解决方法。较之传统的经验设计，循证设计不仅具有较强的科学性和实践性，而且其得出的结论也往往具有更高的可信性、严谨性和有效性，因而成为一种值得广泛推广的建筑设计新模式。

当然，循证设计同时也对建筑学科及行业提出了新要求，即必须重视对实践经验的广泛积累和应用。设计者个人及组织应充分利用已有实践项目资源，不断地从中收集、提炼有价值的经验和知识，并将其系统化，以作为未来设计和创造的基础，使之参与设计生产并实现其现实价值。

但需要注意的是，尽管提供科学方法的指导和可靠的证据（知识）的支持，循证设计却并不提供现成答案。循证设计强调的一个重要原则是：证据本身并不能直接指导决策。任何最终的解决方案都是经过具体分析、反复论证的结果，需要证据、设计者、客户、项目条件等各方面完美结合。本研究在循证设计完整定义的3项条件基础上加以补充，提出建筑循证设计必须具备的4项基本要素：

（1）**最佳证据**。循证设计的核心是最佳证据，循证设计要求必须具有当前可获得的、可靠的、可供借鉴的最佳研究证据，作为设计决策的依据。

（2）**高素质的实践者**。实践者是循证设计的主体，其专业知识和经验是实践循证设计的技术保证，对设计问题的判断、对证据的解读、对决策方案的处理，都是通过设计者来实施的，因此，实践者的技术、全面的专业知识、丰富的经验、理解和综合能力、灵活变通的设计创造力、严谨的态度、责任感和职业道德都是实践循证设计的先决条件。

（3）**客户的参与**。设计的最终目标离不开为客户创造价值。所以，客户的期望、需求和利益是设计的重要目标。在面临同样决策时，不同价值观和喜好的客户可能会做出不同的选择，所以要以客户及用户的实际需求为中心，充分尊重客户的意愿和价值观，使他们享有充分的知情权，共同参与和配合制定决策。

（4）**项目的具体情况**。任何项目都是具体的、独一无二的，对证据的使用绝不是一个照搬照抄的过程，必须结合项目的具体状况：包括地域、环境、文化、社会背景和经济状况等因素进行具体分析，从而对证据作出适应性调整，形成最佳决策方案。

也即是说，循证实践者必须将最佳证据、设计者的专业知识和独特经验、客户的意愿和价值观，以及项目的具体情况这4种要素结合在一起，对问题进行全方位、多角度、多层次、全过程地分析与观察，从实际出发，并在不断了解和掌握新知识的情况下，去解决所面临的问题，如此才有可能获得合理性、可行性、成本及效果等全方面的系统最优方案。

总之，循证设计为建筑学提供了一种以科学方法与证据指导建筑设计的新方法，使建筑设计成为基于证据的理性实践，进而建立起建筑学的理性知识基础，从而有助于设计者形成更好的决策，提升竞争优势；为客户带来效益和高品质的建成环境；使建筑行业具有更高的严谨性，提升专业整体水准，以更好地满足人类需求。

2.2　追求造型的形式主义危机——循证设计关注建筑的最终品质

在信息时代，新媒体和互联网信息的广泛传播，使大量的图片资源触手可及，而且，现如今经济条件和交通状况的改善，使得人们有更多的机会到国外参观旅游，这一切都极大地增加了中国建筑师的知识，开拓和提升了设计者的眼界，如此一来，国内的建筑师也开始一个个"出手不俗"，似乎瞬间达到了国外建筑设计的先进水平。但实际上，人们通过这些表面信息，大多看到或吸收的仅仅是形式，缺乏对其内在机制的探究，并不知晓其中的内涵，也即"知其然，不知其所以然"，其结果就是很容易造成照猫画虎的形式主义危机。所以，我们看到目前全国各地很多建筑式样很前卫，但是普遍的建筑品质却不高。

李虎（2011）先生说："让我们看看今天中国的建筑界。那些十年前还在为了迎合领导喜好而做满城大屋顶的建筑设计院，现在正在生产形似哈迪德、蓝天组、UNStudio的时髦潮流的房子。"

黄锡璆（2011：27）先生说："一些项目主管根据某些偏好刻意套用某种特定外观造

型，全然不顾医疗建筑的功能内涵，忽视所在的地域特点和时代特征，也有的建筑师过度追求某种建筑风格的表述，忽视工程建设和日后运行的成本，将医疗建筑的功能内涵与建筑外部造型完全对立起来，对医疗设施的发展产生不利的影响。"

王维仁（2014）先生说："20世纪90年代以后由于资本全球化对消费造型的需求，标志性建筑达到了高峰，无论是象征性形式、参数化、曲面都脱离了社会的批判性和人本的价值，成为造型的消费产品。建筑不但不再有社会环境理想与人文关怀，更进一步的远离了结构与构造的理性主义。建筑谈的理论不是局限在自我的话语系统里，就是套用别的学科理论来合理化建筑的形式主义，与现实的环境与人居危机脱节，这是一代建筑最大的失落。"

朱锫先生说："坦率地讲，我们今天这些建筑师们没法跟现代主义的建筑师相比，因为我们无法跨越到社会变革的列车上。具体而言，就是今天我们没有跨越到一个信息革命的快车上……所以我从历史的角度来看，这个时代的建筑都是比较平庸的，当代的建筑师也是非常平庸的。平庸到什么程度呢？平庸到我们不得不在形式上面大做文章"（范路，2007：26～27）。

崔愷先生说："我们现在使用新材料、新技术更多还是从美观的角度考虑。比如说玻璃幕墙，开始流行隐框式的，后来又有点式的。我们业主也好建筑师也好，大多数时候还是从新材料的新视觉效果出发而没有想到新材料新技术会带来空间、功能、环境等新的可能性。如果追溯到19世纪工业革命那个时期的技术创新是为了满足资本主义的大规模商品经济、大规模的生产和快速建造等，至于外观只是一个自然的表达，一种结果"（范路，2006：19）。

由此可见，对形式和造型的过分关注是当前建筑界的一种普遍现象，这一问题，不仅导致了对建筑品质和使用者感受的忽视，而且造成了对专业发展方向的误导，使得整个建筑行业在一个相对较肤浅的层面上徘徊不前，无法发现真问题，实现新突破。循证设计出现以后，其对于具体问题的内在机制的深入探究，以及对后效的切实关注，将从根本上改善这一局面。

2.2.1 深入研究形式的内在机制，知其然知其所以然

对建筑行业的形式主义传统，需要从两方面进行理解：一方面是潘谷西（2001：300）先生所称的"后发优势"："中国作为'后发现代化'国家，在新建筑体系的形成上明显地受惠于西方'早发现代化'的示范效应，明显地显现出引借先行成果的'后发优势'，一整套近代以来所需的新建筑类型，很大程度上都是直接从资本主义各国同类型建筑便捷地输入和引进的。"

另一方面，是政治经济学杨小凯（2002）先生提出的"后发劣势"理论："落后国家由于发展比较迟，模仿的空间很大，通过获得廉价的西方技术或市场，能够实现经济的高速增长。但是，在没有好的制度保证的条件下，仅仅对发达国家技术和管理模式的模仿，可能会使国家机会主义制度化，为此将产生很高的长期代价。"

因此，为了避免形式操作的危机，建筑师应树立正确的创作观念，不能只学习国外优秀建筑的外在形式，也不应只停留于对其表层的技术及工具的认识，而是需要深入地研究所借鉴项目的内在机制，了解其整体的项目背景、所基于的问题、所形成的原因、最重要的做法及目的，以及取得的真实效果和存在的问题。这样才是真正知其然，并知其所以

然。本质上说，是一种领会精神之后的活学活用，而这正是循证设计对证据的解读、分析和创造性运用所强调的重点所在。

当然，也不能因为重视内在机制就矫枉过正地否定形式，毕竟，正如同语言的能指作用一样，形式是建筑的最终“边界”。在此强调的重点是在于不停留于形式。

“在形式的美学之外，历史风格中形式（造型）的‘建造合理性’却一向被忽视，即在特定的建造目标下，在使用相关材料的前提下，‘风格’实际上保证了——即形式蕴含了——建造的合理性和可能性。现代的技术性‘规范’也是类似的意义。规范之中包含历史经验，如防火规范是把建筑空间中的时间因素转化为尺度的限定。”“综合性能下的建筑绿色性目标，不是单纯建筑形式的问题，‘绿色建筑’所要求的是建筑空间的‘物理—生理’品质。”“如此也派生出对乡土建筑及其聚落的生态策略研究的目标之一，是需要对传统形式中所‘固化的’学科智慧‘知其所以然’”（王一平，2012：55）。

2.2.2　重视建筑的最终效果

“作为一种职业，我们往往太急于完成一种权宜性的房屋，而不是营造最优质的建成环境。更糟糕的是，我们关注的只是形式，却很少评价所设计建筑物的性能；在一个项目竞标或者设计开始阶段，我们可能会大力宣称通过设计实现某种特定的目标，但却并不经常衡量最终的实际效果，以验证目标是否兑现”（Hamilton，2009：22）。

建筑师的设计构思通常是基于自我意识和主观的美学判断，并特别关注造型，而对于真实的建筑项目而言，最重要的却是其最终的实际性能和综合效益。那么，我们究竟应该采取什么措施来改变当前的模式，从而确保设计获得更高品质的成果，以最大限度地满足客户的核心目标呢？

王一平（2012：94）先生说：“传统中单纯‘对形式的操作’已不足以全面保证建筑绿色性质的品质；绿色建筑的品质不是‘建筑形式’所能全部体现，其品质的‘真实性’需要在至少数个春夏秋冬中进行周期性运行检验。设计不是止于图纸，而是需要证明设计的结论”。

循证设计的思想和方法，恰好有助于推进这一过程。在循证设计的一般模式下，首先确立项目目标，提出关键的问题，然后寻找可靠的相关证据，并批判性地解读证据对于特定项目的意义，形成设计概念，进而提出对预期结果的假设，最终通过一种特定方法进行测量，以验证结果。整个过程形成一条严谨的逻辑链，将项目的目标、设计手段与最终成果联系起来，以项目的实际效果作为衡量标准，要求任何项目的实施必须以保证其建成质量为前提，注重未来效应，并在反复的检验和优化中，使设计止于至善。可以说，从对形式的关注到对实际效果的重视，是循证设计之于传统设计的一大跨越。

2.2.3　关注建筑的日常使用

建筑最终是为了使用，在此之前，无论设想得如何完美，都需要接受现实的流转和检验，实际的使用才是检验建筑性能的最高标准，使用后的反馈才是最有价值的经验。好的建筑总是在不断地吸取经验教训的反思中形成的。然而，在现有的经济环境下，对建筑建成之后的使用问题严重缺乏思考，致使表面的形式和技术掩盖了设计的真正问题。而事实证明，很多设想很不错的做法，实际却是建筑师的一厢情愿，即使有些建筑的建成效果很好，也可能存在很多不合乎使用需求的问题。这一点就连大师的作品都无法避免，比如密斯设计的范斯沃斯住宅以及路易斯·康设计的萨尔克生物研究中心，都大大背离真正的使用设想（当然，从建筑学的角度它是被公认的经典作品）。借此顺便对循证设计的适用范围加以界定和阐释。实际上，由于少数的“大师”以及“大师级作品”的产生条件比较特殊，其中包含着很多先天性、偶然性和不确定因素，因此，并不将其作为“循证设计”的主要目标。“循证设计”，一方面对未知的、无法言说的知识保持敬畏和沉默，并为个体的思想和艺术创造力的发挥留有充分的余地；另一方面，尽最大的可能，将那些可以通过研究发掘的、能够被清晰表达和解释的、可以被验证的信息，基于其特定的情境、理性无误地传达出来，成为可靠的实践知识，由此实现对行业整体建筑品质的最大保证。

王维仁（2014）先生说：“我对于人本的建筑与建筑的社会性有基本的信仰。我认为建筑师应该是家事国事天下事的知识分子，而不只是视觉感官的艺术家。这造成了我对建筑的看法是宏观的大建筑，是大乘佛教的建筑观。在我看来这是建筑存在的基本理由。当然，建筑存在还有一种理由，就是仰望金字塔的永恒感，但是金字塔是节庆的建筑，在平常的日子里，建筑始终不能离开人本的日常生活。”

王一平（2012：8）先生说：“一味地评判或宣讲建筑的艺术欣赏，而忽略对建筑物‘日常使用’的重视，是‘民间建筑文化’的巨大缺失，与汽车的性能配置、日常保养及驾驶技巧相比，在汽车文化知识介绍中，车身的外观与内饰有多大的权重成为汽车学?”

关注人的日常生活和使用是建筑的本质社会属性，其最终的落脚点是建筑与环境、建筑与人，以及人与人之间的关系。循证设计的好处在于，鼓励设计师不要想当然地凭借个人的思维及经验去判断，而是要通过系统化的回访调研与整理分析，研究建成项目的实际使用状况，以确定设计策略究竟是否符合实际情况和用户的要求。基于实际效果和现实使用的检验形成证据，基于可靠的实践证据进行决策，从而确保建筑日后的有效使用。

2.3　理论研究与实践脱节——循证设计搭建起研究与实践的互动平台

建筑领域的另一种现象是理论研究与现实实践相脱离。长久以来，建筑界的学术研究基本都是从理论到理论，从概念到概念，所关心的问题与现实相去甚远。由此导致的结果就是：学术研究，假设的不是真问题，研究成果没有现实意义；而与此同时，实践中大量亟待解决的问题又缺乏关注和深入研究。

实践者沈源（2010：48）先生说：“一方面，在我们为了实际操作工作殚精竭虑，每每为思路不系统、缺乏足够高度、人手不够充足而苦恼，另一方面，大批的政府立项、科研计划却因为没有充分的项目实施相结合的学术条件，而无法真正有的放矢。如果能把市场需求导向和学术研究计划有效结合，其间能创造的价值就会事半功倍，快速形成一个多赢的局面。”

在当前社会快速发展的新时期，这种无视现实并且缺乏活力的学术研究，已经越来越无法满足时代和社会的需求，不仅浪费了宝贵的学术资源，而且在一定程度上甚至成为误导和障碍。真正有价值的学术研究（尤其是在建筑设计这一实践性很强的专业领域），则应当是密切关注当下的实践动态和发展趋势，敏锐而深入地观察和把握现实的根本问题，基于一种研究与实践高度结合及互动的研究方法，最终取得一些既具有理论依据，又符合实际状况；既着眼当下问题，又具有未来预见性的研究成果。

实际上，自古以来理论与实践一向都是紧密结合的。在西方，自亚里士多德时期，理论与实践就是统一的，理论来源于实践，是实践的最高体现。后来理论被进一步划分为基础研究与应用研究，通过对理论的应用和延伸，初步实现理论与实践的融合。

在中国古代传统中，无论是文化还是技术的发展，也都是与实践相伴随的。建筑甚至不作为正式的独立学科而直接地存在于实践当中。王澍先生说："第一我觉得如果中国建筑有传统理论著作的话，宋《营造法式》就是最重要的一本建筑理论著作。很多人说不可能啊，全是做法，怎么可能是理论呢。第二就是手艺永远不是单纯的手艺，真正有趣有意味的思想，全部浸透在手艺里，要看你会不会读"（易娜，2006：22）。

然而，近代以来，受现代主义的先行影响，中国总是亦步亦趋地照搬西方的理论，模仿西方建筑的形式，并使二者完全分裂。那么，如何才能建立中国自身的建筑话语？如何形成当代中国的建筑特色，答案只有一个：重新使研究与实践相结合，基于当前时代和学科背景，研究中国自身的现实问题。

循证设计通过广泛的、及时的、翔实的调查研究，掌握大量第一手资料，并从中发现和提出现实需要解决的问题，然后通过开展深入的研究，寻找科学证据的支持，再经过科学的处理方法得出结论，最后经由实践加以检验。整个过程中，将研究与实践相结合，从实践经验中累积与提炼知识，再利用现有资源指导现实实践，实现其应用价值。经过反复地实践和后效评价，使认识更接近问题的本质，使知识经历一个"实践—认识—再实践—再认识"的过程，获得不断提升。在这种研究与实践相互印证的循环过程中，真正搭建起研究与实践的互动平台。

2.3.1　研究基于现实问题

建筑不同于任何其他艺术，它具有很强的客观性和物质性。这种特点决定了建筑学的研究与发展，并非仅仅由意识形态层面决定和改变，真正的变革必然需要动员广泛的物质资源，获得整个社会系统的回应和支持。在当下，建筑学的研究对现实的观照严重不足，因此，回归建筑的实践性是第一要义。

王一平（2012：85、81、86）先生说："史学如果一味安于纯粹学术的清雅，就没办法抱怨被束之高阁的境遇。""理论研究不能够再是案头工作，理论需要展示自身的生命力，有生命力的理论，需要研究现实而不是囿于历史。""现实的推进，需要提出新鲜的问题。第一流的学术，意味着能够提出业内认同的、需要解决而暂时难以解答的问题。"

张路峰（2014：77）先生说："我所主张的建筑评论是'狭义的建筑评论'。所谓建筑评论，是那种和当代建筑创作实践并行而且互动、互补的理论研究。如果说建筑历史研究的对象是过去发生的事物，那么建筑评论的对象则是当下正在发生的事物。可以用历史学的方法研究当代。其实，无论历史研究还是建筑评论，它们都属于建筑理论的组成部分。建筑理论本不是书斋里的文字游戏，其产生的缘由本来也是为了解决当时当地的现实问题，只不过罕有一些思想的光芒过于耀眼，以至于穿透了时间照进了后世成为了经典。所有的历史都是当代史，所有的理论都是来源于实践的需要，所有的评论都应该观照现实。中国的建筑研究必须走出学术的圈子去面对现实、面对大众、面对实践，才会更有前途，才更有存在的必要。"

阿卡汗奖全球总监 Farrokh Derakhshani 说：“中国所面临的问题是世界性的问题——现在比过去任何时候都更是这样。”

王一平（2012：4）先生说：“新的建造体系及其生产力的形成，应当在最广泛的建造实践的要求下产生，而不是在发展相对停滞的如欧美日的建成环境中出现。”

王维仁（2014）先生说：“我们的独特机会是什么？在于此时此地，就是今天亚洲高速发展与建造带给我们的建筑实验机会。身在后方的欧美，必须依赖理论与再现维系建筑论述；而身在实践前线的我们，面对真实而严峻的环境社会和都市问题，具有批判性的实践是最好的建筑论述。我们一直在说香港是中西文化的融合，我们必须想清楚我们想融合什么？除了英美教育的形式论述，我们更需要认真地看待，这些大量的建造给我们提供了什么机会，带出了哪些问题，有哪几个角度需要我们特别的关注，让我们能累积哪些建筑知识，提供世界更丰富的建筑创新与理论。”

概言之，循证设计关注当下的现实问题，并基于这些问题和现象开展具有实际意义的研究和思考，以现实为起点，经实践印证和检验，形成一种面向未来的切实研究。

2.3.2　从实践中积累专业知识

循证设计的证据从哪里来？首先应当重视的是对实践经验的积累。每一个项目投入大量的时间、财力、物力，凝聚了项目人员的大量心血和智慧，难道我们只期待它们发挥一次性的作用吗？经过实际检验的建成项目中蕴含着大量的切实经验，对设计最具实际指导价值，应当充分加以利用。

王一平（2012：129）先生说：“建筑设计的一线研究最直接地发现问题，并积累着专业智慧。建造的新问题和建造体系的新需求使当代每一位建筑师平行地承担发现的义务，必须重视每一次绿色建造经验。方法本身决定结论的可靠度和效率，循证设计的方法正提供这样的研究平台。”

比如，沈源先生所著的《下一位建筑大师——技术管理使你的创意实现》，其中包含了一个实践者职业生涯中积累的大量切实可行的经验，非常有价值。

再如，杨经文先生关于生态建筑学、热带气候条件下的新型地域特色建筑研究。他在亚洲各大城市商务区设计了很多经典的商业摩天大楼之后，梳理整合出一套清晰的设计指南，供内部借鉴，然后在将这些理念充分提炼和延伸之后成书出版（YEANG，1996）。

尽管建筑设计是一项创造性的活动，但创造力的发挥需要扎实的专业知识基础作为支撑。基于科学的研究方法，对经过反复试错和调整完善、不断趋于合理化的实践经验和知识，进行系统地分析、总结，逐步建立起可靠的知识基础，以便未来面对类似的问题时，能够迅速找到最佳的借鉴对策，以此作为思考的基础和源泉，通过进一步深入研究实现创新。

2.3.3　实践中重视应用研究

建筑职业一向缺乏研究的传统，而循证设计的实践特别强调科学研究的意义，强调实践者作为研究者的角色。Hamilton（2009：205）在“循证设计的过程与方法”中指出：

“对循证设计的工作模式而言，其中设计与研究的互动关系是一个主要焦点。循证设计，主要有三种类型的研究意义，第一种类型是，借鉴他人的研究成果，对证据进行批判性解读，将其中隐含的意义转化为设计概念；第二种类型是，当项目中的重要问题没有明显答案，便需要自己开展研究来解答特定的设计问题；第三种，任何严谨的循证设计项目，在建成以后，必须全面测量相关结果，从而为该项目的性能表现馈集证据，并确保将每个项目的经验教训反馈回循证过程，用以提升未来项目。”

具体来说，在循证设计项目开始之初，需要开展调查研究，确定关键的设计问题，并将其进一步转化为可研究的问题；然后广泛收集与当前项目相关的现有研究成果；证据不足时，还需要开展研究生产证据；通过统计分析对收集到的信息作出优选；与特定项目相联系，对研究证据进行批判性地分析解读，进而形成设计概念；基于设计概念构建对预期结果的假设；在项目建成后，选择适当的研究方法对实际结果进行检验。可见，整个过程中的每一步都需要结合项目的具体背景深入分析，力求客观、准确，并强调对未知问题的积极探索，这都是科学分析精神的集中体现，也就意味着设计者需要具备科学辩证的分析思维能力。

另外，未来的设计团队还需与各类研究者深入协作，可以组建具有学术能力以及实践经验的专门研究团队；也可以与高校及其他的研究机构建立合作，委托其开展专项研究、提供专家咨询，或联合开展应用研究，这同时也为各研究机构提供了现实的研究课题。

2.4　反馈机制不健全——循证设计建立起评价与应用的良性循环

尽管循证设计重视建筑的最终效果和实践经验，但是如何确保其有效实现？实际上，对于建成环境的重视早已不是新鲜事。近 20 年来，建筑策划（Architectural Programming，AP）、使用后评价（Post Occupancy Evaluation，POE）以及关涉建筑全生命周期的建筑性能评价（Building Performance Evaluation，BPE）等概念已被陆续引入国内，很多学者和团队也对此作了大量的理论研究和案例调查，但是这些研究成果在我国建筑实践中的应用却非常有限。关键的问题在于：没有将评价和应用真正有效地建立起关联。也即是说，使用后评价只有上一个项目的终，没有下一个项目的始，不参与应用，无法转化为生产力，也就无法实现其现实意义。所以，未来最迫切的就是增加一个整合环节，使其形成有效循环。

2.4.1　从评价到策划到循证

循证设计的着眼点已从关注建筑形式转向重视设计过程和运行机制。它通过一套系统的程序和步骤，将先前比较分散的流程统一结合，其实施贯穿设计与施工的整个过程，具有承上启下的性质：一方面，承接建成项目的评价反馈，另一方面，评价的结果又作为客观证据，前馈到未来项目的设计，为其提供指导。在这种循环过程中，使设计策略获得不断优化，使证据趋于更加合理和全面，使建筑的性能获得不断提升，此正是循证设计的理论和方法的核心价值之所在。

具体来说，由循证设计整合的完整设计模式包含以下方面：①对建成项目开展使用后评价，积累设计证据；②对新项目开展调查研究，基于实际需求，明确质量功能配置；③前期策划：通过问题搜查，形成清晰的“问题说明书”；④循证设计：针对关键问题，搜集并分析相关证据，基于证据制定设计决策，并预测结果，最终验证实际效果，形成新证据。在这个动态的过程中，随着使用后评价信息的日益丰富，客观准确的分析及反馈修正，对设计策略进行不断优化，最终使证据趋于更加合理和全面，对提高和改善建筑的性能和效率具有重要意义。

2.4.1.1　建成项目使用后评价（Post Occupancy Evaluation，POE）

兴起于20世纪60年代的“使用后评价”是指：“对建筑物及其环境在建成并使用一段时间后进行的一套系统的评价程序和方法。它关注的是建筑及其环境的实际使用情况和使用者的意见和需求。其原理是通过对建筑与规划的预期目的与实际使用情况加以对照、比较，收集反馈信息，以便为将来同类建筑与环境的规划、设计和建筑决策提供可靠的客观依据”（吴硕贤，2009：4）。

我国工程的建设节奏较快，当前情形下，在建筑投入使用以后进行系统回访和总结的工作还很欠缺。一般情况下，设计者设计决策所考虑的主要因素是：如何满足任务书要求，如何满足规范，如何突显建筑的外观，如何节约成本，如何合理地选用结构、材料等，而对于建筑使用者的需求和感受极少考虑。设计的过程也通常都是“直线型”的运作模式，设计工作止于施工图交付，整个流程止于项目建成，而不再对项目进行跟踪、评估（当然，设计任务和设计费中也并不包含评价环节）。这种“一次性”模式所导致的后果就是，建筑的真实使用情况无法反馈给设计者，设计与使用完全脱节。然而，实际上，建筑真正的生命从使用的第一天才开始。设计的最终效果是否果真如建筑师所愿？建筑有没有得到使用者的认同和有效使用？这些反馈信息对于设计者未来的工作具有重要的指导价值。

“欧美建筑界通过使用后评价发现，大量建筑物中存在的缺点、不足和问题，是由于建筑设计不当造成的。这些问题若不是通过使用后评价及时发现，就可能在类似的其他工程中一再发生，甚至延续数十年而得不到发现和解决，将造成极大的损失”（吴硕贤，2009：4）。

崔愷（2013）先生说：“我们在设计中的一些理想的、善意的想法，是否真正能够成就这样的建筑？需要打个问号。我去年培养了一个研究生，让他专门去走访以前建成的一些建筑，结果发现很多建筑都在使用当中被错用、修改，在我们不知情的情况下变更了很多事情。这是很值得我们思考的，有些明显看出是设计上的考虑不周到或者过于主观，也有一些是社会的文化以及人们对建筑价值的判断，导致他们比较随意的去修改建筑。那么，在这样的背景下，我们的策略应该是怎样的？这都需要不断反思，在信息反馈中，不断改进我们的工作。”

循证设计的系统流程，要求通过对建成项目的使用后评价，检验相关设计策略的有效性，提炼其中有价值的知识，形成设计证据，以用于指导未来项目。从此以后，设计工作不再是一次性行为，每一个投入大量人力、物力及时间的工程项目，也不再仅仅停止于完成自身产品，同时还需要考虑为未来提供知识基础和解决方案的源泉。如此一来，实践成果经由研究的升华，再次融入现实，继续发挥更大的价值。

2.4.1.2　市场调查：质量功能配置（Quality Function Deployment，QFD）

虽然当今社会一再强调“以人为本”的理念，但是在设计中，真正地把使用者放在主体地位的研究却非常少见。现行模式下，设计者在进行建筑设计时，很少发掘使用者对建筑环境的需要和反馈，使用者及其需求通常是一个由设计者按照自己的想法虚构和假设的存在，与其真正的意愿毫不相干。

而循证设计的一个重要特点就是重视建筑的“社会性”，强调设计过程中用户的积极参与，因此，对于遵循循证设计模式的新项目来说，前期的市场调查是非常重要的环节，这是一个了解用户使用习惯和功能诉求的过程，就如同产品开发中的“质量功能配置”。

质量功能配置起源于20世纪60年代末的日本，是一种由用户驱动的、系统化的产品开发方法。其基本应用是：通过市场调查的方法获取并透彻理解用户的需求，并把客户的需求明确地转化为各阶段相应的技术指标，然后通过设计—生产各环节的QFD，将这些需求传递和落实到企业产品实现过程之中，从而确保最终交付给客户满意的产品。质量功能配置已被广泛应用于汽车、电子、家电、服装、集成电路、合成橡胶、建筑设备、农用机械行业，以及零售店、套房布局、游泳池、学校等行业，均获得很大成功。

在循证设计的系统流程中，在项目开始之初，通过质量功能配置，将用户的真实需求纳入考虑范畴，从而为策划任务书的制定提供可靠依据。在建筑竣工投入使用之后，通过回访了解使用情况，或者聘请第三方开展用户满意度评价反馈工作，从而及时和有效地控制设计质量和服务质量。

2.4.1.3　前期策划：“问题搜查”(Problem Seeking，PS)

在项目前期策划阶段中，需要结合客户的目标以及项目的特定条件，制定严谨的任务书。建筑策划大师Pena说过：“建筑策划的过程就是问题搜寻的过程，建筑策划的最终产品是‘问题说明书’，说明问题是探查问题的最后一步，同时也是解决问题的第一步。因此，问题说明书是项目策划和设计之间的界面”（威廉·M. 培尼亚，2010）。

对于当下的中国建筑界，这一步尤为重要。刘珩女士在UED访谈中曾说：“我们在中国实践，往往会碰到这样的情形，业主似乎不知道自己真正想要什么，因此并不能在一开始就清晰地将他们的想法告知建筑师，他们不注重也不明白项目前期研究对自己的重要性，需要依赖建筑师去帮助他们完成这些工作。”

也即是说，对项目的策划，包含着对业主的需求和目标的深层挖掘。因为一般的业主可能并不具有很深的建筑专业背景，所以他们最初所提的要求往往停留在表面，这便需要设计师主动地与其沟通交流，耐心引导，敏感捕捉，深层挖掘，逐渐地将项目的设计要求明确化、集中化和合理化。

任务书的制定，作为建筑设计的起点，其科学性、合理性、全面性及适度性直接决定着建设项目的创新水平和完成质量。正如吴良镛先生所说：“题出错了，事儿就别做了。”李道增先生也说过：“有不少建设项目建成后社会效益、经济效益、使用效果均不尽如人意，究其失误原因，还在于设计任务书本身就定得不合理”（苏实，2010：24）。

崔愷先生说：“提问题，是我们建筑创作的一个基本方法，因为我觉得对问题的提出和回答，是一种创作的动力，而不是没搞清楚问题只去做形式。在提问题的时候，有时也会不经意间发现一些惯性的解答并非理所当然。所以我觉得设计不是用手法来做变化，而是用提出问题和解决问题方式的不同来创新”（范路，2006：15）。

循证设计系统流程的一个重要环节就是“建筑策划”：在项目前期阶段，提供一种科学的研究方法，不只依靠经验和规范，更以实态调查为基础，通过收集并客观而全面地分析大量的信息，来发掘项目的主要问题，并对问题进行清晰而具体的阐述。然后针对问题，编制完整而严谨的设计纲要，使设计者在开始设计之前就对项目整体架构有一个清晰的了解，从根本上避免提出问题及设计的主观随意性，从而确保设计能够最充分地实现项目的总体目标。

2.4.1.4　循证设计（Evidence-Based Design，EBD）

如果项目策划是探查问题，那么建筑设计就是解决问题。虽然循证设计遵循的是基于证据的“科学”方法，但实际上，问题的解决却是一种具有高度“创造性”的活动。首先通过前面的环节确立了当前项目的目标，并形成了问题说明书之后，接下来，便需要谨慎地细化研究范围，选定关键的研究问题开展循证设计。

针对一个新项目的循证设计过程可以概括为以下步骤：首先确定关键问题，并将其转化为可研究的问题；然后从广泛的途径认真搜集与当前问题相关的现有最佳研究成果；将所收集的信息与当前的特定项目相联系，对研究成果进行批判性地分析解读；批判性解读的结果作为对于研究结果的一种理解，用于指导设计，也即沿着从证据到解读再到设计的逻辑链，将对证据的分析结果纳入设计概念；设计概念必将产生或影响某些预期结果，循证设计要求建筑师明确严谨地将这些预期结果作为设计假设加以记录；最终在项目建成之后，选择一项或多项测量方法对假设进行验证评价；并将项目的设计-研究结果公开分享，使之返回循证过程，成为新证据，用于指导未来项目。（Hamilton，2009）

如此一来，循证设计便将整个设计过程的所有环节结合在一起，使评价和应用真正有效地建立起关联，形成一个良性循环，不仅面向当下项目，同时着眼于对未来项目发挥作用。这就如同产品管理中的“PDCA 循环”[①]，周而复始，每一次循环，都解决一些问题，使质量前进一步，同时提出新目标，进入下一个循环。如此环环相接，使品质的车轮滚滚向前，止于至善。

2.4.2　拆解为微观层面的具体问题

为了确保循证设计的有效实施，首先必须认真查找分析现行模式的薄弱环节。事实上，多年来，对建成项目的使用后评价已陆续开展了不少研究，但评价的结果主要用于短期地反馈于既有建筑，解决其当前存在的问题，对于未来同类建筑的设计和建造过程的反馈指导却较为罕见。究竟如何能够切实有效地将使用后评价的结果和经验应用于未来项目？如何使这个循环真正得以运转？这正是本书提出循证设计概念的原发点。

经过对现有使用后评价成果的深入研究，笔者发现，现有评价报告无法为未来项目所借鉴的主要原因在于：常规的使用后评价的评价指标和标准主观性太强；而且目标太过宽泛，不够具体，基本谈宏观的多，谈微观的少。所有的评价几乎都是粗略地列一个大框，对每个项目的所有方面作出整体评价。但是往往因为过于贪大贪全，而导致研究不够深入且缺乏针对性，重要节点不够突出，因而不足以用于解决实际问题。再加上篇幅太长，主题不明，无法检索等原因，最终导致评价结果无法真正为设计和客户所用。就像西班牙谚

① PDCA 循环又叫质量环或戴明环，是管理学中的一个通用模型，它是全面质量管理所应遵循的科学程序。PDCA 是 Plan（计划）、Do（执行）、Check（检查）和 Action（处理）的第一个字母，P（plan）计划：包括方针和目标的确定以及活动计划的制定。D（do）执行：具体运作，实现计划中的内容。C（check）检查：总结执行计划的结果，分清哪些对，哪些错，明确效果，找出问题。A（action）处理：对检查的结果进行处理，对成功的经验加以肯定，并予以标准化；对于失败的教训也要总结，引起重视。对于没有解决的问题，提交给下一个 PDCA 循环中去解决。

语所说，“想要抓得更多，结果得到的更少。”也就是说，试图包含全部内容的使用后评价，只会得到空泛无用的结果，相反问题越具体，反映的内容越透彻，其价值就越高。因此，今后的使用后评价应该从更加形而下的层面上，针对更具体的问题去开展研究。

那么，如何扭转这种“重评价，轻应用”的现状呢？借用实用主义哲学家 William James 的观点：加增档案的数量毫无意义，简单的重复是最大的浪费。大哲学需要拆解成小概念，从而克服形而上学的漏洞。

王一平（2012）先生说：“依据总是相对于具体问题的要求而言。循证设计之证据获得，要将案例在设计—建造中所遇到的问题和积累的办法具体地拆解出来，成为可传达的证据。”

循证设计的核心在于使用证据，重在“用”。因此，循证设计的实施，需要立足于建筑的微观层面，拆解为独立的具体问题。也即是说，今后的使用后评价以及证据的积累模式，不应该再以单个建筑的全面评价为目标，不能求全，不要加总分，而是应当拆解为具体的问题，分项分析，只提炼最核心的，最可操作的，具有推广意义的部分，建立研究架构，从而进行细致深入地量化分析、验证、归纳，这样才能更具有指导意义。

从微观层面入手，针对有限的和具体的问题进行评估，不仅可以减少调查研究的难度，而且有利于将问题看得更透彻。基于这一原则，针对项目的不同阶段（如策划、设计、施工、管理），不同类别（如成本、设计、技术、效能等）进行评价，通过实际调查来检验问题是否有价值，解决方法是否有效，并将评价结论以明确的主题，清晰地加以呈现。如此一来，不仅提高了结果的有效性，而且方便信息管理和检索，为未来使用提供了便利。

需要强调的是，循证设计所关注的具体问题，不完全等同于传统意义上的“建筑细部”，主要区别可以概括为两个基本前提：“带处境”和“可整合”。

所谓带“带处境”是指：一方面，在拆解问题，建立证据的过程中，不能只是片面、抽象地提取技术细节，而是需要准确描述问题的整体背景和条件，然后运用系统整合的逻辑思维，将实践经验转化为能被理解和传递的理性知识，使之能够在不同人之间达成共识，可以被证明，也可以被证伪；另一方面，在应用过程中，需要结合特定项目的处境，具体地分析证据在当前问题中的实际意义。

所谓“可整合”是指拆解证据的目的最终是为了方便日后整合运用。“设计与建造的最终目标，是为得到一种整体的、有机的、运行良好的建筑产品。设计是一种‘整合’的行为，过程中却大量地表现为‘拆解—整合’的双向反复。”（王一平，2012：43）最终，基于一系列被拆解的证据，并与项目的具体条件相结合，经过知识整合，形成一个完整的设计方案。

2.5　澄清误解：循证设计将导致设计的僵化和创造力的丧失？

在一个新概念形成之初，总是无可避免地需要面对各种质疑。对于循证设计而言，很多人担心这种理性的设计方法会制约设计者的创造性，对证据的重复利用很容易变成直接的照搬照抄，从而导致设计的僵化和千篇一律。因此，本节特别针对这一问题，详细加以阐释。

Hamilton（2009：15）先生强调："建筑一直都是艺术和科学的综合，而且依然会是。循证设计在一种严格意义上运用科学解决重要问题，并非减少创造性。事实上，它将呼唤更高层次的创造性。"

王一平（2012：118）先生说："循证的行为是经验的升华，面对具体问题时，不埋没设计者个人才华。设计在这里，正与做任何事情一样，既需要想象力，又不能想当然。"

西扎曾给巴拉干写过一篇礼赞："从没有一项创新能抛弃古老的理性。其实根本就没有创新这东西，有的是对纯真的重新发现，对优雅状态的再次捕捉。"

董豫赣先生说："一百年来，全世界的居住建筑在质量上的退步是罕见的，任何东西都极糙，这是因为每个建筑师都想创新。过去的东西之所以好，像中国的四合院、威尼斯的石头房子，就是因为它绝大部分的东西都很像，而且手艺都不错。清华大学的王丽方老师讲得非常好：根本不是这个时代的工人出了问题，是我们选择的摹本出了问题。园林模仿园林是明清大量的现实，只是因为它模仿的摹本比较好"（郑小东，2013：19）。

王维仁（2014）先生说："值得借鉴的，比如日本的建筑教育，他们有着很强的工程与建构背景，注重解决问题，有明确的文化本体自觉。不必担心没有创新，即使在最严谨的训练下，依然会出现丹下、安藤、伊东、妹岛、坂茂这样一批批一流的建筑师。"

本质上，循证设计是一种认识问题和解决问题的实践模式和思想方法，其根本目标是：将设计决策建立在大量经实践检验和提炼的真实证据基础之上，避免实际项目中无谓的试错，从而尽可能地确保建筑物的最终品质，同时通过避免简单的重复性工作，使得设计者得以集中精力关注更重要的问题。较之以往单凭感觉的、比较随意性的设计决策，循证设计非但不会限制建筑师的创作自由，相反，在很多时候，理性恰恰意味着思考。基于规范化的理论和方法的有效引导，恰恰有利于创造力的发挥。更何况，任何设计问题的提出和解决总是为个人的思考留有充分的余地，其结果必将是最大限度的严谨性与最大限度的创造性的完美结合。

2.5.1　设计对象的客观性

循证设计不同于标准化，它始终坚守着设计对象的客观性与独特性，强调具体问题具体分析。由于具体的建筑总是由个别的、特殊的场景所决定，每个项目都有自身的限制条件，无论这些限制是来自自然环境、社会和文化需求，还是技术手段或经济成本等方面。所以对于证据的运用不可直接照搬，不能太过抽象地、生硬地使用证据，必须探究其在特定语境中的独特意义。循证设计要求将现有证据与项目的环境、制约因素、社会及功能关系以及各方愿望相结合，进行实际考量，最终在现实条件的众多限制中找到一种有依据的、合理的、与项目相契合的最佳解决方案。

王一平（2012：110、6）先生说："建筑师的创造性不是天马行空。在任何历史背景和具体项目的约束条件下，创造力总是有限的，创造力的工程价值在于能够创造性地解决具体的建造问题。""（李保峰）提倡'以当代技术解决当下问题'，而不是空泛地说一些'漂亮话'；在具体设计中，'文化、技术和经济'都是制约建造的因素，'绿色建筑没有一个放之四海而皆准的方法和策略'，'对地方资源、地方气候的关注，是绿色建筑的方法论'。"

崔恺（2013：28）先生说："谈到原创，我觉得是比较难说的。我认为不要笼统地说原创，因为建筑本身，无论从艺术、文化还是技术演进来讲，都是代代相传的、伴随着社会经济政治发展而进化的东西。它是一个物化的过程，在这个过程中，哪些是原创，哪些是整合过往人类文明成果的——智慧的整合也好，资源的整合也好——很难加以清晰地划分。没有对文明成果的整合，建筑也就失去了坚实的基础。我觉得从这一点来讲，建筑不是像科学技术那样发明、发现、从无到有，总体上来讲，建筑应该定位为一个应用型的、综合型的设计行业。"

"但是从微观来讲，环境千差万别，社会生活千差万别，每一个项目都跟其他项目千差万别，严格地说是没有重复的。即便是标准化设计，放在不同环境下，也需要应对不同的东西。所以从微观上来讲，原创的概念又有某种绝对性，即变化永远是绝对的。"

"从总体上讲，跟大的国际环境相比，我们在这方面喊得比国外建筑界多。国外建筑界大概很少去谈论原创这回事，而我们是越来越多地讨论这件事，并且越讨论越急。我觉得这种状况也是有喜有忧的。喜的是，中国建筑师总是希望能通过自己的作品表明自己的独立性，自己的主张，尤其是不希望跟着国际潮流随随便便跑，也不希望跟着商业主义的开发模式失去立场，我觉得这都是很好的。忧的是，在比较浮躁的环境下，过于强调原创使'原创'本身反倒成为了一种浮躁的标志。过于形式的'原创'，过于夸张的、甚至恶俗的'原创'，现在已经屡见不鲜了，我觉得这是特别需要警惕的。换句话说，原创未必是一件好事情，刻意原创并不等于一个优秀的建筑。"

"对于我来讲，我没有把自己当成一个原创的建筑师，而更愿意定位成一个解决问题的现实主义的建筑师。我对自己原创的定义是：对具体项目的独特性的思考。只要你自己把项目本身所有的信息资源搞得比较清楚，选择恰当路径和设计方法，把这些信息非常有机地、适度地表达在你的建筑上，实际上，这个建筑就有了一定的原创性，因为它显然区别于其他地方的建筑。"

"所以，因为这么想，我就找到了一个结合点。第一，我并不认为原创是表达个人的主张，而更多的是表达一个地域所应该有的特殊性。第二，我也不用原创困扰我自己，不要求自己每一次设计都希望从零开始，去找所谓独特的'原创点'。这可以让我静下心来，用平和的方法去看待设计本身的问题。所以我就变得不那么急，不会因为要求原创而变得浮躁。所以，这是我个人对原创的一个基本的态度。"

北京中联环建文建筑设计有限公司的方楠建筑师说："设计是一个解决问题的过程，这个命题既代表着一种建筑观，也概括了一种设计方法。就建筑观来说，它是一种务实的观念。它让我们本着实事求是、解决问题的态度来对待设计任务。它促使我们在设计中有深层的追求，而不是仅仅停留在表面形式上。"

"就设计方法来说，它是一种理性的方法。它让我们从分析问题、定义问题开始着手设计，系统地看待设计问题并且有针对性地提出解决方案。它有助于我们提高工作的效率。"

"我们提倡务实的建筑观，是针对国内目前普遍存在的浮躁心态。在社会与公众层面，浮躁心态的典型表现是许多人片面追求建筑造型，而忽略建筑师在综合解决问题方面的作用。在建筑师方面，浮躁心态则表现为许多人满足于套用或抄袭国外的建筑形式，而不顾具体项目中的环境与经济条件。”

“我们提倡理性的设计方法，是针对长期以来国内建筑教育重感性而轻理性、重结果而轻过程、重形式而轻内容的传统。这种教育传统导致很多国内的设计师不太善于从整体上把握设计对象，作品的形式往往缺少内在的逻辑关系，流于肤浅和琐碎。”

“可以说，所有的细部设计都是因解决某个具体的问题而产生，而它们一旦成形，又反过来为整体的效果增色。比如，会议室的入口立面，表面上看会有模仿蒙德里安抽象画的意味，但实则是为了解决室内电灯开关的安装，因为如果将电灯开关设置在距离门最近的一面实墙上会与门开关的方向相冲突，所以在每个会议室门旁的玻璃隔断上增加了一条实板，将开关布线隐藏在其中，这种以解决功能使用为出发点的设计，也出人意料地丰富了大厅内里面的效果。”

“连接两个空间的小木桥（图2-1），则是由于我们在墙上开了洞后，发现下面有一条钢筋混凝土地梁，它比两边的地面都高出20cm，所以自然而然选择一个拱桥跨越其上。所以说所有的细节基本上都是理性思考的结果。在细节确定之后，它的材质、材料组合方式等，才有进一步的创造性发挥”（张路峰，2012：17、24、25）。

2.5.2　设计主体的能动性

王一平（2012：118、113）先生说：“循证设计是具体的辨证施治。在建筑设计中，方案决策的选择，即使在理性的环境下，仍体现设计者的个人因素，而循证的意义，是在设计预后与业主的意愿之间做出‘合理的’选择。实际上，任何评价性的信息，总是带有评价者的价值观和观察水平，某种程度上，是‘主观信息’；而建造的物质客观性，又需要社会广泛认同的‘客观信息’；在主观意愿与客观能力之间，总会有某些矛盾，便是‘理性’存在的价值，也是循证设计三要素之间协同作用的意义。”“循证的目的和结果，是在学科的最新研究和设计实践成果中寻找适合具体项目设计的最佳证据，而不是由‘网络设计中心’提供建筑产品的咨询与设计，具体的建筑物的设计总是由一线的终端建筑师完成。”

方楠先生说：“设计问题的最显著特征就是大多数问题是不确定的问题。不确定问题有一些特性。首先，他们不可能被完整地定义出来，往往需要在解决的过程中不断地重新定义；其次，没有明确的规则显示某个问题被彻底解决，任何解决方案，总会导致新的问题；再有，对问题不同的定义方式往往暗示着不同的解决方式，反过来也一样；最后，解决方案往往没有对错之分，永远可以提出其他的可选择方案。”

图2-1　中联环建文新办公室室内实景（张路峰，2012：22）

“由于设计问题的特性，设计的过程往往就是不断地定义和重新定义问题的过程。设计的创造性就来自于对设计问题进行不断地调整，进行创造性的定义。创造性地发现问题是设计师最重要的能力之一。”

“不管业主的任务书是否很详细，建筑师

对任务书中提出的需求总要进行一番澄清、分析和具体化，这个过程往往是在与业主的交流中完成的。在这个过程中，建筑师自然地会把需求与各方面的制约联系在一起。这就是分析问题和定义问题的过程。”

“在分析问题和定义问题的过程中，我们会确定一些关键的问题，它们往往是那些需求与制约的矛盾最尖锐的问题。这些关键问题的解决，往往会导致很多问题的解决，或者使设计在某些方面具有独创性。这也就是通常所说的‘抓主要矛盾’。建筑师的重要能力之一就是在设计的各个阶段都能够迅速而准确地判断出关键问题之所在”（张路峰，2012：18、19）。

循证设计最大的困难就在于对证据应用的灵活性。在整个的过程中，无论是对设计问题的提出，还是对于证据的选择、判断和应用，都要求设计师具备科学辩证的分析思维能力。在参照证据进行设计时，即使面对同样的问题，使用同样的证据，不同设计者所形成的设计方案也不是唯一的。因为对当前问题的认识和把握、对现有证据价值的理解和分析、根据具体情况对证据的调整运用，以及设计决策的制定，完全都是由设计师个人的内在思维所影响和决定。也即是说，在最终的层面上，设计师自身的综合素质永远是根本，设计效果在很大程度上仍然取决于建筑师的判断力、感悟力及创造力。实际上，循证设计模式在避免建筑师“随意性”和“想当然”的同时，恰恰呼唤更高层次的整合创新能力。

在本质上，使用证据就是一个学习过程。“学”的本质是“模仿”，这里的“模仿”不是生搬硬套，而是需要真正地理解知识的本质，如此才能将其融入自己的内在认知结构，从而灵活地运用知识，去恰当地应对其他的具体情况。反之，一个仅仅具有知识而不具有完善的思维逻辑的人，其创造力一定是有限的。因此，作为一个合格的专业设计者的基本素养，首先需要有一套自己的核心思维体系（或可称之为设计哲学）。这套体系时时处处都在影响着设计者的思维方式，决定着设计者对专业知识的判断、运用和创造方式。在遇到相似的情形时，如何掌控好那个微妙的度，正是对设计者思维敏感性与灵活性的最大挑战。而达到这种自如状态的唯一途径，只能是依赖于每个人自己长期的训练、积累、沉淀及不断领悟，因为哲学或思维方式尽管是可以培养的，却无法实现在不同个体之间的直接传递，难以速成。就如同英语里“Verify”的道理一样，即使知道是真理，也需要有一个“使其成真”的过程。而最终，当这种恰当把握变为自觉时，“循证设计”也就无须再提。

2.5.3　设计证据的动态性

世界上任何事物都不是静止不变的，循证理论及其方法也同样是一个动态的、开放的过程，新的研究成果总在持续发布，随着新证据的加入，研究成果被不断更新和完善。每一个项目都是独特的，因此，不可能将现有的证据当作硬性指标、规范或标准。循证设计的最终决策需要基于现有最佳证据，并面向具体的设计项目。充分利用最新的研究成果，同时结合业主的意愿和价值观，并客观地分析每个项目的实际状况，制定出切实可行的最优设计方案。一说“阳光之下并无新事物”，一说“历史不会简单的重复”，这二者应该全面结合。

本章小结

对本章的内容加以归纳，可以总结出循证设计具有以下基本特征：

循证设计是遵循证据进行决策的科学设计，其核心是最佳证据，其本质上是一种认识问题和解决问题的实践模式和思想方法。

“最佳证据；设计者的专业知识和经验；客户的意愿和价值观；项目的具体情况”是循证设计的四个基本要素。

“基于问题的现实研究；遵循证据的理性决策；关注实践的最终结果；后效评价、止于至善”是循证设计的四项基本原则。

“提出问题，寻找证据，评估分析，制定决策，预期假设，后效评价，形成新证据，持续改进，止于至善”是循证设计的实践模式。

第3章　第二层次：循证设计为建筑学科建构知识体系

“当代的建筑学及其理论，有什么样基础知识及其方法的共识，如何构成建筑学基础之基本知识和学科体系？在对专业问题进行深度研究的时候，学界在一个什么样常识基准上讨论问题，论证的依据又有什么。专业的教育，在传播建筑学尤其是指导建筑设计实践的时候，竟有多少‘硬性的’指标能够明白无误的传达而不是流于‘感觉性的’描述?”（王一平，2012：76）

建筑的工程性、物质性大量地蕴含在实践中，随着国内建设项目的大量进行，中国有极好的机会结合循证设计理论的思想和方法，在整个建筑行业内建立一个循证设计的系统网络，以实践为基础，积累和沉淀有效知识，从而逐步构建起当代建筑学的基础知识和学科体系，最终形成一个强大的支持平台：在实践层面提升所有建筑的整体品质；在教育层面，从抽象性的建筑美学教育走向蕴含工程技术的真实营造；在社会层面，消除信息不对称，走向“全社会的建筑学”（吴良镛，1999）。建筑学科与行业由此将真正建立起建筑教育与设计实践以及建筑使用者的需求紧密结合的新模式。

3.1　建筑学科缺乏共识基础——循证设计参与建构学科知识体系

当代建筑学正在走向一种无标准、无规则、无导向的“全面多元化”状态。然而，正如社会学家安德鲁·阿伯特所言：“现代职业地位的确立已经不再是简单基于客户对于从业者经验的信任，而是通过整个行业，利用其掌握的系统性知识，向公众证明该行业对其从事的领域，具有比其他竞争行业更强的专业能力”（陈筝，2013：50）。

很显然，建筑学作为一门学科，其未来的发展必须走向自律，其学科的专业地位，必须建立在客观的、规范的、系统的学科知识体系基础之上。

华黎先生说：“从发展的进程看，我们所处的历史时期是中国仍处于不断建立秩序的现代化阶段，所以从文化上，现在更需要的是‘立’（Constructive），而不是‘破’（Deconstructive）”（黄文菁，2007：145）。

王一平（2012：89）先生说：“现代建筑史不是大师们的游侠独行传。曾经在什么时候、有些什么人说了什么样话、盖了什么样房子没关系，重要的是在当下一共有多少和什么样认识，这些认识如何构成建筑学基础之基本知识和学科体系。”

Koolhaas 视野中的建筑学未来发展方向，也是通过对“大数据垄断人类”的“角色反转”而得以重生：借用互联网在跨界交流和知识生产方面的优势，强化被边缘化的物理现实，重建古老的通识体系（姜珺，2014）。

那么，建筑学究竟如何能够成为一个“以知识为基础”的专业？我们应该采取什么措施来改变我们的专业，从而使其更加具有严谨性和权威性？借鉴其他学科的成熟经验，首先便是需要由实践经验开始，持续地积累专业知识。

Hertzberger在其优秀著作——《建筑学教程》中就已指出了获取知识和积累经验的重要性。他认为，大脑吸收和记录的每一件事都会添加到记忆里储存的所有想法中，形成一个可以供未来参考的资料库。就像一个图书馆，一旦遇到问题，便可以随时查阅。因此一个人看得越多，吸收得越多，经历得越多，可以用来帮助自己决定采用哪种方法的参考资料就越多，资料库也就随之不断扩大。

"'孤例不为证'。循证设计的'证据'不是孤立地使用，必须在整合的前提下系统地运用"（王一平，2012）。因此，循证设计的实施必然需要建立在系统性、全面性的证据体系基础之上。随着国内建设项目的大量进行，我们有非常好的机会从中不断学习和分享大量切实可行的项目经验，以实践为基础推动循证数据库建设，与此同时，逐步构建起当代建筑学科的基础知识体系。

实际上，在景观设计领域，循证设计及其知识基础已经取得了很大的进展。"调查结果表明，在科研的推动下，当前美国风景园林学科已经由传统的、以美学和设计理论方法为核心的经验设计，向以科学解释和客观可度量的循证设计转变。""知识由经验知识向循证知识转换，是在知识经济下，美国风景园林行业为了适应现代社会要求的举措"（陈筝，2013：50）。

3.1.1　哲学"知识论"

建筑学科知识体系的建构，有其他学科的先例可资借鉴。比如康德的"知识论"。康德的《纯粹理性批判》，不是对某些书或体系的批判，而是对一般理性能力的批判，是就一些"可以独立于任何经验而追求的知识"（形而上学）来说的。他所要建立的是一种面向客观对象的知识，是在"经验性的"原则上建立起来的"理性的实践知识"。在康德看来，唯理论在未预先考察理性能力的情况下，便认为理性自身可以获得关于实体世界本质的绝对知识，并认为这个知识体系对世界普遍有效，是一种"独断论"；而经验论到了休谟那里已经变成了怀疑一切事实知识可靠性的"怀疑论"。康德认为绝对的理性主义或经验主义都是错误的。因为知性不能直观，感性不能思维，面对这种局面，只有当它们联合起来才能产生知识。

康德知识论的主要任务是解决知识是如何形成的、先天综合判断是如何可能的问题。康德认为，知识作为认识的结果是具体经验与先验逻辑的复合物。他所描述的知识形成过程可以这样概括：一切知识都是从经验感觉开始，首先获得一些零散的、毫无联系的、杂乱无章的表象，然后主体通过知性能力——十二范畴：分为四大类，即量的范畴：单一性、多数性、全体性；质的范畴：实在性、否定性、限制性；关系的范畴：依存性与自存性（实体与偶性）、原因性与从属性（原因和结果）、协同性（主动与受动之间的交互作用）；模态的范畴：可能性—不可能性、存有—非有、必然性—偶然性，通过这套范畴体系为自然科学奠定基础——对经验进行整理综合、统一之后，将经验材料转换为具有内在联系的、有规律性、全面性的理性知识，使之成为学科整体的智慧。康德的认识论克服了唯理论和经验论的片面性，具有重大的学术进步意义。时至今日，康德的基本理论，仍是所有成熟哲学的基础。

在此基础上后来发展出实用主义，同样，实用主义认为理性主义是严密的，但并不描述世界；经验主义描述世界，但并不可靠，因此需要二者的融合。实用主义一方面不撼动必然真理，也即核心层知识，另一方面又强调必须与事实维持紧密联系，认为只有通过两种力量的互动才能达到全面的真理。实用主义蕴含一种系统整合思想，其对于问题最有效的处理方式就是不绝对化，它将各种认识整合活络起来，全部纳入思考，从中作出最佳选择。(这已明显带有循证思想的意味。)

哈贝马斯继承和发展了康德的知识论哲学，并建立了走出形而上学的另一条路径：交往理性。哈贝马斯认为："我们必须从意识哲学范式转向交往范式，只有这样才能消除穷竭的症候。""由于这种重建的努力不再针对超越现象领域的知性王国，而是针对一般命题中实际使用的规则知识，所以，先验与经验之间的本体论区分就不存在了。""于是，再也不需要什么复合的理论来弥合先验与经验之间的鸿沟。""对于理解过程而言，生活世界既构成了一个语境，又提供了资源"（尤尔根·哈贝马斯，2011：347～349）。

3.1.2　建构建筑学科知识体系

基于上述知识理论的引导，让我们回过头重新对现有的建筑学理论加以审视。

王一平（2012：73、74）先生对于学科理论的基本思考和质疑是："理论究竟如何发生作用？理论的表现形式如何，理论在研究哪些问题，理论的框架是否已经完备，理论有多少可保守的价值，理论是否在开放式地发展，理论是否可以规定实践，理论在批评的同时如何被批评？""有没有大一统的现代建筑理论？有没有放之四海而皆准的建筑学？有没有建筑学科之普世价值？中国当代建筑学的正确理论是从哪里来的，是从西天掉下来的吗？拿来的东西，本土化了和能够本土化吗。受西方建筑文论的先入影响，好像建筑学理论就是由那样一些'文化'命题所构成的。"

张路峰（2014：77）先生说："当代中国社会经济持续发展30多年，城乡面貌发生着剧烈的变化，城市与建筑设计实践领域各种前所未有的现象层出不穷，但相关的理论研究却相对滞后。相当长的一段时间以来，我们的理论研究基本上还是在'引进消化'以及'与国际接轨'的方向上努力，即用西方建筑理论研究工具和价值标准，来解释、定义中国的建筑现象。往往那些令西方理论家瞠目的、用既有理论体系无法解释的现象，正是我们应当关注的。建筑评论的任务就是去关注这些'不入流'的现象，发现其中的学术问题意义，确认其理论价值，从而使之进入知识体系。只有这样，我们的建筑理论研究才能对整个人类知识体系的建构有所贡献，而不只是为既有的西方的理论增添新的论据和注脚。"

那么，如何获取有助于提升建筑品质的知识？最为切实可行的办法，便是由个体经验和实践项目开始逐步积累有价值的知识，随后经过反复的应用和检验，使之不断完善。王维仁（2014）先生说："（我的）很多想法都不是一两天内戏剧性地从脑袋中跑出来的，它们多是通过生活体验和思考，在研究或竞赛方案中先做尝试，经过不断的发展修正，逐渐在另一次的机会中实践了。从概念到原型的成熟往往跨越将近十年。每一次采用相近的概念，都不只是抄袭上次的答案，而是结合新项目带来的新的问题挑战，寻找新的解决的可能性。因此这些想法就得到了深化和提升。但主要的路线和信念是延续的。"

循证设计的实施，首先需要的是一个知识整合过程，即运用科学的方法对不同来源、不同层次、不同结构、不同主题的实践经验连同其社会、环境背景条件，进行综合和集成，使单一的、零散的经验知识经过理性化和科学化的提炼，转化为可传达与共享的合理性的设计依据，也即"理性的实践知识"，再由实践知识上升到理论高度，从而逐步建构起学科的知识体系；然后，通过循证，返回实践指导未来项目。

可见，与“应用哲学”的思想相类似，循证知识体系本质上探讨的是如何使学科理论与现实实践相结合的问题，一方面，从实践领域中总结、提炼知识，使经验上升为高层次的学科知识；另一方面，关心建筑学理论如何返回实践指导具体设计。这一过程是双向的、综合的，因而具有整体系统的意义。其目的和结果绝不是将建筑学“庸俗化”、“简单化”，而恰恰是为建筑学充满活力地生长和发展提供条件，理论与实践充分结合，奠定学科的知识基础。

3.1.3　知识共享与开放

建立循证知识体系的一个重要前提是知识共享。

李虎（2012：82）先生说：“关于开放建筑，我想提一点就是知识共享。中国人往往缺乏这种精神，造成每一个人都从零开始，每个人都爬这么高，一辈子就爬这么高，知识没有积累、没有共享。例如城市研究，每个新进到这个城市的设计师都要重新做一遍研究，太浪费人力了。从技术上来说，很多建筑师琢磨出一些很好的做法，但缺少探讨和分享。其实需要有人牵头，需要一个正规严肃的平台，像德国的 Detail 杂志就是一种很有价值的知识共享。”

实际上，在许多领域和专业中，知识共享都已是一种实践义务。比如，“在医疗和公共卫生领域，Jonas Salk 博士会为自己的病人保留脊髓灰质炎疫苗，共享发现为他获得了巨大的公共荣誉；在法律领域，审判结果被全部记录下来，作为先例提供给所有律师，供其当前案例借鉴，掌握了重要先例的律师将赢得更多的客户；航空工程师和交通工程师所发布的研究成果，可以为全世界的公共安全提供帮助”（Hamilton，2009：31）。

再比如，在计算机业，软件界早已掀起一场数字化改革运动——自由软件运动。自由软件使源代码获得解放，使软件走向真正的开放。

此外，在教育领域也已形成资源共享的主流趋势。例如，麻省理工学院开放式课程（MIT's OpenCourseWare，MITOCW）。2002 年，麻省理工校长 Charles M Vest 提出：“我们必须坚定地利用新科技——网络技术对全人类传授知识，让教育大众化。我们的开放式课程计划将让我们的 2000 门的基础教材让任何地方的任何人免费共享。”“我们的使命是：用我们开放式课程计划的理念和经验，启发其他机构开放、分享他们的课程，建立一个将造福全人类的知识网络。这个知识网络将可以提升学习的品质，更进一步地提升全世界的生活品质。”

此举引起了世界各大名校的纷纷响应。美国的约翰霍普金斯大学、卡耐基梅隆大学、犹他州立大学，日本的东京大学、早稻田大学、京都大学，英国的剑桥大学等也相继推出开放式课程，至今已经推广到全球 120 多所大学。

在此基础上，2004 年 2 月，朱学恒发起了中文开放式课程计划。该计划是一项将国外先进的在线教育资源翻译成中文的工程，通过号召全世界的中文知识分子，贡献出自己的专业知识来“认养”翻译课程的操作模式，使这一庞大计划得以顺利展开。该计划的口号是：如果你愿意就加入我们，如果不愿意，就使用它。（季征宇，2008：209、210、213）这一系列举措，充分体现了人们无私共享全人类的财富——“知识”的开放胸怀。

另据 2005 年光明网新闻报道：Google 网站宣布它已经跟多家著名图书馆达成协议，

准备投资1亿5千万美元对这些图书馆的藏书进行扫描，并使之成为一项全球共享的公共资源。已经跟Google签约的图书馆包括牛津大学图书馆、纽约公共图书馆、密歇根大学图书馆、斯坦福大学图书馆及哈佛大学图书馆。包括美国国会图书馆在内的其他一些图书馆也已同意在小范围内与Google合作，微软公司也对这一项目表示出了极大的兴趣。当然，这个项目需要时间——人工扫描1500万册书至少需要10年，有关此项目的一些技术问题也还没有得到解决。如果这一项目得以完成，那将是一件了不起的人类文化成就，它意味着所有的网络用户都可以尽情利用人类千百年来所积累的知识。

由此可见，知识的共享与开放已成大势所趋。建筑专业未来的发展，也应该通过对实践经验的逐步积累与共享，不断提高实践能力。因为随着建筑复杂性的日益增加，任何个人都无法全面考虑一项设计可能产生的所有后果及影响，所以需要将集体的认识集中起来，综合加以利用，以使得设计更加丰满有力。由循证设计开始，需要系统性地从实践领域总结、提炼专业经验和有效信息，将其转化为学科共享的知识，然后返回实践指导设计，从而使每一次具体设计都能够充分利用学科的整体智慧，得出综合最优化的解决方案。

3.1.4　历史研究应放在当下

“胡适先生当年这样开导打算研究上古史的青年罗尔纲，‘你根据的史料，本身还是有问题的，用有问题的史料来写历史，那是最危险的，就是你的老师也没有办法帮助你。’（罗尔纲著：《师门五年记·胡适琐记》，三联书店1995年版，P28）乃师教诲改变了后来成为太平天国史研究大家的罗尔纲先生的治学之路，使之一生受益，道理却是极平常的——史料积累与鉴别是治史之本”（杨秉德，2000）。

在史学界，“现代历史学的确立，是和迄今为止最伟大的现代史学家利奥波德·冯·兰克的名字紧密联结在一起的。兰克对历史编纂和历史学的主要贡献，就在于开创了现代史学研究的首要科学方法——严格依据同时代资料（特别是档案史料），连同史学方法的一项重大创新——对史料的批判性考证。或者说，他创立了以同时代资料、特别是档案史料为史学研究基础的准则，并且创立了史料之科学考证的基本方法”（时殷弘，2006：32）。

兰克科学史学理论主张“历史是艺术亦是科学”，兰克认为众多的历史事件，通过内在的联结，成为一些结构性的组织；而这种内在的联系，史学家可以不偏不倚地，基于客观地搜集研读档案资料之后，如实地呈现历史的原貌。尽管由于受其“欧陆眼界”的限制，“兰克史学”后来被“全球眼界”的路德维希·德约的理论所修正，但其最初所建立的知识体系，对东西方史学都具有重大意义。

王一平（2012：82、84）先生说：“历史和理论总是经由教育和学习而进入现实。但是，当下艺术史、建筑史、设计史以及技术史的现状，其中有多少价值能够为现实发展所利用。”“中文系讲文学史，或者诗歌史、小说史、戏剧史，是文学本身，甚至是直接的创作训练。”

那么，建筑史应当如何？

牛津大学Timothy Garton Ash教授在其政治历史研究中创造了一种非常有趣的研究方法——“当下历史学”（History of the Present），即将历史研究与现实融于一体，敏锐地捕捉和深入挖掘当下真实事件的来龙去脉，并将其放入整个历史系统中加以考察，使其既鲜活，又具有历史的纵深。(应用案例可参见其著作《事实即颠覆：无以名之的十年的政治写作》）这一思路特别值得建筑研究借鉴，因为每个时代的建筑，都是一个时期政治、经济、技术、文化、社会等诸方面条件的综合产物，而绝不仅仅是单纯的美学和形式的推敲结果。因此，在当前中国快速城市化和大规模建设的特殊进程中，对建筑实践的研究，在直接地记录和保存设计结果和具体的工程手段的同时，更需要深入研究其设计和建造的生成过程，充分发掘特定项目的独特条件、设计的思想和方法，以及物质形态之中包含的一系列有价值的人文和技术信息，也即基于特定的自然条件和社会处境，实实在在地探究和呈现建筑隐藏于形式背后的内在机制，通过讲述每个作品从最初构思到建成使用的完整故事，清晰地传达出设计思想的形成、发展、变化及各种观念与现实条件及最终成果之间的相互依存关系，客观地呈现反映当代物质和文化特征的真实建设状态。

杨秉德（2000）先生说：“中国当代建筑史时期的作品多数保存完好，当事人也多数健在，时代背景亲历亲闻，是史料积累的有利条件，而其中的精品对当前建筑创作亦有直接的借鉴价值，需要的是适当的荐引、分析与评论。于是，多年从事建筑创作与建筑史研究的职业敏感及对建筑评论的探索尝试使笔者萌生一种构想——将建筑创作、建筑评论与建筑史研究融为一体，使书斋中的历史研究焕发活力，一方面积累翔实史料，从特定角度展示中国当代建筑史的发展历程，另一方面详细介绍、评论、研究一代建筑精品，为建筑师提供研习借鉴的优秀范例。”

在国际上，记录研究并保护现代建筑，已经成为一种共识。国际现代建筑遗产保护理事会（DOCOMOMO）主席 Ana Tostoes（2013）女士认为保护现代建筑遗产的重要性在于：“一方面，很多现代建筑遗产都是非常好的项目，并且已经成为了人们生活的一部分；另一方面则是可持续发展的需要，我们现在存在太多的浪费，而一些现代建筑其实提供了人类史上非常智慧的解决可持续问题的方式。”

西安建筑科技大学建筑学院院长刘克成先生介绍了中国——继日本、韩国之后，作为亚洲第三个国家加入 DOCOMOMO 的过程：“2011 年东京第 24 届 UIA 世界建筑师大会期间，我在‘20 世纪建筑遗产保护论坛’上做了题为‘中国现代建筑遗产保护及其现状’的报告。报告以深圳 30 年变迁为例，特别阐述了中国现代建筑遗产的发展历程以及当代巨变对中国及其世界的影响。在报告中我提出了一个观点：现代建筑运动起源于欧洲，振兴在美国，而其发展的极致状态出现在改革开放以后的中国。当代中国好像一台能量巨大的粒子加速器，现代建筑运动这枚粒子被注入巨大能量以后，其优点和缺点都在这个过程中获得了充分地释放。其结果众所周知，不仅改变了中国几千年形成的城乡面貌，也改变了世界格局。因此，中国现代建筑遗产是中国也是世界现代建筑遗产的重要组成部分，没有中国的国际现代建筑图景是不完整的。中国经验是国际现代建筑运动的重要内容。报告在那次会议上引起热烈反响，DOCOMOMO 主席安娜·托斯托艾斯女士当时走上台来盛情邀请中国加入 DOCOMOMO，委托我做相关筹备工作，成立中国理事会。回国后，经文化部、住建部和国家文物局同意，在中国建筑文化研究会的支持下，2012 年我们向国际 DOCOMOMO 提交了申请报告，2012 年在芬兰我代表中国向国际 DOCOMOMO 理事会做了申请陈述，最终我们获得全票通过。在 DOCOMOMO 历史上还没有一个国家在当年申请就被批准的，中国是第一例”（UED，2013：240）。

在香港，顾大庆教授带领的学术团队已经开展了规模化的香港现代建筑研究。

20 世纪 90 年代刚刚到香港中文大学建筑学系任教一年级设计基础课程，我们试图寻找一个本地的参照系，开始对香港的集装箱建筑发生兴趣。我们利用业余时间遍访港岛、九龙和新界各地，调研集装箱建筑的案例，并将其归纳整理，最终编辑成书出版。集装箱建筑是一种民间的建筑现象，这种非建筑师设计的建筑以最直接的方式来处理场地、使用和建造问题，因而是学习建筑学基本知识的最佳教材。

2000 年以后，我们开始研究香港 20 世纪 50 至 60 年代的警察宿舍设计。我们的研究目的就是将这些建筑作记录整理，名为‘香港现代建筑实录’。从警察宿舍的设计研究开始，我们的关注点后来又转向香港的公屋建筑，再转向其他公共建筑，如中环街市、中区政府合署建筑群等热点建筑。最初这些研究是自发的，后来又得到大学和政府的研究基金支持。这些年来完成了一系列的案例研究，其中关于香港中文大学崇基学院的早期校园规划和设计的研究集中体现了香港本土建筑师的现代建筑实践，于 2012 年出版。

我们将香港现代建筑的研究定位为设计研究。考察一下最近 10 多年来香港关于建筑保护和活化再利用的案例，我们不难发现这些建筑引起人们关注的主要原因大多是它们背后的历史故事以及“集体回忆”，而对于这些建筑设计的好坏所知甚少，或浑然无知。即使是一些建筑学家在讨论有关的建筑时也只限于对风格的讨论。比如荷李活道已婚警察宿舍能够被保留的主要原因是在现址地下发现原孙中山先生就读的中央书院遗址，以及前任和现任特首幼时与这个地方的关系。官方在说到这个建筑群的设计价值时也只限于‘宿舍的设计直接满足了功能上的实际需要，建造方式和建筑物料亦清楚反映当时的建筑特色’这类似是而非的描述。同样的问题也反映在中环天星码头、中环街市以及政府合署西座等热点建筑的争论中。由此可见，香港在如何从设计角度来认识自己的现代建筑遗产方面确实存在一个知识空白，如何从设计的角度来认识这些香港现代建筑就成了一个非常重要的问题。那么，什么才是设计研究呢？设计研究究竟关注哪些问题呢？我们认为香港现代建筑设计研究包含了三个递进层次，一是设计研究的定位，二是现代建筑设计研究这一主题，三是香港现代建筑设计研究这一特定对象。首先，所谓设计研究就是研究建筑师如何解决建筑设计的基本问题，如建筑与场地的关系，建筑的空间和使用的关系，建筑的空间和结构的关系，建筑的形体和空间的关系，建筑的外观立面和内部空间的关系，等等。一个好的建筑应该能够体现出建筑师处理这些基本建筑问题的独特之处，或者说是一种设计智慧。其次，现代建筑设计研究就是去发现那些体现现代主义建筑设计原则的建筑和建筑师。现代主义的理性主义和功能主义设计原则具体体现在建筑师如何处理建筑的使用、建造和场地这些基本问题方面，比如强调空间和结构的统一、外部立面与内部的空间统一等。最后，香港现代建筑设计研究就是要发现那些能够体现香港那个年代的设计基本特征。正是基于这样的一个假设，即个别建筑的设计智慧的集合就能反映一个特定的年代和地区的建筑设计特色。香港特定的城市、政治、社会和经济发展决定了它特定的建筑设计环境，进而具有某种共同的特点，反映在个别建筑师的设计实践上。基于上述研究指导思想，我们采取案例研究的方法对一些建筑案例作系统的资料整理和设计分析，并希望通过案例研究的积累进而达到对香港现代建筑设计成就的整体认识。通过 10 多年的努力我们已经积累了相当数量的案例研究。

“通过前述的研究，我们确信存在香港现代建筑这一知识体系，是对于香港当时的现代建筑设计的一个整体描述，我们也可以将其称为香港现代建筑设计传统。从一般对一个国家或地区的建筑设计发展的认识，它的设计传统一定具有某种延续性，这一延续性是通过建筑教育和建筑学研究来实现的。”“最后，我想在此提出香港建筑学这一命题，即以香港本土的建筑学传统作为香港建筑教育的基础”（顾大庆，2013：155~157）。

循证设计的证据积累过程，实质上正是一个对当代建筑的研究过程。它通过第一手资料忠实地记录事实，用历史学的观察方法研究当代建筑，在知识创造和知识共享的过程中，不仅提高了循证实践能力，而且最终可以成为一部鲜活的当代建筑史。

王一平（2012：35）先生说：“建筑史的研究意义，因为‘建造的智慧’全面地储备于人类建筑的历史和现实中。建筑物是建造信息的直接承载物，大量的人文的和技术的信息隐藏于直观的表象后面，作为对人类物质和非物质遗产的保护，使用数字化技术生产历史上的建筑与环境，并形成相关文字、绘画、照片、影像等多媒体历史标本数据库。这样的工作既是记录过程也有研究成分，其工作目标虽然不是历史建筑的现实复原，而以数字形态的信息存放于电脑存储介质中，毋庸赘言，其文化和技术等多方面的价值将是相当客观的，甚至从这样一个层面上更可以知道，最是‘可持续的’是非物质的‘信息’，这是‘可视化的’时空一体的全球建筑通史。”

例如，由清华大学主持的“样式雷与清代皇室建筑研究”项目。该项目是由清华大学建筑历史研究所联合国家图书馆、清华大学人文学院、计算机系等一起进行的跨学科的综合研究，利用计算机进行模拟再造，建立起一个强大的资料库，其成果俨然一套清代建筑与社会的总体发展史，不仅对研究清代建筑具有重要意义，而且对于了解当时社会建设的整体背景以及清代的政治、经济、科技、文化、艺术等各方面的历史，都具有重要的参证价值。（郭黛姮）

综上所述，循证设计的知识体系建构，是以历史学的观察方法，研究当代的建筑实践。通过收集、提炼实践的成果、经验和信息，并与其整体的社会环境背景相整合，积累形成高层次的、动态的、全息的理性知识。借助信息时代完善的网络环境，建立起一个开放的学科知识体系。该体系首先立足于以建筑学为主的核心知识，建立起完善的基础结构，随后逐渐扩展到更加广泛的领域，并不断地提高自身的整合能力。新知识渗入之后，以最低程度对知识体系整体进行调整，使大部分原有秩序保留下来，并用新经验使之融贯和成长，继而朝向新的平衡。如此一来，确保知识体系不断获得修正和更新，不僵化、不保守，紧跟时代步伐，历久弥新。

3.2 实践层面：粗糙的大量性建设——科学性的循证知识体系提升建筑行业整体品质

何镜堂院士说：“把现在中国的发展当做是新兴的市场，城市化是最主要的经济发展动力。而城市化带来了一系列新问题，比如大规模建设的问题。”

冯果川（2013：5）先生对中国建筑设计进行了3种主流划分：一种是宏大的政治建

筑；第二种是规模较小，精雕细刻的小众建筑；第三种就是大量性的普通建筑。“在建筑设计中占有量的绝对优势，但基本被学术话语边缘化的普通建筑设计，这类建筑设计的特点是量大质差，所谓质差主要是指设计缺少深入细致的思考，仅仅是简单的模仿和重复。前两种主流设计看似有追求，有价值观，可称之为崇高建筑学。第三种主流设计，建筑师的姿态很低，他们完全顺从市场需求，可称之为普通建筑学。崇高建筑学是中国建筑界的面子，讲学术、讲成就靠的就是这些精品、标杆；普通建筑学是里子，简单粗暴地解决着人类史无前例的快速城市化和大规模的居住问题。”

李翔宁（2013：48）先生说：“中国二十年来的超常规发展让世界瞩目。近年来西方对于中国格外关注，以中国当代建筑为主题的展览在威尼斯双年展、巴黎蓬皮杜文化中心、荷兰建筑协会（NAI）等最重要的展览机构登台亮相，也使中国诞生了一批活跃于国际建筑舞台的‘明星’建筑师。但是西方媒体和学术界对于中国建筑的关注，似乎仍然集中在为数不多的一些建筑师和他们的作品上，对于中国大批量建造的建筑产品，更多听到的则是一种负面的评价。”

“今天我们提到西班牙建筑、瑞士建筑或者荷兰建筑，都会联想起一个国家建筑的整体印象，它们或者以建造精密、质量完美为特征，或者以构思精妙、形态独特见长，甚至一些经济发展不如中国的国度，比如印度或者智利，都会使人联想起造价虽低但设计质量不俗，体现当地文化个性的建筑形象。中国建筑的质量如何与经济的发展和建造的数量等量齐观，如何在整体上呈现中国当代建筑的全貌而非几个零零落落的建筑个案？在中国的明星建筑师们走马灯似的在国际舞台频繁亮相之后，中国建筑如何靠整体质量获得尊重而不仅仅靠超大的规模和超快的速度满足西方的猎奇心态?”

“或许中国的明星实验建筑师们的作品由于个性和不可复制性，很难在整体上改变中国当代建筑的整体面貌，与此同时，由于独立建筑师们的执业方式和小规模运转的特征，决定了他们在大型建筑市场鲜有作为。而中国90%以上大量建造的建筑作品，将从何处找到动力的源泉？这个主要由中国大型设计院和国际著名事务所主导的建筑领域，或许从很大程度上决定了当代中国城市建筑的总体面貌。”

李虎（2012：80）先生说：“世界上的建筑只有百分之几是建筑师设计的，更不要说是好的建筑师设计的。如果你定义百分之一、百分之零点几的建筑才是好的建筑，那么其他的那些建筑作品怎么办？而影响地球的是占据大多数的房子。因此我们面对大量性的建筑必须要有一个策略才行。”

DOCOMOMO 主席 Ana Tostoes 女士说：“中国现在的建筑行业正在经历一个里程碑式的时期。开展大量建设带来的问题就是，现在中国建筑师并没有充足的时间来思考进而作出更恰当的决定”（UED，2013：241）。

黄锡璆（2011：27）先生指出了国内项目存在的典型问题：“①超大规模：有些地区偏离实际需要，不顾及当地经济条件与能力，一次性投资建设超大规模的医院。也有的在原来有限的城区院址用地范围内增建、扩建造成很大的建筑空间压力，对构筑良好医疗环境形成巨大的约束与限制，很难摆脱医院成为‘治病工厂’的印象。②设计与施工安装周期极短：一些项目不遵循科学合理的决策程序，不按常规国家工程项目建设程序开展工作……在规划、设计与施工安装周期上更是超出预期的短，又由于缺乏应有的科学决策程序，造成不必要的返工与修改，无论从时间、人力资源投入、建筑材料机具等都造成很大的浪费，也影响了建筑产品的最终品质。例如。有的项目十几万平方米要求设计人十几天拿出概念方案设计，绘制鸟瞰或透视图供相关领导决策拍板，以这样的速度得到优质成果难以想象。③片面追求外观造型。”

王一平（2012：102）先生说：“倾城之力做一些示范工程是可以的，但常规的建筑物，需要通过最大量性的城市住宅的设计—建造，提高整个建造业的基本水准。”

那么，大量性建筑的品质如何保证？行业整体水准如何提升？有没有什么恰当策略能够将品质与规模完美结合，从而体现最大化的现实价值？

3.2.1 证据知识体系的直接指导

事实上，“循证医学在20世纪90年代得到迅速的发展，其发生的信息背景与建筑学现状非常类似。《循证医学实践和教学》（Straus，2006）中总结了‘四种现实的窘境’以呼唤循证医学，其中之一是，‘我们无法在每个病人身上花费超过几秒钟的时间去寻找和吸收证据或者每周留出超过半小时时间来进行阅读和学习’，如此‘窘境’让建筑师既触目惊心也感同身受”（王一平，2012：99）。

在当前建筑界，大量的建设项目只重经济效益，而忽视长期的社会效益和环境效益，而且现在的建筑行业中，设计的团队越来越趋于年轻化，设计经验不足，再加上技术上的壁垒、设计周期短、缺乏调查与研究等等，在这样的现实背景下，循证设计被呼之欲出。

循证设计，通过“挖掘单个建筑中的理性成分，整体系统中的科学成分，在实践中形成一般性结论和依据，系统地传播建筑学的理性成分（合理性依据），集合群体智慧形成知识基础”（王一平，2012）。在具体的实践中，基于证据知识体系，通过科学地循证，可以使得每一次设计实践，超越单纯对形式的关注，自觉吸纳集体智慧，以从根本上保证大量性建筑的整体品质，推动整个建筑行业的永久健康发展。

3.2.2 证据参与制定和修订规范导则

除了直接的证据指导之外，循证设计之于大量性建筑的另一种广泛影响还可以通过参与制定和修订规范导则的方式得以实现。

崔愷先生说：“（现行）规范的滞后是比较明显的。这方面我是有些意见的。我们国家在建筑科研方面投入很少，规范的修订也很不及时。在国外修订一个规范要花很多钱来调研，是很多人来做很长时间的一件事。而在我们这儿规范的修订和编制，往往缺乏实验依据，导致规范在实践当中非常难用，有时候是解释不清楚，有时候是使用上不合理”（范路，2006：19）。

不同于以往的规范和理论，总是试图将一种预想的固定秩序和标准模式通过制度化、规范化来强加给现实。循证设计所积累的证据知识体系，由于其来源于现实实践，并经过实际效果的检验，顾及项目在地域、时间和空间上的差异，考虑到具体的使用者及其日常生活，因而是鲜活的、合理的、有效的。由循证设计的证据知识指导相关设计规范的制定和修订，必然使其更加合理有据。

例如，相对于通用的标准规范来说，深圳市建筑设计研究总院编的《建筑设计技术细则与措施》就更加具有现实效用。因为它是众多拥有大量的实际工程经验的工程师们将所有相关规范理解透彻并融入自身的切实经验以后整合浓缩形成的精华，其中有很多是使用经过反复印证的经验数据代替原规范中笼统的限制性数值，这种规范对于实践项目的指导作用就比普通的规范要大得多。

另一方面，为了弥补普通规范的观照不足，还可以将其中一些适用程度非常高的证据，作为常规经验，总结纳入规范，从而为大量性建筑提供指导，以增加其合理性。比如，“英国政府在60年代就曾经大规模启动过一个研究普通家庭住宅需求的项目，并由Parker Morris带头的一个委员会来负责执行。他们制订周密的计划，发放大量的问卷，详细研究取证，最终的研究报告是一个成果手册，其中包含了超过200条的主要建议，之后政府出台的公房建设《强制性最低标准》吸收了其中很多内容作为设计要求。比如‘在水池两旁和灶台两旁应该设置操作台面。厨房家具应该以工作顺序去安排，操作台—水池—操作台—灶台—操作台，这个序列不应被门或者任何交通打断’，他所推荐的厨房平面变成了强制性规定。正是这些长时间的、点点滴滴的理性成果的积累，引导着发达国家科技高标准、高品质生活的进步”（沈源，2010：64）。

其次，还有一种策略，就是根据循证设计的大量证据形成有关某类项目或某类问题的“设计导则”，“导则”不仅仅是关于“不能做什么”的控制和限定；而是进一步基于可靠经验，提出“应该怎样做”的指导和建议。

譬如，李虎（2012：81、82）先生说：“我们不可能把每一个建筑都做得那么精彩，也没有那么多精力，但又不忍心看到那么多很差的房子到处在盖，所以一直有冲动想要去改变这种状况。”“目前相对于彻底的批量定制，事务所大多做的还是常规意义的建筑设计，一个房子、一个房子地在盖。但我们会利用每一个项目做不同程度的体系化思考。”“最近事务所接的好多项目都和教育有关，北京四中、首师大附中、青少年营地，还有一个清华大学深圳研究生院的项目我们中标了。我们尝试建立这一类教育建筑的体系，它有很多普适性的东西，可以适应各种不同的基地，组合尺度也可以变化。我一直希望把这些房子盖好以后写一本《中学学校设计导则》，不是规范，而是说一个优秀的学校空间和平面应该是什么样子的，供大家借鉴，可以随便修改，随便引用。”

综上所述，在环境恶化、能源危机的现实背景下，经由循证设计的广泛普及和证据知识体系对大量性建设的指导，将带来全方位的节约与品质提升：基于已有知识资源，减少简单问题的重复劳动；借助集体智慧，提供解决问题的指引，提升决策质量和效率；在最佳证据的指引下，以最有效、经济、合理的方式建造，确保最佳建成效果；通过对问题的事先预见和解决，避免返工，从而缩短了工期，减少了资源和成本的浪费，并避免了制造垃圾和污染。最终，各环节集成为一体，完美地体现品质与规模相结合的优势。

3.3　教育层面：建筑教育抽象化——实践性的循证知识体系成为专业教育基础

循证设计的实施以及循证知识体系的建立，很重要的一项价值是面向建筑教育。在以往的建筑教育中，建筑实践与教育很少互动。一方面，学生在学校学习时关注和训练的都是抽象的建筑空间、艺术、美学以及基本的技术常识（很多早已过时），几乎不曾接受过面向实践领域的教育训练，其实践能力通常都是从实习开始重新培养。另一方面，实际项目的经验也并没有成为教育的知识来源。建筑院校很少邀请专业实践者参与教学活动，反之亦然，实践中遇到的问题，也没有与学院合作开展应用研究，这无疑是一种很大的资源浪费。

3.3.1　转向实践性的建筑教育

王澍先生曾说过："年轻的后继者们从一开始就学习采用抽象的语言表达建筑，而不是去认识现实。所谓设计只是一种关于形象的解释，而不是一种全新的发现，是一种没有根源的设计。"

王一平（2012：161）先生说："建筑教育曾迷失本性，一向弄错了'建造与设计'的关系。建筑教育的困惑和困难，是'设计的抽象性'带来的，实际上，建造是建筑学的核心，脱离了'具体建造'的设计教育所以是相对困难的，尤其是把建筑学'入门教育'搞复杂了，如'构成训练'是更加抽象的，原本应该作为'研究型'的高级课程，而不是放在低年级作为初步课程。"

Hamilton（2009：252～253）先生提出了以下几个事实，证明在许多方面，教育为实践模式培养人才的体系已不再合理有效。

* 一般来说，建筑师有责任在业主的预算范围内进行设计（动辄是数百万美元），但多数建筑课程很少涉及如何进行专业估算或如何控制项目全周期成本的教育。

* 建筑师需要具备编制专业的技术文件的能力，然而，这些知识在学校中并没有传授，需要推迟到进入企业后通过实习获得。

* 任何规模的建筑项目都需要许多专家、建筑技术人员以及各类顾问共同参与。建筑是一项团队活动，然而，很少有建筑课程提供有关如何领导一个技能互补的团队的训练。

* 据美国建筑师协会统计，大多数建筑师就职于小公司，在那里主要设计师负责经营业务，而大部分建筑毕业生进入职场之前很少或根本没有接受业务培训。

* 建筑是一项人才密集型业务，但学生在建筑教育期间没有接受过任何有关人力资源管理、劳动法、继续教育、岗位培训或类似相关领域的专业课程。

* 除少数特例，建筑师设计的建筑大多是供人使用，往往涉及一个广泛的群体，但建筑教育很少提供介绍社会学、心理学、文化人类学或者任何其他行为科学的必需课程。

* 目前，建筑教育很少培养学生理解和评估的研究能力，更不说作为实践者执行研究。未来的毕业生必须能够寻找并评估证据，理解研究成果对其项目的意义，并形成一条由相关证据到设计理念的清晰的逻辑链。

* 培养一名建筑师需要相当长的时间，没有人能够预见他们在职业生涯中会面临什么问题，建筑师在多年的实践中可能会遇到各种类型的建筑，因此，学生毕业时如果未能熟悉研究业务或研究方法将很难立足。

可见，当前建筑教育的转型已势在必行。实践性和全面性的建筑教育，首先需要立足本土，研究现实，并与完整的设计实践模式密切互动，通过一体化的教学模式为学生提供综合协作实践的可能性。

王一平（2012：182）先生说："建造的实践性是数字化教育不可忽视的问题。在当下的条件下，除开某些建造实践的课程外，最直接地，在师生力所能及的前提下，在高年级（如四年级下学期）开设全学期的'建造的全面设计课程'（Overall Design Course），以与'全面设计解决方案'（Overall Design Solution）的建筑师新职能相接轨。'建造的全面设计课程’包括场地环境考察、建筑开发策划、任务书分析与编制、初步方案的产生、材料构造并结构和设备的协同工作、简明施工组织计划等，简而言之，设计的教学应进入到‘扩初阶段’，并适量进行施工图的设计与图纸制作，指导教师应包括设计、材料、构造、结构和设备等各科目授课人员。”

王澍先生说：“因为我在工科院校前后学过12年的建筑学，应该对中国的工科建筑学是比较了解的，我觉得实际上在技术上并不强。其实每一个学院里都在长期讨论一个问题，就是如何把技术问题和建筑教学更好地结合。我们的学生，在学校里学的这种技术，并不能接触真正的工程实践。很多的东西一定要到设计院以后再补，光靠学校学的那点东西是非常不够的，甚至大部分都忘掉了。一般的工科教学，我觉得是不上不下的，讲艺术，讲观念，或者讲我们前面所有的考虑和思考，他们是欠缺的；而真正到基础的技术问题，也是欠缺的，它实际上在一个非常狭窄的层面上反复地教学。”“我们试图用的办法就是两个方面的结合，最后能够非常具体地介入工程实践的基础教学。我经常跟学生说，我们本科教学最后达到这个程度我就满意了：你们自己任何一个人要造一个房子，自己把图画了，全班同学都是施工队，能够帮你把这个房子从头到尾全部建造起来，这就是特别好的成绩。这个房子可以不大，但是你必须把一件事干净彻底地干完了”(史建，2012：29)。

王维仁（2014）先生说：“在具体的教学当中，我们会鼓励带学生直接去农村用砖土和钢木搭建，或者到珠三角的预制混凝土场发展一些实验想法。即使他们的理解有限，但是他们能体验现场感，现场感也可以带来社会感，带来真实的人、真实的地块、真实的材料、真实的建构，在这里面去培养有批判性的美学观和技术观。让学生们理解都市化与密度的问题、城乡关系、真实的小区关系，以及如何具有社会性和可持续性的设计创新，这都是我们建筑教育创新的机会。”

王毅等（2013：126~127）在清华大学的建筑设计教学改革中说：“近几年来，为适应建筑学教育的新发展，清华大学建筑设计基础课程进行了一系列教学调整和改革。首先，明确每个设计题目对学生设计能力的培养，使学生尽可能接触和熟悉那些在实际工程项目中会遇到的典型问题。”

“为了强调真实环境因素对建筑设计的影响，近几年，将过去设计题目中的模拟地段全部改为真实地段，同时要求学生进行场地调研。真实地段的引入调动了学生的积极性，学生在每个题目设计之初都投入了大量精力开展实地调研，搜集资料、发现问题。调研后，学生须完成相关调查报告。强调对真实场地的调查研究，在一定程度上培养了学生处理实际问题的意识。”

“另外，每个题目设计之初，课程还要求学生进行案例调研。例如，针对别墅设计，组织学生参观‘长城脚下公社’；针对老人院设计，组织学生参观老人院，并鼓励学生在老人院做一天义工，体验真实的老人院生活；针对旧建筑再利用设计，组织学生参观北京‘798’艺术园区等等。案例调研环节训练学生在实际中发现问题、分析问题，并进一步归纳总结的工作方法，进而培养学生针对某一主题进行研究的能力，以及将理论联系实际的意识。”

3.3.2　循证知识体系作为专业教育基础

王一平（2012：110、164、196、174、172）先生说：“学科教育传统中，对专业大师的宣传以及对建筑师‘艺术创造’的强调，无形中夸大了建筑物生产的‘主观性’，淡化了对建筑现象存在的‘客观性’的认识。”

在专业的基础教育和设计课指导中，仅仅‘基于感觉’会有莫大的危害，被庸俗化的‘感觉’，是掩盖‘证据缺乏’的托词。感觉的价值，在于对问题的潜在敏感性，教师个人的专业感觉需要积累为教育机构的智慧，并且超越原始经验而使感觉成为对相关问题的理性的和专业逻辑的传达。个人化的感觉尤其不能变成判断的全部权威，学生需要对‘评价标准’有‘知情权’，甚至让学生自己学会判断，也是设计教育的最终目标之一，而对判断的知情正可以引申为‘循证设计’的观念。循证之于设计的意义在于注重对感觉和灵感之后的行为的考察。

在建立明确的设计课‘阶段性教学目标’的基础上，突破传统教学中对‘功能、造型、空间’等过度的‘文学描述式的软性解说’，而突出建筑设计课程‘有技术依据的硬性教学’的本原，寻找超越‘基于感觉的设计课教学法’的有效途径，是当下教育实践中亟待解决的问题，也是‘循证教育’所要求的。

“有限的优良教育资源集中于传统名校，而普通院校所设建筑学专业，其数量是最大量的，资源配置的级差，决定‘教育思想’和‘教育体系’的差异。为普通的或地方性的院系之生存与发展计，在其所能够占有和支配的教育资源的前提下，现实的、可靠的、因实制宜的专业教育体系的建立是当务之急。”

循证设计的普及，基于建筑实践和使用后评价所建构的循证知识体系，为专业教育提供依据或标准，以及良好的理论和实践基础，并通过具体的实践案例支持教育理论，形成一种建筑教育、设计实践、学术研究三者紧密结合的新模式，同时构建一个完整的建筑学教育培养体系，该体系是实践的、开放的、动态的。当然，在这种公平的知识系统背景下，如何灵活吸纳和运用，在很大程度上仍然取决于个体自身的综合能力。

3.4　社会层面：建筑信息不对称——开放性的循证知识体系带来“全社会的建筑学”

建筑与人们的日常生活息息相关，现如今，建成环境已成为影响全球公共健康的决定因素，建筑学与社会和公众越来越密不可分。正如Gancarlo Dcarlo先生在1969年比利时列日会议上发表的文章所言：“建筑学，重要到不能只由建筑学家决定”（贾巍杨，2008）。

1999年，国际建协第20届世界建筑师大会在北京召开，大会一致通过了由吴良镛教授起草的《北京宪章》，其中提出的一个重要观点是：建筑学要走向“全社会的建筑学”。《北京宪章》中明确提出，建筑师作为社会工作者，要扩大职业责任的视野；理解社会，忠实于人民；广泛地参与社会活动；积极参与社会变革；增强建筑师的社会责任感；提高社会对建筑的共识和参与，共同保护与创造美好的生活与工作环境，等等。

显然，“广义的建筑学”相应地必然要求“建筑的社会性”。循证设计对建筑“社会性”的观照，除了前面所提到的“关注人的日常生活和使用”的本质社会属性之外，主要体现为以下三个方面：给予公众以建筑专业信息的知情权、建筑学知识启蒙、设计过程中的公众参与和互动。

3.4.1 消除信息不对称，还公众以知情权

建筑不同于任何其他艺术，它不仅是建筑师的个人作品，同时还具有社会功能属性。建筑一旦竣工，就必须要面向社会、面向公众，接受公开评判，而且，随着信息时代的到来，公众对知情权的需求也越来越高。但问题却在于，在现行模式下，由于缺乏基础的建筑信息网络，使得建筑专业信息无法在社会层面自由流通，由此造成了专业与公众之间的信息不对称。而实际上，信息不对称正是导致建筑品质低下以及建筑市场暴利的根本原因。

正如侯学良（2010：188）先生所说："从对住宅工程质量重视程度的角度来讲，住宅工程质量涉及谁的切身利益，谁就是最重视、最关注的对象，因此，对住宅工程质量最关注的主体就应该是购买住宅的消费者群体。然而，尽管他们对自己将要购买的商品或已购买的商品的质量都很重视，但从根本上讲，在住宅工程建设的过程中，他们还是无能为力的，在监督和控制工程质量方面依然起不到主要作用，其原因可以主要归结为三个方面：①消费者只能在房屋建成后购买房屋时才能看到住宅实体，而那时住宅本体的质量仅凭视力和外表是发现不了多少实质性问题的。②在购买房屋的群体中，没有多少消费者懂得建筑专业的知识，因而对建筑中哪些是主要的质量问题，哪些是次要的质量问题还不是很清楚，无法对住宅质量的高低做出实质性的评价。③即使他们非常关注与自己紧密相关的在建工程质量，但也无法获得该工程质量状况的全部真实信息。由此可以看出，在住宅工程质量的信息管理方面，还明显存在着信息不对称的问题。"

那么，如何还公众以知情权？首先需要建筑行业的开放性和建筑信息的公开化。"以法国为例，法国建筑工程质量中心负责收集和整理全国建筑工程质量事故和安全方面的信息，这些信息包括了规划、设计、勘察、建造、建筑材料、施工管理、工程保险等47个方面，通过建立的数据库和对相关数据的汇总分析，归纳出可能和经常导致工程质量安全的各种因素，将这些信息通过信息系统公示并传递给建筑工程检查控制机构、设计和施工单位以及业主等相关群体，提示、监督和帮助他们提前认识和预测一些可能在自己工程中发生的问题，以便及时作出相应的调整和正确的决策，避免工程质量问题的发生。同时，他们还编辑了各种宣传资料免费传播，有偿提供工程质量缺陷防治防范的咨询和研究，开设了自己的网站，允许有关单位和个人查询技术标准、规定和其他相关资料，为预防和减少工程质量事故的发生发挥了积极的作用"（侯学良，2010：189）。

循证设计本质上体现的是一种理性和实证精神，基于系统客观的知识，进行有依据的设计，使所有人知道判断的方法、依据和标准，从而可以不依赖权威，自己进行思考和判断。循证设计所建立的知识体系，使专业信息公开分享，充分地给予社会以知情权，并开放地接受社会的评判与质疑。由此便可以消除和解决建筑工程项目的信息不对称问题，并通过社会化的监督提升建筑工程质量水平，使设计与建设程序逐渐走上良性循环的发展轨道。

3.4.2 建筑学知识启蒙，提升社会整体认知水平

文艺复兴面向的是少数精英知识分子，启蒙运动却是面向普罗大众。建筑专业水平的提升，归根结底依赖于社会整体认知水平的提高，包括甲方的明智选择、现场施工技术及组织管理、社会工业生产水平、大众群体的专业认知和接受程度等很多方面。这其中任何一个环节出现问题都可能导致设计者的想法变成空中楼阁。然而，当前公众普遍缺乏判断

建筑现象的意识和能力，因此，迫切需要建筑学知识的启蒙。

正如 Lia Johnson 所说："可持续发展已日益成为主流，但仍具有变化不定、意义不明以及耗费成本等很多问题。采用可持续设计通常被当作是增加一项预算或计划，被视为不必要的、复杂的、意识形态化的，或者与工业革命的技术进步相违背的。"

"实际上，人们对可持续设计的抗拒，也许是因为可持续设计与客户和用户缺乏个人关联或可见关联。这类说法并不少见：'我没有看到污浊的空气，因此，它应该是干净的。'另外，对于建筑如何建设和运行，缺乏基本的认识或教育，加剧了这种关联性的缺失。也可能是应了那句老话：'眼不见，心不烦'。例如，很多人认为有无限多的垃圾填埋场，那么，何必再利用？"

"这一系列的阻力决定了可持续设计必须根植于循证设计，基于可靠的证据支撑，使可持续设计策略的实施过程透明化。透明化设计可以帮助人们理解过程背后的逻辑，并提供绿色建筑设计的基本经验，有利于改变公众的片面观念，提升人们将人为环境与自然环境相联系的意识，从而推动绿色建筑的普及发展"（Hamilton，2009：40、56）。

公众需要建筑知识的启蒙。近十年来，随着境外明星建筑师参与我国大型建筑项目，尤其是国家大剧院、央视大楼、奥运会场馆以及世博会场馆等特殊项目，在建筑业内及社会各界引起了广泛的关注和讨论，使建筑逐渐开始进入普通大众的视野。现如今，发达的网络及各种媒体，也开始面向公众传播建筑学知识。另外，一些大型的建筑奖项（如中国建筑传媒奖）也增加了公众投票的环节，这些活动对于提升社会公众的认知和参与都具有一定的意义。

而循证设计所建立的知识体系，必将成为一个更加有效的途径，它提供了一个系统性、开放性的信息共享平台，面向公众持续地传播建筑学的专业知识，使建筑启蒙成为常态，有利于提升社会整体的认知水平，进而自下而上，倒逼推动建筑专业水平的提升。同时，建筑学知识的普及，也是确保公众有效地参与设计过程的基本前提。

3.4.3　设计过程中的公众参与和互动

传统的设计模式比较简单，设计过程完全由专业人员完成，使用者无从参与，用户获得的只是现成的建筑产品，整个设计和建造过程都是封闭、单向的。然而，随着人们的需求以及建筑复杂性的增加，必须转变设计观念和模式，设计过程中需要充分融入用户的需求和意见，以提升用户对于建成项目的满意度。Habermas 曾在其交往行为理论中指出，新时期的设计师应该从过去的技术角色转向负责管理、沟通、联络的协调者。

循证设计所倡导的正是一种由业主、用户和设计团队共同参与的、开放性的协同设计与决策模式，这种模式涉及的是一个广泛而复杂的协作体系，除了各类专业人员及其他相关方的参与之外，经过循证知识启蒙的公众亦是不可或缺的一部分。

王一平（2012：128）先生说："对循证设计三要素深入拆解，其中隐含'设计的社会性'的要求。业主的价值，一方面，业主有价值的诉求，所以有'定制建造'，解决每一个人的问题；另一方面，业主对设计—建造亦有积极的作用，所以有'参与性设计'，每一个人参与解决问题。"

循证设计模式下的公众参与包含以下4个层次：

（1）要求设计者通过调查了解并满足业主及用户的真实诉求。循证设计以最终的实际成果和满足使用需求为导向，因此设计者必须与客户及使用者进行深入交流，准确了解他们对建筑的意愿和要求，进而将其融入设计思考和决策中，以提升用户对最终成果的满意度。

（2）需要让公众真正走入设计的全过程，实实在在地参与设计决策，并进行监督。事实上，“公众参与”自20世纪六七十年代以来，就一再被大力呼吁。但由于公众建筑学知识贫乏，致使其参与往往流于表面形式，效果十分有限。在循证设计的模式下，借助循证知识体系的开放平台，建筑学知识在全社会得到普及，从而为有效地公众参与提供有力支持。

（3）在当前各种新型信息技术的支持下，可以通过循证设计网络的交互平台，搭建起完善的项目评价信息系统，客户及用户的意见和要求可以随时反馈到信息系统，由此建立起设计者、客户、用户及公众之间的高效信息流通，进而推动循证设计“调查—策划—循证—设计—假设—验证—反馈—再设计”的动态循环，以及循证知识体系的健全和完善。

（4）借助建筑信息模型等虚拟技术手段，实现设计者与用户之间的互动。设计者在设计过程中，可以向公众直观地展示和说明设计概念和成果，公众也可以同时提出自己的要求和建议，然后，设计者整合并吸纳各方的合理意见，及时作出调整，从而确保建筑的最终性能和用户的满意度。

在现有条件下，面向主体工程设计和建造过程的用户参与还存在很大困难，最具有可行性的一种互动可以是：建立室内装修循证设计系统。按照循证设计“重视知识积累、检验反馈、共享开放”的基本原则，其内容应包括以下几个方面：①首先搭建室内装修设计及部品部件体系的基本架构，然后不断地积累和完善，并紧密结合最新的市场动态及时更新；②重视对实际效果的检验和反馈，积累有关装修风格、设计方案、产品选择、施工做法、最终效果、注意事项等一系列经过检验的“证据”，为未来用户提供选择指导；③将设计与施工标准及相关产品的实际使用性能和品质公开化，避免因信息不对称而导致的市场垄断，杜绝伪劣产品。

在建立起完善的室内装修循证设计系统之后，还可以将其与BIM信息系统相结合。如此一来，用户不仅可以通过系统网络方便地选择设计风格、设计团队、装修材料和产品，而且，基于BIM三维可视化模型提供的直观操作界面，可以实时感受真实的装修效果，及时调整。最终，利用计算机软件，自动生成装修材料与产品清单，据此预算装修费用并进行实际采购，从而实现真正意义上的全面用户参与。

由此可见，循证设计模式下的“公众参与”已经从简单地发掘和满足使用者的需求，转变为一项包含互动反馈和共同决策的系统工程，这种以专业知识为基础的、切实有效的参与互动，对于提高我国整体的建筑水平具有重要的现实意义。

3.5　建筑行业缺乏整体性思考——循证思想蕴含的深层含义即为“系统整合”

现阶段中国建筑界最根本的问题就是不成体系。比如无障碍设计，尽管已有明确的规范，但是有哪个城市能够确保残疾人真正畅通无阻？

南沙原创的总建筑师刘珩（2011）女士描述过华强北商业区整改项目的设计竞标过

程："一般的竞标方案的做法，无非是限制机动车辆进入，在区内通过空中连廊、地下通道、楼梯等设施将建筑相互连通，使其更加便于通达。但是我们的方案却采用了另外的做法，我们首先花了大量时间进行现场测量和调研，然后将区内所有的建筑及设施在计算机内建成模型，并将其赋予真实的功能，然后进行整体梳理。随后真正的问题立即浮现出来：原来区内的混乱并不是因为缺乏设施，更主要的是因为安排不合理。比如说，以送水点为例，不是不够多，而是因为舍近取远，造成路线交叉混杂，实际上，如果能够统筹考虑，进行合理地设置，最终只需要比现在更少的供水点就可以保证整个园区的正常运转。另外，还有卖场与仓库的位置不合理而造成交通流线交叉混乱等问题。表面的问题看似在主街，而实际的问题则是来源于背后的组织混乱，所以仅仅解决表面问题是远远不够的，如果内部的资源不加以梳理整合，加再多的连廊都无济于事。"

李虎先生也说过："北京完全可以用目前一半的面积容纳相同数量的人。如果你能有机会对一个城市的运作方式进行重新设计，你就可以改变人的生活。"

由此可见，非患寡而患不均，非患多而患无序，资源有效配置问题的真正解决之道离不开系统整合。

整合同时也能增加城市互动。Ole Scheeren（2013）先生说："深圳作为一个在这么短的历史发展起来的城市，其建设都是一片一片独立完成，相互之间缺乏互动性，每个区域就像一个孤岛，所以深圳接下来发展更多是需要打通各个区域之间的关联，这是我行走过程中对这个城市很强的一个感受。"可见，要想使建筑很好地融入周围环境，与城市形成良好的互动，也同样必须进行整体性思考。

在绿色建筑的目标下，未来的设计和规划，必须基于宏观的视野，对整个系统的所有相关要素进行整体性的统筹思考和有效整合，才能实现综合效益的最大化，以应对日益严重的环境和资源危机。在此情形之下，循证设计再一次显示出其重要的现实意义："循证设计"的核心思想，除了体现为科学性和实践性的实证精神之外，其深层含义即为"系统整合"。

3.5.1　系统整合相关理论

在本书对循证设计的论述中，随时都在强调"系统"、"体系"、"整合"，但必须加以说明的是循证设计之"系统"并非"形而上学"。后者的问题在于：试图用一套预定的话语系统贯穿和控制整个社会，无视现实，不顾地域、时间及个体差异，很容易意识形态化(本质上后现代对于"表层"的"现代主义"的批判，就是基于这个原因)。但以实践性和客观性为本的循证设计，其"系统整合"的含义显然不是"形而上学"，而是一种全局性的思考问题并整合资源的意识。

为了更好地理解这种思维的内核，让我们首先总结回顾一下"系统整合"的相关思想和理论：现代科学的发展已经阐明，世界的存在方式是一个不断进行物质、能量、信息交换的开放系统，系统的各部分之间相互关联、相互制约。"系统科学"的发展，使人们对世界的整体性、系统性、层次性、复杂性和开放性有了全新的认识，从而避免了认识的孤立、静止和片面。

20世纪80年代末，钱学森先生创立了在世界复杂性科学研究中有重要影响的"开放的复杂巨系统"理论以及"大成智慧工程"，强调从整体出发，去认识、思考和解决问题。他呼吁人们在实践中，要综合地运用整体现代科学体系的全部知识，加以融会贯通，并有所创造。一方面，对系统进行微观的考察，使对整体系统的把握不致成为贫乏的抽象；同时，又要有整体观，时刻不忘其与整体系统在与环境的相互关系与影响，把它们有机地、全面地、如实地结合起来，从宏观上把握，进而找到整体的性质与规律。（章红宝，2005：115）

概言之，“整合”的精髓就在于将零散的要素有机地结合在一起，使之形成一个共享、协同与关联的体系。实际上，就连每个人的思维本身都是自成体系，其意识和行为都受到自身整体知识结构的影响。

“整合”的思想和方法已被广泛应用于各个领域。尤其是随着信息经济时代的到来，对信息资源的整合管理（比如信息管理、知识管理、国家创新系统、BIM 信息系统等）已成为当下各个行业广泛关注的热点。

付晓慧（2011：12～16）在其论文中对城市及建筑领域的整合理论进行了梳理，指出整合设计思想在建筑学领域的发展已经历了从小整合到大整合、从学科整合到多社会系统整合的发展过程。同时，分析和总结出整合设计理论应用的三个主要方面：一是“专业整合”，比如吴良镛先生提出的广义建筑学，强调建筑学、地景学、城市规划学的综合，三位一体，建立全方位的建筑学教育、发展全社会的建筑学；二是“技术整合”，比如美国建筑师伦纳德·R·贝奇曼将整合视为调和设计和技术的手段，包含硬件整合（建筑系统组成元素的整合）和软件整合（设计过程的整合）两个层次；三是“整合工作方法”，比如德国建筑师托马斯·赫尔佐格将‘整合设计’看作是一种科学的设计方法。强调在整个建筑设计过程各种专业的共同协作，建筑师需要成为团队的总负责人和协调者。

在循证设计的思维体系下，“系统整合”思想更是涉及设计思维方式、工作模式、资源配置、技术策略、过程组织等各个方面。概括来说，可以从下几个层面进行理解：循证设计将建筑作为一个系统工程，综合其内部与外部的所有资源，对其进行整体性思考，注重经济效益、社会效益以及生态效益的协调发展，从而实现综合效益的最大化；通过集合与共享集体智慧，使设计成为一种基于整体知识的全行业行为；基于“评价—策划—循证—假设—检验—应用”的项目全周期循环过程，使设计获得不断优化，并发挥现有成果对未来的指导价值；建立起“实践—研究—教育—社会”紧密结合的新模式；形成“专业人员—客户—用户—公众”共同参与的协同机制等等，从根本上说，这是一种面向社会整体、沟通过去与未来的开放性的整合设计体系。

3.5.2　循证设计的“系统”思想有其历史渊源

实际上，循证设计的“系统整合”思想并非新发明，其思想的自发状态早已蕴含在中国传统建筑中。一直以来，建筑界都在呼吁继承传统建筑文化，可是究竟应该继承传统的哪些东西？什么是对当下建筑仍然有价值、需要继续发扬的传统？在循证设计的视野下，木结构建造体系，这一系统而灵活的设计与建造方式本身，就是中国传统建筑文化的核心，也正是最值得继承的传统。

王澍先生说过：“他（《营造法式》）是一个体系，那么早中国就有那么成熟的建筑体系。在西方 17、18 世纪才出现了纯体系的建筑学。尽管不是以理论的方式表达的，但它是体系，而且这个体系可以把一个个巨大的城市，上百万座城市的建筑在很短的时间之内完成。那是很了不起的一本书啊。”“像《营造法式》里面，思想都是一目了然的，他没有把一件本来不复杂的事情变成大家不懂的。而恰恰让一个不识字的工匠都能看懂，这就更了不得”（易娜，2006：22）。

李虎（2013：7）先生说：“如果你去看密斯的建筑里所表达的构造的逻辑，空间的开放性，体系化与可变性，其实在中国传统的建筑体系里已经发展相当完善，的确有有趣的相似之处。中国古代建筑的建造是非常系统化的，由于建筑师这个角色的缺失，工匠作为主导的建造体系里，自然而然地产生了一种可以传承的，模数化和体系化的建筑方式。同时有趣的是，这种几乎单元式的空间，可以适用于不同的功能，无论是宫殿、私宅、庙宇还是戏台，其体系是相同的。”

乔迅翔（2012：64、65）先生在其著作《宋代官式建筑营造及其技术》中说：“我国古代建筑神话般的营造速度、可靠的质量保证至今令人惊叹不已，其间必有严密的组织系统和有效的管理方法。”

在宋代的建筑设计方法中，‘比类’法尤为突出。所谓‘比类’，即把已有的事物或已发生事件作为参照，以解决当前之事。‘比类’思维有一定共性，如法律、礼仪中的‘援例’做法等，其实质为模仿。在宋代建筑设计中，比类法运用普遍。如宋东京大内设计参照洛阳宫殿、尚书省官廨制度及家庙设计力求以唐制为准，宋仁宗明堂大礼其室内布置‘以象坛遗之制’为原则等，诸如此类建筑设计大体皆循此法。通常，用来比类的对象广泛，文献记载或已有的建筑皆可；比类的内容更是多样，如建筑布局、规模、尺度、式样等。应该说，把‘比类法’称为宋代最基本设计方法并不为过。正因为此法的盛行，并经过长期约定俗成而最终形成特定的建筑制度和风格，我国建筑也因此具有‘定型’、‘类型’特征。但若因此认为宋代建筑设计仅存死板教条，甚至推论宋代建筑无须设计的结论，则失之偏颇。比类法抹杀不了建筑设计中的丰富创造。

比类法中的选择性。因比类对象、内容存在多种可能，需要抉择，此时抉择标准是关键所在。抉择标准通常与社会风尚、社会意识相关，有一定共识，但因意见不一而激烈论证亦是常有的事，故抉择本身就具有创造性，含有设计意味。徽宗明堂制度不法汉唐，直追三代，自是有意识为之。又如，神宗元丰间（1078～1083）议北郊坛制，有‘方坛八陛’与‘方坛四陛’两说，皆有所据，而最终选取后者，依据是：‘坛制既为方丘，难设八陛’，且‘坛之四旁，各设一陛，则四陛与方坛于体为宜’。故比类对象的选择若无主管评价和判断也即没有设计意识则难以进行。

“比类法中的变通性。比类不是完全照搬，其中蕴涵着诸多变通，而这或正是创造契机。如，熙宁六年（1073）三司火灾重建，其中的副使、判官堂省去，此为布局上变通；再如徽宗明堂的设计，因功能要求增广太室，是尺度上的变通；同样对于明堂，屋顶火珠改作云龙，去除殿阶蟠首等，是为做法变通。做法变通的实例还有如，熙宁元年（1068）南郊青城诸殿以平土代砖以节省费用、绍熙五年（1194）在攒宫石藏外别置石壁胶土以御湿等。”

很显然，无论是《营造法式》的建造体系，还是“比类法”的设计之道，都与循证设计不谋而合，这些系统性的设计思维和建筑文化都是值得我们重新继承和发扬的优良传统。只不过，其基本的“原型”已经不适合现代社会，所以需要我们基于“循证设计”

的思想做出适合当下的全新思考。

3.5.3　再谈“现代性”之潜力

受西方后现代思潮的影响，建筑界通常都会不加思索地对“现代主义”建筑持批判态度，认为现代建筑已经死亡，一提起现代建筑的反应就是“千篇一律”、“千城一面”、“山寨文化”、“扼杀个性和创造力”等等。

《现代建筑理论》中宣称：“现代主义建筑师以堂皇的社会责任感为借口，无休止地以新技术去创造理性的建筑，而没有从建筑的深层文化结构上与大众的需要对应，因而逐渐发展为僵化的‘国际式风格’，表现为城市化的失败和建筑语言的极度贫乏”（刘先觉，2008：214）。

不得不承认，从城市化的某些表现结果来看，似乎这种说法不无道理。但是仅仅就此便将“现代主义”彻底否定，未免有失偏颇。

陈志华先生在《走向新建筑》的“译后记”中说：“在我们国家，整整半个多世纪，没有真正接触过现代建筑。70 年代末，向世界刚刚打开一条门缝，劈面见到的是‘现代建筑死亡了’这样的论断。于是，容易发生一种错觉，似乎现代建筑已经不值得研究了。事实恐怕倒是我们还要从头研究一下现代建筑，是也罢，非也罢！”

那么，现在我们不妨结合现代建筑倡导者的初衷以及当时的现实条件，再来深入地分析一下现代建筑运动的真正目的、寻找其失败的原因，看看它究竟是否还有值得发掘的潜力。

勒·柯布西耶先生在《走向新建筑》的第二版序言里写下了这么几句话：

“建筑应该是时代的镜子。”

“现代的建筑关心住宅，为普通而平常的人使用的，普通而平常的住宅。它任凭宫殿倒塌。这是时代的标志。”

“为普通人、所有的人，研究住宅，这就是恢复人道的基础，人体的尺度，需要的标准、功能的标准、情感的标准。就是这些！这是最重要的，这就是一切。这是个高尚的时代，人们抛弃了豪华壮丽。”

这正是整本书的精髓！

DOCOMOMO 主席 Ana Tostoes 女士说：“现代建筑运动是 20 世纪初开始的，倡导新技术、新空间形式、新理想三者的结合，这个时期建筑师的职责是去提供更好的生活，他们不再只是服务于精英阶层，他们希望给所有人做建筑。现代建筑运动产生的背景之一是法国大革命，大革命使人们不再受专制特权压迫，开始宣扬民主，推崇平等、自由、博爱；另外一个背景就是英国工业革命。现代运动一方面受到法国民主思想影响，另一方面面临工业革命带来的资本增长和社会变革等问题，这些都迫使现建筑运动需要用新技术、新形式作出回应”（UED，2013）。

由此可见，现代建筑强调的重点之一，是“为所有人的建筑”。

另外，现代建筑所提倡的也并非一种固定形式，勒·柯布西耶先生在书中明确指出：“一个标准的建立起源于根据一条合理的行为路线对合理的元素进行组织。外包的体形不是预定的，它只是结果。”“在飞机所创造的形式中并没有那么多的教益。飞机给我们的教益在左右着提出问题和导致成功地解决问题的逻辑之中”（勒·柯布西耶，2004：117、93）。

可以看出，现代建筑的特点之二，更重要的是建立了一种理性地提出和解决问题的方法。

“一九二八年，苏联开始推行以工业化为目标的第一个五年计划，为此向世界各地学者和专业技术人员发出了一份关于城市化部署的调查问卷。柯布慎重作答，将自己的城市思考灌注其中，后来以《给莫斯科的回信》为题发表。但他并不甘心，又停下手头工作，全力以赴将心中酝酿已久的理想城市绘制成二十张图纸，这就是“光辉的城市”。他说：‘那份问卷只关注莫斯科一座城市，而这个解决方案却着眼于机器时代人类城市的社会组织现象——它事关我们时代的所有城市。’（《光辉的城市》，勒·柯布西耶著，金秋野、王又佳译，中国建筑工业出版社二〇一〇年版，P90）在柯布笔下，它俨然是一台结构严密效能不俗的新机器（若干年前，他曾宣称‘房屋是居住的机器’），倘若将这套图纸联系起来看，正是一本翔实生动的‘城市使用说明书’。‘光辉的城市’并不是为某座具体城市而作。作为一个现代城市的‘原型’，它可以在特定地段根据客观条件权宜变化”（金秋野，2010：150、151）。

可见，现代建筑与城市的本意绝非照搬形式，而是一种基于“原型”的灵活应变的设计体系。

探究至此，现代建筑运动失败的原因，究竟是因为勒·柯布西耶先生当年还没有来得及充分完成其现代建筑的真正构想，还是限于当时的社会条件和工业制造水平无法实现，我们不得而知。但无论如何，人们对现代建筑的认识和发展是“草率”的，只继承了“形式”，而并没有重视其深层意义：①为所有人的建筑；②理性地提出和解决问题的方法；③基于“原型”指导的灵活应变的设计体系。

Alvar Aalto 在 1940 年美国麻省理工学院的讲学中就曾说过，“现代建筑在过去的一个阶段中，错误不在于理性化本身，而在于理性化的不够深入。”

正如 Habermas 所言，现代性是一项尚未完成的事业。也即是说，“现代性”的真正潜力并没有被充分发掘。那么，我们应该如何在当前的建筑中，继承和发展这项“未完成的事业”？建筑界共同模仿蓝天组和扎哈的建筑风格，就算现代吗？仅仅具有“现代感”的形式就意味着“现代”吗？试想一辆纯手工打造的、造型新颖奇特的超级跑车，其中蕴含多少现代性？一百年间，汽车行业已完成从“福特模式”到“丰田模式”再到“温特尔模式”的多次转变。而与此同时，作为工业革命的产物，现代建筑也已经发展了一个世纪，此期间风格流派、功能、形态、材料、技术更迭不已，但为何至今仍然是设计机构、设计师一个个建筑从零思考？信息社会的到来，能够为我们提供怎样的发展机会？继续挑战形式吗？

3.5.4　下一场变革：探索“新秩序”

基于循证设计的系统思维，下一场变革将不再体现为建筑形式与风格的更迭，而是一种面向全行业的设计思考模式。我们很欣喜地看到，当前建筑界一批正在崛起的优秀建筑师所做的事情已经超越了对单个项目的单独考量，转而进行一种更深入、视野更广泛、更加具有可持续性的设计思考。

刘珩（2015）女士说：创建深圳学派，必须将很多东西放在一个系统的逻辑下整体考虑。相比较来说，岭南学派在现实主义的框架下谈实践的时候，他们会用比较经济的方法，用当地的材料，符合当地气候的建构方式，把这个事情通过实践落实下来。从理论到建构，到最后落地，这一切是一个完整而严谨的逻辑系统。

祝晓峰（2013）先生说："我们希望探索一种恰当运用当下能量的新秩序，做项目的时候需要考虑一下，如果这种建筑铺满整个地球会如何？"

李虎（2013：7）先生说："对一种开放体系、原型的研究，对我们来说是一种持续的关注点，根据具体项目的不同需求和潜力，这种研究和实施有不同深度的体现。我们曾设计但还没有机会实施的蜂巢宿舍就是这样一个例子。其实，即使对北京四中长阳校区这样的项目，我们的一个概念就是设计一种针对不同的学校规模、预算可做相应调整的一种中学建筑体系。这个会在我们有机会设计下一个中学的时候去尝试目前设计的变异。目前还有一个正在实施的项目是为万科设计的一个标准临时售楼处的原型，它可以被拆卸搬到异地，并根据新的需求做些调整后重新组装。这是一个对目前建造体系的挑战，困难重重，我们预估会做到80%理想度的实现，也算是一个阶段性的成果。"

王维仁（2014）先生："就合院来说，比较容易是一个空间秩序的原型，那是一个可以解决很多问题的原型。它是一个基本空间模块，可以向三个向度延展，成为一种空间系统，也形成了个体与整体的关系。但有时候不适合用合院当原型，那就要寻找另外一种空间与环境的关系。比如西溪湿地用的是长条形的框景空间为原型，然后组串延展；比如白沙湾旅客中心的使用三角形的屋顶单元；比如东莞台商学校的游泳馆的原型，是序列虚实空间（水池与服务功能）的串联；其实都是在实践中去检验归类，然后逐渐整理起来，看相互之间有什么关联。"

"城市肌理，也是一种方法，是关于构件与构件的关系，个体与整体的关系，结合具体的情况复制与变化，构成更大尺度的城市关系。这时需要有其他的因素来控制整体与个体，形成一种机制，比如出入系统，单位分割，采光通风。"

朱涛（2011：79）先生评价王维仁的合院原型时说："一些人会问——这也是很多建筑师对'类型学'的疑问：'合院'的重复运用会不会导致建筑语言的静止不变和单调乏味？首先，宽泛地说，只要建筑师不是机械地复制既有的'类型'建筑，只要一个项目牵涉到某个层次上的'类型'转译问题，不管是在功能、尺度、材料，还是形式语言层次上的转译，就不可避免地牵涉到'变化'。具体就王维仁的作品而言，我认为在'合院类型'的稳定概念框架中，他实际上展开了在很多不同层次上的探索，调度了众多变量，使得其作品在生成连贯意义的同时，也呈现出相当程度的差异和多样性。"

AA·都市建筑设计的主持建筑师刘弘女士说："我认为很多东西应从基本模式上去思考它。如果建筑师不从改变模式的角度思考，那就只是在处理造型，意义不大。地铁在北京发展很快，这是谁都能感受的客观现实，北京正面临着一个地铁改变城市的过程。我在东京生活的九年充分感受到城市生活与交通手段密切相关。交通组织强烈影响着城市景观。我们国家的地铁不同于巴黎、伦敦等，它们是地铁与城市同步发展，而我们是先有中心城市，然后才有地铁，这就必然面临着以地铁为逻辑出发点的城市改造。地铁介入城市后必然要带来地铁口和城市、建筑之间的新型关系，其实是人的流动与空间在发生新的关联，在我看来，地铁可以重新塑造北京的城市景观。如国贸站每天有2万多的人流量，大量的人在这里汇集、疏散，首先出现了地下街道，逐渐形成地下一层的城市，而这个地下城市要通过地铁口与地面城市进行接洽，城市模式、小区、步行模式等都会随之发生改变，这是在根基上发生的变化。建筑师对此应该敏感。在未来的新建城市，地铁口完全可以和周边的新建建筑进行一种新模式的探讨。很多新型的城市模式可以从轨道交通开始塑造出来。”

“我认为现在这种思考是跨专业的思考，包含了城市、建筑、交通，非常有意思，也对北京非常有现实意义。北京由主要依靠地面交通变为主要依靠轨道交通后，对地面建筑、社区的格局高层建筑的布局就应该重新考虑，这其实是一种空间结构的转变，而不单纯是地铁的问题，这就像城市由马车过渡到汽车，街道完全不一样了，人们对空间的感受不一样了”（张路峰，2012：75、76）。

与城市相对应，循证设计的体系化思想同样适于形势严峻且潜力巨大的广大农村建设。因为在很多乡村聚落，当地的老百姓不会请建筑师设计房子，都是按照约定俗成的做法自己修建。在当下，传统建筑已无法满足人们当前的生活需求。因而，急需专业人员为他们提供一种既能保留传统特质，又融入当代社会文化和技术，并适宜现代生活的新型模式。实际上，过去十多年来，已经有谢英俊、黄印武等建筑师长期扎根农村建设，基于当地的传统、适宜技术、材料、建造方式等条件，在探索新的民居原型及新的建造体系。

“谢英俊躲开了这些潮流，坚持不懈地、安静地利用一切可能的机会，去实验和推广他的开放建筑体系和社区参与的建造模式。从表面上看，按照我们所熟悉的西方建筑审美和评价体系，谢英俊的建筑不大可能会被选登在建筑杂志媒体上，或者被开发商所青睐。那些房子不但不时髦，而且重复建造，并且任由使用者进一步修改。然而，就是这些不起眼的建筑，向我们大家指出了在我们这样一个表面繁荣、实际经济依然落后的发展中国家里，建筑现代性的一种方向”（李虎，2011）。

但是，必须再次重申，循证设计的“系统整合”思想并不止于提供原型，其最终的落脚点在于对原型的创造性应用，因此需要充分考虑各地区及各建筑之间的差异，关注具体的条件、具体的人及其具体的使用需求。

本章小结

概括来说，循证设计以“系统整合”作为基本的思考机制，通过资源整合，建立起建筑学科和全行业的知识体系、评价—策划—循证—检验的循环模式，以及实践—研究—教育—社会的互动机制。在信息时代，借助数字化和网络化的平台，循证设计的“系统整合”思想，更将以信息整合为基础，在更广泛和深远的层面体现其现实意义，下一层次将对此展开详细论述。

第4章　第三层次：循证设计将带来整个行业设计范式的转变

Thomas Kuhn 在《科学革命的结构》中提出了著名的“范式理论”。Kuhn 认为每一个科学发展阶段都有其特殊的内在结构，而体现这种结构的模型即“范式”（Paradigm）。范式归根到底是一种理论体系，也即一个科学发展阶段的模式。范式的突破会导致科学革命，从而使科学获得一个全新的面貌。比如亚里士多德的物理学之于古代科学，托勒密天文学之于中世纪科学，伽利略的动力学之于近代科学的初级阶段，微粒光学之于近代科学的发达时期，爱因斯坦的相对论之于当代科学，带来的是一场彻底的革命。

与科学发展一样，建筑设计及建造总是需要与其时代经济、科技和社会发展水平相匹配。当前信息社会的到来，必将会在建筑行业内引发新的变革。如果说工业革命带来了现代建筑，那么，信息革命带来的就是以信息（知识）网络为基础的循证设计。循证设计本质上是一种信息（知识）集成化的设计方法，“循证设计”之于传统“常规设计”（由“常规科学”同构而来）将带来整个建筑行业范式的转变，概括来讲，就是以信息（知识）集成为基础的全行业设计运作模式。

4.1　基础平台：信息集成系统

21 世纪人类社会已进入信息经济时代，信息就是生产力，成为社会发展最重要的资源。企业的核心竞争力在很大程度上依赖于其对信息和知识的有效积累、使用和创造的能力。而设计企业是一种典型的技术密集型行业，设计工作本质上就是一个对信息与知识的组织和生产过程，这种行业特点决定了设计行业的信息系统建设势在必行。

4.1.1　数字化的“迷失”与“回归”

自 20 世纪五六十年代计算机开始用于建筑设计领域以来，随着一代代的发展，计算机对建筑师的影响已经远远超越辅助设计的工具范围，逐渐从更深的层面影响到建筑师的工作流程以及工作成果，发挥着越来越重要的作用。然而，不得不思考的是，数字化未来将把建筑学带向哪里？我们真正需要的又是怎样的数字化？

从目前的主流发展趋势来看，“数字化”对于建筑学的影响主要体现为两个方面：一是“参数化设计”，二是“建筑信息管理”。

王维仁（2014）先生对当前西方建筑教育的一个基本质疑就是：因过分关注参数化造型而导致了数字化的迷失。“在 20 世纪 90 年代后人本价值真空的年代，英美建筑教育高度的艺术化取向，以及对建筑图面再现（Representation）的着迷多于真实的建造，还有部分学者大力推动数字化建筑，包括哥伦比亚前院长伯纳德·屈米和伦敦建筑联盟等前卫派推动的计算机化设计，认为这将开创建筑的未来。这个时期培养出来的抽象艺术与数字设计人才，也许因为和真实的建造脱节，普遍面临一个实践的瓶颈。许多建筑精英只能待在学校里，成为美国学院派教师的主流。他们是那样学建筑的，就只能继续那样教建筑。某种意义上来说，其实是下了一个赌注，他们走这条路，就必须建构一套信仰，相信这就是未来，数字化可以直接参与材料切割，改变世界。可事实上呢？艺术再现与参数化建筑，无法真正成为合理和经济的结构和营建体系，它所能带来的建筑革命仅仅是这里弯几度那里倾斜几度，除了做商品建筑的表皮立面，它的应用非常有限。对形式理论以及数字化的迷失，使建筑脱离建造与使用，成为艺术与再现的论述领域，这是我对近二十年英美建筑教育的基本质疑。”

“当然，参数化在另外一些层面上确实是有帮助的，比如说BIM，建筑过程复杂的多学科整合，能够让我们对构造系统和营建管理系统，尤其是建设阶段的各种互动关系有一个更准确的控制。如果是这种方向的参数化，我当然尽力推动，全心拥抱。建筑信息可以帮助我们来模拟更好的物理环境、生物环境、可持续性环境。数字化可以带给我们对许多建筑的模拟和预测，以及对系统的整合，这些都是我们应该走的方向。它带给我们的是一种信息整合的可能性。”

王一平（2012：49、2、3、106）先生说：“建筑数字化不只意味着造型参数化，在装备和使用了数字化设计工具以后，设计的主要目标却仍停留在‘造型和空间’研究的水平，是对建筑数字化现象的庸俗理解，不只是对新工具潜在性能的浪费，更是对设计（品质）观念认识的滞后。”“实际上，数字化是对信息的研究。”“数字化的本质是对信息的观察及其思想方法，而信息的作用是管理的。”“设计是对建造信息的处理，从而必须使建筑数字化超越狭义的工具层面，使‘设计’表现为一种对全周期的建造信息‘管理’的行为。”从而能够“在信息处理的水平上发挥‘数字化’的潜在生产力作用。”

历史学家黄仁宇先生说：“现代社会管理与传统社会管理的最大区别在于，现代社会是用数字管理的社会。”同样，信息时代的设计与传统设计的最大区别，也恰恰在于它是用信息管理的设计。

由此可见，相对于仅仅停留于形式创造的“参数化”应用来说，“建筑信息管理”通过与建筑的整个生产体系的结合，从而能够实现对信息资源的系统整合和过程的有效控制，这无疑是一种进步。然而，这一方向上目前的进展如何？对现实生产真正发挥了什么作用？存在哪些问题？需要哪些改进？其发展的终极目标及实现方法是什么？以下将对此展开深入分析。

4.1.2　建筑行业的信息化建设

4.1.2.1　横向：综合信息集成系统

进入新世纪以来，经过“十五”、“十一五”规划，建筑行业的信息化建设已取得了一定的进展和成效。“十二五”期间，由住房和城乡建设部制定的《2011—2015年建筑业信息化发展纲要》，又进一步提出了信息化建设的新目标，确定了5个发展重点：①完善提升核心业务系统。重点完善设计集成、项目管理、运营管理、电子文档管理、材料控制与采购管理等系统，构建基于网络的协同工作平台；②逐步建立公司层面的管理系统。重点建设综合管理、知识管理与智能企业门户、决策支持等系统，实现信息化向整个企业集成、共享、协同转变，发挥信息系统的整体效能；③加强信息系统基础设施和信息系统安全体系的建设。重点强化数据中心和服务体系的建设，打造安全可靠、资源共享的信息基础设施，支撑信息系统的高效高质量运行；④建立和完善信息标准体系。重点建设IT基础设施和信息安全体系、信息系统标准编码体系、信息资源类（如数据模型、模板等）和主要信息系统应用等标准，支撑信息系统高效率和高质量的开发和应用；⑤加快专项信息技术的利用。如建筑信息模型（BIM）、复杂过程仿真模拟（CFD）、工厂生命周期信息管理（PLM）、协同工作、3G无线通信、可视化、参数化模型设计、内容管理等技术，寻求新的效益增长点。

从当前建筑企业信息化建设的现状来看，"勘察设计企业信息化集成系统可以概括为三个系统：①计算机辅助勘察设计系统（包括：计算、模拟、分析仿真、二、三维模型设计、协同勘察、协同设计、集成化设计、CAM等）；②勘察设计产品全生命周期的管理系统（包括：勘察设计、工程施工、物资采购、项目投产、生产运行、竣工回访环节，及计划、进度、成本、质量控制等产品生产的全过程）；③企业资源管理系统（包括：人、财、物、科研、图档等）"（姜得晟，2008：100）。

4.1.2.2　纵向：BIM全周期信息集成系统

建筑项目不能仅仅停留于概念创意，"设计"之后的"建造"同样重要。实际上，建造并不仅仅是一项简单的技术性工作，而是一个包含着对材料、细部和建造方式的有效控制的设计过程，其合理性、精致性直接决定着建筑的空间效果、性能以及使用者的感受。因此，必须加强对建筑设计—建造的全过程控制，把握其各环节中的所有细节，以确保建筑最终的实现度。

那么，建设实践过程的控制如何实现呢？建筑师在完成基础的设计工作之后，如何能够深入地介入生产和施工过程？长久以来由不同专业、产业划分所形成的障碍如何消除？现如今，在网络和数字化技术支持下，通过对建筑设计—建造信息的组织，可以实现对项目全周期的有效管理和调节，以尽可能地保证建成质量。

兴起于20世纪末的BIM（Building Information Modeling）正是这样一种集成和管理项目信息的工具。其核心是基于数字化技术建立虚拟的建筑工程"可视化"的三维数字模型（即BIM模型），建立起一个完整的、与实际情况一致的建筑工程集成信息库，从而为建筑工程项目的各相关方提供一个工程信息交换和共享的科学化平台，并贯穿项目"设计—制造—施工—运行—回收"的全生命周期。

经过30多年的不断发展，BIM已逐渐由一个理想概念成长为成熟的应用工具。不仅形成了IPD（Integrated Project Delivery）等新的工作模式，而且已经在很多重大工程中获得实施应用，如上海中心大厦等。在这些项目的设计和建设过程中，基于BIM信息模型，实现了从设计到施工再到后期运营管理和维修甚至拆除的整个过程的信息集成与管理，为众多参与方搭建起了信息交流和共享的平台。虽然应用BIM技术的成本要稍高，但是在后期运营维护中将会降低能源的消耗，带来更多的节约。实际上，BIM不仅促进了技术的进步和升级，而且间接地影响了设计及生产组织和管理模式。概括来讲，基于BIM的信息平台，可以为建设项目的全过程提供如下支持：

1. 设计阶段

BIM提供的三维可视化信息共享平台，消除了"信息孤岛"，建立起各专业、各相关利益方协同设计的工作模式，便于及时协调，并整合全行业的经验；同时，基于信息模型，可以进行管线碰撞冲突检测、成本估算、建筑性能化分析，使许多问题在初期就得到解决和避免，从而大大提高效率和品质。

2. 施工阶段

信息模型与数字化建造系统相结合，确保项目全周期各环节的无缝衔接和项目信息的高保真传递，有利于实现设计与制造的集成一体化；此外，利用BIM模型可以直观、精确地对施工进度、施工方案的时序及措施、物料配置进行模拟及优化和管理，并在生产过程中对工程技术及生产管理信息实现自动采集。竣工后，利用BIM模型对建筑进行测试调整，并实现集成项目交付。

3. 运行阶段

BIM模型与专业的建筑系统分析软件相结合，可以检验建筑物的实际性能；真实反映建筑的使用状态，并结合使用情况提供调整及预防措施等；还可以基于BIM模型建立一套高效的资产管理系统，以及设施设备的使用及维护计划；BIM和自动化系统相结合，可以进行灾害应急模拟。

4. 拆除阶段

基于BIM模型制定建筑物的改造或拆除方案。因为在现有条件下，一个普通建筑的平均使用寿命只有30年左右。在绿色建筑的环保目标以及建筑全生命周期的统筹思想下，应当在设计时就考虑到如何便于日后改建、拆除以及材料的回收再利用。

5. 数字城市层面

已经发展了40余年的地理信息系统（Geographic Information System，GIS），此前始终止步于建筑之外，致使数字城市不彻底。而一旦将BIM数据库与目前日趋成熟的云存储、云计算技术相结合，便可以将整个城市的建筑信息模型及其相应的地理信息、交通信息等进行融合，从而实现真正意义上的数字城市。

最终，基于BIM所建立的建设工程生命周期信息管理系统（Building Lifecycle Information Management，BLM），完成项目信息及过程信息的全面集成，在提高建设项目性能和效率的同时，促进建筑业的全面信息化、集成化和现代化。

4.1.3　循证设计的证据集成系统

4.1.3.1　建筑信息化建设现存问题

那么，在建立了横向的综合信息系统，以及纵向的BIM信息系统之后，是不是就意味着完成了设计知识的自动积累了呢？现有的大量信息是不是可以获得直接应用呢？让我们首先回到“数据、信息、知识”的基本概念加以辨析，因为这是进行信息及知识管理的基本前提。

综合各种文献对于数据、信息和知识的阐述，在此将三者的区别概括如下：

数据是未经组织的数字、词语、声音、图像等原始的、单一的事实，数据本身没有意义，但却是信息的原材料；

信息是按一定意义、一定的规则排列组合所形成的数据集合，是经过处理的有条件的数据，同时信息又是知识的基础；

知识是经过加工的、有意义的信息，与行动和决策密切相关。信息经过处理、应用于生产，才能转变成知识。

而当前的最大问题在于：一方面，数据、信息急剧过剩；另一方面，知识却依旧贫乏。正如侯学良（2011：27）先生所说："本质性的问题却是，许多研究者在拥有海量知识信息及现代化检索手段的同时，面对具体的实践性问题却缺乏可靠的研究资料。这就反映了这样一个现实，即现有信息实际上并没有完全转化为现实生产力。"

事实上，造成这种局面的原因是显而易见的，因为信息量越大，人们从信息海洋中即时获得自己真正所需的知识，并对其加以利用的难度就越大。那么，具体到建筑行业领域，为什么现有项目信息无法发挥作用？当前建筑信息化建设究竟存在哪些不足？

（1）信息形式层面：现有的建筑行业与企业信息化系统中，尽管已储存了大量的项目信息，但是大部分的信息都是以项目为单位进行组织的、半结构和非结构化的信息（比如CAD图形文件、PDF文本、各种数字及实体模型、Word文档、各种图表等）。这些资料的存储目标仅仅是为了实现对以往项目的存档和管理功能，而不在于信息的有效应用，并没有将其作为根本的"知识"资源，用于参与和指导未来的生产实践。且不论这些信息的准确性是否可靠，单单其存在形式就直接阻碍了分类存储和快速检索的实现。换言之，现有系统中的项目信息其实只相当于"项目档案"，由于不能被系统性地灵活查找和应用，因而无法转化为现实生产力。

（2）信息内容层面：现有的工程图纸和各种模型等项目资料，仅仅记录了设计的直观成果，而对于更重要的、能够反映设计构思和意图、设计原理及演变过程等核心内容的隐性信息却无从记录。而实际上，这类信息中包含了设计者大量的实际经验和智慧，正是设计的"灵魂"，也是"创造力"的最佳体现，无论是对于深入地理解该项目本身，还是用于指导其他项目都有着极大的价值。因此，迫切需要一种新的方式来转化和记录这类隐性信息。

（3）管理过程层面：在当前的信息化建设中，过分地关注了"建筑信息化"的外延：如建筑信息模型（BIM）、协同设计、虚拟技术、设计—施工一体化、建筑产业化、批量定制等专项技术的应用，尽管通过这些技术的应用，可以完成对设计、建造等各个环节的信息集成，能够实现对项目全生命周期信息的有序组织和有效控制，然而，其整个过程中的操作对象仅仅是项目常规运作的基础数据，对信息的加工方式也只是直接的汇总、连接、有序化、共享等表层处理。却并不能基于这些"信息"，实现对其中能够反映设计本质、直接指导设计决策的有效"知识"的自动提炼及结构化存储和快速检索应用，因而仍然无法满足"基于现有知识指导设计生产，以提升设计效率和品质"的需求。很显然，在当前信息极度泛滥，而有用知识却仍然匮乏的局面下，仅仅停留于"信息管理"对于现实应用而言是远远不够的，从而必须由"信息管理"转变到能够实质影响决策和生产的"知识管理"层面上来。通过对项目信息的深入加工和挖掘，建立一套能够真正有效地支持设计决策的知识管理系统，由此实现以知识驱动设计的生产过程。

4.1.3.2　有效的"知识管理"方法——拆解为微观层面的具体证据

实际上，近年来人们已逐渐意识到经验和知识的重要性，并开始倡导"从信息管理走向知识管理"，部分设计企业也开始着手建立相互协作与知识共享的企业文化。然而，由于缺乏一套具有可行性的有效的"知识收集与应用"的方法指导，致使行业与企业的"知识管理"只能停留于观念及个体的经验积累，而无法建立起系统性的有效机制，难以真正加以实施推广。

循证设计出现以后，其对于证据的提炼与管理，正是一种有效的知识管理方法，而最终所建立的循证设计证据系统，也正是一种能够直接支持设计的“知识”平台。其最根本特征在于信息的构成和组织方式：拆解为微观层面的具体证据。具体来说，就是对现有项目信息进行综合分析、拆解和提炼，从中获得一系列微观层面的具体问题及解决方案，以构成独立证据，然后以证据为基本单位进行系统性的组织存储，使其既彼此独立，又通过情境及属性关系建立相互关联，从而在获得一致性、明确化表达的同时，避免了大而全的信息构建，降低了复杂度，提高了其易用性和有效性。在应用证据指导具体设计时，则首先需要将复杂的现实问题进行分解和概括，以形成一个个关键性的独立问题，然后通过查找和借鉴相关证据，实现对已有知识的应用和创新。

如此一来，基于循证设计的理论和实施方法，按照其对证据来源、质量、形式的明确要求，以及证据收集、制作、存储、检索的研究框架的指引，可以为知识管理提供一条切实可行的实施途径，据此可以迅速建立起一种清晰完善的运行机制，以带动建筑行业知识系统的建设；反过来，完善的知识系统也为循证设计的实施提供基础和保障。

在此有两点需要特别加以说明，一是“项目信息”与“设计证据”的关系：如果说传统信息系统中存储的是经过简单加工的项目“信息”，那么，循证设计的证据就是“知识”。更确切地说，是一种经过组织的特殊知识，是在一个个具体问题的引导下，经过对信息的拆解和检验，建立起来的包含相关背景及前因后果等内容的独立而完整的知识。因此，项目信息是基础，证据来源于项目信息，可以看作是从项目的各个具体环节上提炼形成的一些重要信息，并贯穿于项目生命周期的始终；然而，未经处理的项目信息，却并不能够直接成为循证设计的有效证据。

二是，“传统信息系统”与“循证设计证据系统”的关系。虽然这二者在本质上都是对信息的整合与管理，但是其处理的对象和目标却不同，对信息的处理深度和组织方式也存在差异。然而，正如“数据仓库”（Data Warehouse，DW）之于基础数据库的关系，循证设计中心的建立并非要取代传统信息系统。传统项目信息虽不意味着直接的证据，但却具有重要的基础档案意义，即为证据制作提供所需的基本信息。在此基础之上，可通过数据挖掘技术，获取设计师需要的各类知识，经过分析提炼和实际检验形成证据，最终通过有效整合和应用创新，实现其现实效益。因此，建筑行业未来的信息化建设，应该将项目基础信息系统与循证证据系统同步建设并深入结合，基于信息建立起高效的知识共享网络，逐步从信息管理走向对设计证据（知识）的有效积累、利用和创新。

4.1.3.3　循证设计证据系统建设

那么，循证设计的证据系统究竟应该如何建设？全行业的循证设计如何才能实现？首要的步骤是面向整个行业创造和积累设计证据，并遵循统一的管理及使用原则，系统性地对证据进行组织、整合、共享和利用。其根本的目标是：建立一个统一、可靠的证据应用平台，为未来的设计决策提供有效支持。这种要求决定了循证设计证据系统的建设必须具备独特的证据收集、表达、存储及检索方式，具体包含以下过程及特征：

1. 证据的收集与加工——拆解并检验

循证设计的证据是需要经过提炼和检验的知识，这有别于原始的项目信息。在证据进入证据系统之前，必须经过加工与集成。具体的过程是，基于对现有项目的相关资料、专业人员的相关经验、流程、工艺、建成效果、用户需求与反馈等信息的整理和分析，对其中有价值的信息进行拆解、提炼和检验，然后基于明确的主题引导，对各项信息加以组织，形成基于特定情境的、切实有效的、具体而完整的、可以直接利用的独立证据。这正是建立循证设计证据系统最关键、最复杂的一步。

2. 证据的分类与储存——面向主题

经过集成、检验的合格证据，必须概括归纳核心主题，并按照主题进行分类（按主题分类，是一个较高层次的归类标准，每个主题基本对应一个宏观的分析领域，基于主题组织的证据被划分至各自独立的领域）；按照来源及效果进行分级；然后基于统一的信息编码标准和存储机制，整合纳入证据系统。基于系统平台将不同层面的证据进行共享和整合，并建立结构化的证据主题目录，以方便管理、访问和使用。随着新证据的加入，不断更新和完善。

3. 证据的检索与互动——语义检索

与循证证据系统按主题分类的方式相对应，其查询检索模式应支持语义检索。所谓语义检索，是指搜索引擎的工作不再拘泥于搜索问题的字面本身，而是透过现象看本质，准确地捕捉到所提问题的真正意图，能够根据查询问题与证据主题之间的语义相关度作出相应判断，从而准确地从证据系统中检索到最符合条件的证据结果。

4. 证据的应用与决策——统计分析

根据循证设计证据系统的基本特征，开发相应的数据分析工具，包括优化查询工具、统计分析工具、决策分析工具等，建立结构化的决策支持系统，以保证对最佳证据的获得和有效应用，从而真正将知识转化为现实生产力。

实际上，设计者的工作是感性与理性的综合，不仅依靠个人的直觉和经验，同时需要理性的设计知识作为基础。循证设计证据系统，以传统的信息系统为基础，由项目信息提炼形成设计证据，逐步建立起一种支持设计的知识共享平台。今后，建筑行业应基于最大限度的统一标准，将循证设计证据系统与企业综合信息管理系统、项目全周期信息系统，以及设计决策系统、生产管理系统等同步建设并紧密结合起来，逐步由项目信息集成、过程集成，走向知识集成；由企业内部集成，走向全行业集成。最终，在整个行业中形成规范化的运行机制，系统性地对集体智慧加以利用和创新。

4.2　设计模式转变：从传统设计到循证设计

信息时代对建筑学的影响如何实现？最终会给建筑行业带来怎样的转变？

由历史的经验可知，建筑行业的发展，因涉及范围的广泛，其发展往往总是滞后于其他行业。为了正确地预见和引导其未来方向，有必要对其他学科及行业的先进经验加以借鉴。由于建筑设计行业与制造业存在很多类似，比如，都需要基于用户需求进行设计，设计过程都是对信息的组织与生产，都离不开设计与建造（制造）的相互配合，都存在虚拟设计与实体建筑（产品）的相互对应，都需要进行有效的知识管理和应用创新，等等，因此，制造业的设计与组织方式对建筑行业具有重要的借鉴价值。接下来，让我们首先转向制造业进行一番考察。

4.2.1　制造业的设计模式：产品设计知识重用[①]

在产品设计中，据估计90%的设计为变形设计或自适应设计，这意味着大多数的设计工作可以重用以前的产品设计知识；新产品开发中完全重用现有的或供应商提供的零部件占40%，修改后重用的零部件占40%，完全全新设计的零部件仅占20%，而且这些全新的零件也只是在结构和形状上和已有的产品零件有区别，从产品的功能、原理、行为等高层信息上分析，它们仍然是重用了已有的设计知识。因此可以说，现代产品设计是以知识为基础，以知识获取为中心，设计是知识的物化，新设计是新知识的物化。设计是否成功，取决于其中现代知识的含量，企业产品开发依赖于企业知识的积累和知识获取服务。现代市场的竞争要求企业必须具备良好的知识管理能力，及基于知识的产品快速设计的能力。所以，建立一种有效管理和重用产品设计知识的机制，以缩短产品开发的周期、提高设计效率、降低开发成本，减少设计过错，提高产品设计的可靠性，对于企业产品设计有重要的意义。

设计重用，简单来说，就是将过去的设计知识和设计经验用于当前的设计中。具体可定义为：设计知识重用指借助于能够被重复利用的设计知识（包括设计过程知识及设计结果知识）解决新设计问题的过程，即利用已有设计知识实现设计状态映射转换的过程，其重点考虑如何组织、管理、重用设计知识，主要研究包括知识建模、知识检索、知识重用等技术。

		知识源			
		目前产品	优势产品	类似产品	新技术
重用层级	跨系列产品				
	系列产品				
	系统概念				
	子系统概念				
	零件概念				
	零件模型				

图4-1　重用矩阵（Clausing）
（胡建，2005：93）

在产品设计知识重用技术中，Clausing提出了如图4-1所示的重用矩阵来表示产品设计知识重用层级和可用于创新的知识来源的关系。矩阵的列，表示可重用的知识源；矩阵的行，表示新产品设计对象所处的层次；矩阵中交叉点的元素，表示所在列的知识源可由所在行的设计对象重用。

不同层面的产品设计知识重用的内涵及应用策略各异。胡建将产品设计知识重用分为重用空间视图、重用深度视图、重用方式视图和设计阶段视图（时间维）等四个维度，提出了基于多维的产品设计知识重用模型，可归纳为：1）**重用空间视图**（反映产品设计知识重用的范围），包括横向系列产品设计知识重用（即在基型产品基础上扩展功能得到的同类变形产品）、纵向系列产品设计知识重用（即功能相同、原理、结构相似，而尺寸及性能参数不同的产品）、跨系列产品设计知识重用（即将一个系列产品的设计方法、原理、经验为其他系列产品设计所借鉴和重用）；2）**重用深度视图**（反映对设计知识重用的深度层次），包括设计结果知识重用、设计过程知识重用（即所谓的Know-how、Know-why知识，包括产品设计过程中产生的知识、方法和经验）、领域层知识的重用（指在一个领域对另一个

① 本节来源：胡建，2005：1～2、92～96。

领域中的设计方法、原理、经验的应用，是一种高层次的设计重用）；3）**重用方式视图**（反映产品设计重用的不同方式），包括潜意识重用（个人行为）、机会重用（局部应用）、系统化重用（有计划的全局应用）；4）**设计阶段视图**（时间维），包括产品设计过程的计划、概念设计、技术设计、施工设计以及试制、生产的各个阶段。

由此可见，产品设计领域的设计知识重用模式本质上是一个循环进化的过程：由设计知识的积累、继承、适用性调整，持续地提高产品开发水平，渐进性地完成设计的创新。整个过程中最重要的，也即设计重用的基础，就是建立完善的产品设计知识体系，并形成高效的知识积累、管理和检索机制，以实现知识的再生。

4.2.2　建筑业的设计模式：循证设计

事实上，与产品设计一样，在建筑实践中，设计者大部分的工作也是在重复应用其专业知识与技能，各项目（尤其是同类项目）设计中容易遇到的困难，一旦拆解为微观层面的具体问题之后，其解决的思路和策略很多都大同小异。即使是一些特殊设计或创新设计，也往往都是由一些类似或部分类似的设计解决措施及经验演化或整合而成。况且，现代建筑工程的复杂性早已不是仅凭建筑师个人所能控制，任何一个人都无法全面考虑一项设计可能产生的所有后果及影响，因此必须将所有人的认识综合起来整体加以利用。由此可见，建筑专业经验和知识的积累与应用极为重要。

但问题在于，现有建筑信息化研究，如企业综合信息系统、BIM、协同设计、虚拟设计、设计—施工一体化、建筑产业化、批量定制等等，都是程式化的项目信息及过程信息的组织与管理，其管理的对象仍停留于表层的“信息”；而对于直接面向设计目标的、反映问题本质的、能够真正影响设计决策的核心“知识”的管理方法与内容却没有足够重视。一直以来，设计者对设计案例的参考，都是比较随意的、浅层次的自发行为，根本原因在于：一是缺乏成熟的“基于知识”的设计理论指导，二是缺乏完善的设计知识系统支持。实际上，这两方面又是互相依存的，一方面，基于明确的设计方法才能有效指导现有资源向知识系统的转化与积累，另一方面，所建立的知识系统又反过来支持“基于知识”的设计过程的实现。因此，未来的建筑行业信息化建设，在项目信息与过程信息管理的同时，应当将重点逐渐转移到基于现有项目资源的知识系统建设上来，并将其与设计模式和组织方式充分结合，对知识加以系统应用，从而将其转化为生产力，实现其现实效益。

循证设计，作为一种信息集成化的设计方法，本质上就是一种对已有设计经验和知识的“重用”。循证设计的出现，将带来设计模式的全面转变，通过在设计中系统性地应用已有的设计知识或者经验（包括横向的同类项目知识；纵向的设计方法、原理知识；设计结果的实例或知识；设计过程中产生的知识、方法和经验；市场及用户的需求与反馈；以及其他领域的研究架构、运行机制等不同维度的知识），从而将当前设计与已有类似问题的设计概念、解决策略、建造过程、最终性能、实际使用等真实情形连同到一起，有利于做出更加准确的决策，提高设计的质量与效率，并在客观上促进设计知识的共享、重用和创新。

紧接着的问题就是，循证设计如何可行？或者，反过来问，既然“循证”的思想自古有之，那么，“为什么在历史上其他时期没有提出循证的概念？”

“循证，包括医学、建筑学甚至教育学，是信息时代的价值观，‘循证’是需要并且能够获得的价值。”“循证设计作为一种价值观念，并非只在信息时代才可以理解。循证设计作为一种技术手段，却只有在‘数字化’的‘信息世界’方得以实现。”“在每一次的建造实践中，如何能够极大地发挥建筑学的全部技术和人文成就？这是在信息时代，建筑学所能够和应当面对的问题。”“经整合后的循证知识系统是开放性的，并具有相应的‘操作规程’。每一位建筑师都可存在于‘人类整体的建筑师系统’之中，都是具有良好的‘兼容性’和能动的‘独创性’的终端，并以其个人职业工作的经验与智慧的积累，最终回馈于‘人类整体的建筑师系统’”（王一平，2012：134、8、112）。

由此可见，对集体智慧的利用，必须基于强大的信息平台，才可能得以实现。现如今，在信息和网络技术的支持下，循证设计正力图提供这样的研究平台，系统地整合建筑学的知识，然后通过循证使得集体的智慧返回到实践中发挥作用。也即是说，虽然以“知识”支持决策的思想意识已经有很长的历史，但是现今信息所能达到的深度、广度以及所具备的潜力是前所未有的。信息技术的大发展，为信息的广泛收集、存储、管理、传播、检索和应用提供了可能与便利，使得人类能够以前所未有的速度生产和使用证据，从而在真正意义上催生了“循证设计”的登场。换言之，循证设计作为一种对信息进行集成化管理的设计方法，正是信息时代为建筑学提供的新机会。

通过循证设计，设计者的工作不再是一切“从零开始”的原始模式，而是以行业已有的集体智慧为基础的，不断提升和优化的循环上升过程。如此一来，不仅可以避免重复劳动而提升效率；而且基于证据的有效支持，可以提高设计质量；同时，经过试错和检验，避免了实施过程的修改和返工，从而大大降低建设成本；此外，节省的精力、时间、资源，可重点集中于项目的关键问题，有利于设计的深入和创新。总而言之，循证设计带来的将是全行业整体的效率提高、资源节约和品质提升。

4.3　信息时代建筑学的新范式

4.3.1　循证设计的基本前提

循证设计的有效实施，必须具备以下几个前提：

（1）必须有大量的、具有一定品质的、可以利用的有效证据，即需要建立起完善的循证设计证据系统；

（2）设计者必须形成基于证据进行设计的思维习惯和设计模式，并且知道如何寻找到相关证据；

（3）设计者必须具有恰当地选择、理解、判断、调整和使用证据的能力。

4.3.2　系统化的循环设计过程

循证设计是一个涉及项目全生命周期的设计循环过程，循证设计的实施已成为一项复杂的系统工程，因此必须遵循系统化的设计方法：

1. 基于实际需求与条件形成设计问题

通过调查及反馈，了解项目及客户的需求，包括性能需求、功能要求和环境要求等，通过质量功能配置（QFD）把需求转化为相应的技术要求，在此基础上，结合项目基本条件，进行前期策划，形成设计问题。

2. 基于问题查找证据

根据问题的特征，从证据库中检索出与当前问题相匹配的证据，并判断检索结果，调整问题或检索策略，直至获得最佳证据。

3. 基于当前的具体项目解读和调整证据，以适应新问题

任何证据都不可能完全符合新项目的需求，这就需要基于具体项目情况，对证据进行解读，并在其基础上进行适应性转换与调整，从而形成适合当前新项目的设计策略。

4. 基于设计预测结果

在设计方案的基础上，假设预期实现的相应结果，并明确加以记录。

5. 验证实际结果并存储新证据

选择合适的方法，对项目建成后的实际结果加以检验，将成功的结果，作为新证据存入证据库，以实现证据库的更新和完善；将失败的经验记录下来，作为新问题，留待解决。

4.3.3　设计者的职能转变

信息和知识集成化的结果，也同时导致了建筑师职能的集成。在传统的设计模式下，建筑师运用自己专业的知识和经验做出设计判断，而循证设计的信息集成是整合性的工作，要求设计者具有综合素质，不能局限于个人已有的知识和经验，还应该广泛地了解更多其他学科的知识，并且能够熟练掌握研究和管理的技能。每个循证实践者都将成为具有设计者和研究者双重身份的综合型人才，不仅包含对多方面信息的全面整合，同时还要承担起团队组织与协调者的角色。这就需要他们在接受教育阶段就打下良好的基础，培养起循证设计的系统性思维模式和设计习惯。

4.3.4　全行业的设计运作模式

循证设计证据系统集成了全行业的集体知识，当一项新的设计开始时，设计者将自觉地借鉴过去项目的设计-制造经验，从中获取某些案例成功的经验，并加以利用；或者了解某些案例失败的原因，加以避免。如此一来，“使每一次具体的设计发挥学科的全面智慧。”“设计不再是囿于个人化的‘传统’方法论研究，而是成为一种有关建造的‘整体设计’的全行业行为”（王一平，2012）。

概言之，在信息时代的观念和技术支持下，循证设计作为一种与之相契合的建筑学的全新价值观和方法论，必将引起设计者的思维方式和职能角色、设计模式以及组织方式等全方位的重大变革，最终带来整个行业设计范式的转变。

本章小结

需要特别提出的有以下几点：

（1）“循证设计不只是‘方法论’的过程研究，最终的‘宜居’品质，当是循证设计所孜孜以求的，终究是目标决定方法的选择”（王一平，2012：51）。也即是说，以知识为基础的循证设计，所带来的建筑行业范式的转变，并非停留于提高效率和节约资源，整体的建筑建成品质的提升，才是其终极目标。

（2）面向应用的“循证证据系统”的建设完善是实现建筑产业升级的基础。因此，首要的工作是建立有关证据（知识）获取、表达、存储、检索和应用的统一机制，以结构化的形式和方法，建立起系统与系统之间、知识与知识之间的关联，从而实现建筑学知识的全面集成和有效利用。这将在第四篇循证设计网络中心建设中系统性地展开讨论。

（3）从更加宏观的角度来看，“循证思想”与“知识管理”这两个跨学科的新兴概念，在信息时代同时出现是相互的机遇。在未来建筑行业中，以“信息背景和技术”作为“知识管理”的支持，以“循证设计”作为“知识管理”的指导方法，以“知识管理系统”作为“循证设计”的实施基础，以“循证设计”作为“绿色建筑”的品质保证，将这几方面有效结合并同步发展，必将带来建筑学科与行业的全面跃升。

第3篇　循证设计基本操作

在循证设计的逻辑理论相对清晰、完备之后，如何确保循证设计获得系统性的有效实施就成为迫切需要解决的一大问题。而循证设计的真正意义，也只有在其能够对实践整体带来广泛性的积极影响之后，方能得以体现。

相比较而言，“循证医学在找到这一理论后，最为难得的是，它开始了真正的行动。其拥护者在全球范围内搜集研究证据，对证据进行评价，组成巨量的证据数据库（如考科蓝数据库、坎贝尔数据库），针对具体的病症，将最佳的证据推荐给全球的医生或病人。理论上，所有的医生不管身处何方，只要能上互联网，他就能实践循证医学”（杨文登，2012：112）。

因此，从本篇开始，将进入本书第二大部分——“循证设计操作体系”的探讨。循证设计操作体系最主要的功能就是为循证设计理论和循证设计实践之间搭建桥梁。具体做法是：基于循证理论的主旨和原则，结合对当代社会和专业实践发展的实态调查和客观分析，借鉴循证医学及制造业、社会学等领域的成熟体系，构想一般的程序和实施方法，围绕证据和数据库建设的一系列相关问题展开初步的系统研究，从而为循证设计从理论到实践的应用提供实现途径和操作指南。

第5章　循证设计的实施架构

基于相似的产生背景、思想机制和运作模式，循证设计的发展目标和实施策略有先行发展了几十年的循证医学可资参考。因此，本章对于循证设计的发展目标和操作模式的探讨，将与循证医学对照展开，立足于建筑学科自身的特点和现实条件，构建循证设计的实施架构。

5.1　循证设计的发展目标

5.1.1　循证医学实践的进展

循证医学建立之后，通过合理的研究设计（如随机对照实验），以及对最新的医学研究成果的系统分析（如Meta分析），获得相关结论，从而为病人诊治提供可靠的证据。临床医生可以运用循证医学方法，并利用系统评价和二次摘要库来快速、有效地获取所需的知识，以帮助制定临床决策。

经过几十年的发展，循证医学目前已取得以下几个方面的进展："发展了有效寻找和评价证据（有效性和相关性）的策略；制作了卫生保健措施效果的系统综述（由Cochrane协作网组织编写摘要）；编辑出版了循证杂志，如对2%的临床文献进行总结再版，这些文献既有效又可以直接用于临床，或者提供循证摘要服务如Clinical Evidence的建立；建立了在短时间内传播前述内容的信息系统；确定与应用了终生学习和改善临床实践的有效策略"（Sharon，2006：2）。

5.1.2　循证设计的发展目标

以科学证据指导设计是循证设计的核心价值所在。因此，围绕"证据"的生产与使用的一系列相关研究将构成"循证设计"研究的基本工作内容，而其中的基础和重点，就是建立"循证设计网络中心"。借鉴循证医学的实践成果，可以预见循证设计的后续发展目标为：

（1）建立结构式文摘二次建筑文献数据库，实现基础数据的实时采集、深度挖掘与二次开发，持续不断地从已有研究成果中积累原始证据。

（2）从政府、企业、专业人员、建筑教育等多维度入手，基于后效评价的循环机制，建立起生产和使用证据的一般模式和策略，直接从设计实践中积累原始证据。

（3）基于建筑行业权威平台，建立循证设计网络中心，汇集行业集体智慧，并建立相应的证据汇集、表达、分级、分类、存储、检索的规范体系，从而为循证设计的信息举证提供强有力的支持平台。

（4）建立统计分析、系统评价、科学决策的有效方法和操作模式，以保证"最佳证据"的获得及其应用创新。

（5）建立循证设计方法学指导小组，对相关专业人员进行循证设计宣传、培训与指导。

（6）创办《循证设计》杂志，在整个行业内系统性地传播最新证据。

（7）基于循证设计的试点实施反馈结果，并结合中国国情和建筑行业现状，建立行业机制，制定相关政策、标准、法规，并开发相关软件，从而推动循证设计在整个建筑领域的普及，最终带来建筑学的全面转变与升级。

5.2　循证设计的实施模式

5.2.1　循证医学的实施模式

1. 提出临床问题，并转变成可以回答的形式

提出病人的治疗问题是循证的第一步，也是关键的一步。因此，提出一个针对性强、关键又可以回答的问题十分重要。问题范围不要太宽，否则不能解决具体的问题。但也不要太窄，否则局限问题的研究可能非常少，难以获取资料。一个好的问题可以帮助临床医生缩短检索时间，快速找到恰当的答案，并易于评价和应用。

2. 基于临床问题，寻找最佳证据

对提出的临床问题进行分析，判断其性质及类别，据此选择合适的数据库，并基于对问题的分解，制定恰当的检索词和检索策略，以进行全面检索。证据等级有所不同，检索应该从最高级别的证据开始，如果未查到，再依次降级查找。

3. 严格评价证据

按照一定的评价标准，从证据的真实性、可靠性、临床价值及其适用性等方面，对证据进行评价，然后对于符合条件的高质量文献，采用定性或定量（如 Meta 分析或系统评价 SR）的方法进行统计分析，以从中获得最佳证据。在现有的医学资源中，Cochrane 图书馆产出的系统评价的结论最为可靠。

4. 应用最佳证据指导临床决策

经过评价和分析，得出真实可靠、具有临床意义、并适用于当前患者的最佳证据之后，医生便可以基于最佳证据，同时结合个人的临床专业知识、考虑患者的意愿和价值观，与患者一同制定出最佳的临床决策。

5. 总结经验与后效评价

通过对患者的循证医学实践，必然会有成功或不成功的经验和教训，临床医生应进行具体的分析和评价，并认真总结以提升临床水平。其中的成功经验可作为新证据，纳入证据库，对于尚未或难于解决的问题，则可以为进一步研究提供方向。

本书附录中，引荐了一篇介绍循证医学实践的文章，该文章通过一个具体的应用案例，描述了“使用循证医学证据指导临床决策”的过程，体现了循证医学的一般模式。引用此文的主要用意在于：这一循证医学的操作模式正是循证设计最可期待的未来应用前景。

5.2.2　Hamilton 建立的循证设计实施模式

Hamilton（2009：209～217）先生已为 WHR 建筑事务所研发了一套循证设计模式，简称“WHR 九步模式”，是目前较为成熟的循证设计实施过程和方法。笔者将其翻译归纳如下：

1）建立业主的项目目标

发掘设计目标及客户的预期目标。设计者也许希望了解很多信息，可能包括客户公司的使命、愿景，以及价值观和文化。然而，在此宽泛的背景下，最重要和对设计过程最具指导意义的是与项目明确相关的目标。

2）列举项目目标

建筑师、设计师、工程师及其公司都了解自己的使命和愿景，会确立自己的目标，而当前的项目必须与其预期的未来方向相契合。设计者应在充分理解客户的项目目标的基础上，结合自己企业的使命和愿景，确立当前项目的目标。

3）确立关键的设计问题

尽管将所有的需求都作为“重要”问题或许对项目有利，但却只有几个绝对“关键”的问题能够决定设计。因此，必须谨慎地细化研究范围，集中关注最根本性的和不容忽视的问题，最终明确限定一个或几个关键的研究问题。

4）将关键问题转化为可研究的问题

任何单一的主题都可以被分解成大量的可研究问题。这一步的主要思想是把对关键设计问题的表述转化为一个或者多个可实施研究并测量检验的具体研究问题。问题需要足够明确，以便于开展研究并找到答案。

5）针对研究问题搜集相关信息及证据

循证设计者需要针对研究问题从广泛的途径寻找现有最佳证据。有 2 种不同的策略：当设计者认为自己已知答案时，应保持开阔的眼界和积极拓展知识面；而当设计者无从下手时，则需要谨慎地细化搜索范围，聚焦重点。

6）深入理解设计证据

一旦信息以各种方式汇集在一起，设计者必须对其在特定项目中的意义做出判断。需要运用批判性思维对现有证据加以评估，区别其严谨度，分析可能相互矛盾的信息，判断信息的可靠性，这是循证设计过程中具有高度创造性的部分。批判性解读的结果，作为对研究结果的一种理解，对设计很有指导价值。

7）发展概念以实现预期目标

在这一步，设计过程回到建筑师传统实践中熟悉的部分——构思设计概念，以达到预期目标。设计实践者都已熟悉如何探索和创造设计概念。循证设计者应当沿着从证据，到解读，再到设计概念的逻辑链，将对证据的分析结果纳入设计概念。

8）基于证据假设预期结果

设计概念将会产生或影响某些预期结果。循证设计要求设计者明确严谨地将这些预期结果作为设计假设加以记录。从严格的角度上讲，直接记录设计结果的价值，远远低于提前预测结果而后加以验证。

9）选择方法验证假设

一旦设计概念及其预期结果被记录下来，重要的便是，在项目建成后，选择一项或多项测量方法对假设进行验证。设计者需要避免用这些方法“证明”设计的某些概念。因为建筑环境涉及大量的复杂、共同作用的变量，所以，其研究过程只是检验假设在这一特定案例中是否得到支持。

由此可见，循证设计过程形成一条严谨的逻辑链：提出关键问题并转化为可研究的问题；基于问题寻找最佳的研究证据；批判性地解读证据对特定项目的意义，以形成设计概念；基于设计方案提出对预期结果的假设；在建成后通过特定方法进行测量，以确定预期结果在实际中是否得以实现；随后将所得结果共享，成为新证据，由此进入下一个设计循环。

5.2.3 本研究建立的循证设计模式（创证＋用证）

在笔者看来，Hamilton 先生提出的循证设计模式，只能算作“循证设计”的一部分，仅仅是一个“独立”地“用证”过程。所谓“独立”，是指其注重的是个体的循证设计行为，而缺失循证设计网络的“系统”基础；所谓“用证”，是指其“假定”证据天然存在，并不关心证据的产生，因而缺失作为其使用前提的“创证”过程。实际上，循证设计实践应包含两个方面：既包括“创造证据”，又包括“使用证据”。其中，生产和获得证据的过程称为“创证”，使用最佳证据指导设计决策的过程称为“用证”。而且，在循证设计发展的初始阶段，前者更应该作为研究的起点和重点。

以循证医学为例，既重视证据的收集和制作，又重视证据的共享和使用，这是循证医学思想区别于传统医学思想的重要特点。循证医学据此可分为两大类型：有证查证用证；无证创证用证。前者是充分利用现有全部来源的可用证据，即前面提到的循证医学的五步标准模式：用户针对当前面临的具体问题，通过检索能够查找到相关的可靠证据，便可以此为依据，结合自己的专业知识和经验，并结合患者意愿，制定医疗决策，这就是一个典型的用证过程；后者则是认真地制定假设并通过进一步的调查研究确立证据，即针对当前的问题，尚没有系统评价或可靠的结论，在这种情况下，就需要全面研究当前的全部相关资料，对有关该问题的所有干预措施和研究结果进行全面检索、统计分析和判断总结，制作系统评价，这就是一个“创证”过程。

循证设计的有效实施，依赖于大量经过提炼和实践检验的、能够有效地指导解决项目实际问题的可靠证据。但遗憾的是，建筑学较之医学，在这方面存在先天的不足。因为对于循证医学来说，医学科学的严谨性确保了现有文献中存在大量足以作为“证据”的信息。然而，对于建筑专业来说，现成的可靠证据并不存在，或者说，没有以能够被直接检索应用的方式存在的证据。所以，循证设计的实施，必须首先从大量的建成项目或相关文献资料中积累原始证据（也即“创证”）。为此，本研究所建立的循证设计实施模式，在 Hamilton 的循证设计模式基础上，对“创证”过程加以补充（以“建成项目使用后评价”的证据收集方式为例），从而呈现一个同时包含“创证”和“用证”的循证设计完整过程（图 5-1）。

1. 对建成项目开展使用后评价，积累原始证据（创证）

（1）通过调查研究，选择典型的、有价值的，并具有可操作性的研究对象（项目或问题）。

（2）查阅该项目的相关资料及已有研究成果，并进行初步现场踏勘，掌握项目大致情况。

（3）对该项目的业主及设计者进行访谈，发掘及回溯项目的建设背景和条件、设计的主要目标和理念、设计方案的主要特点、面对的主要问题、解决的办法、预期的效果、实现的结果、改进的办法、预防的措施、技术细节等具有针对性的具体问题，同时请教该类项目的普遍性设计经验。

（4）对项目实体及空间进行解构，综合运用各种研究方法，开展调查研究：针对项目

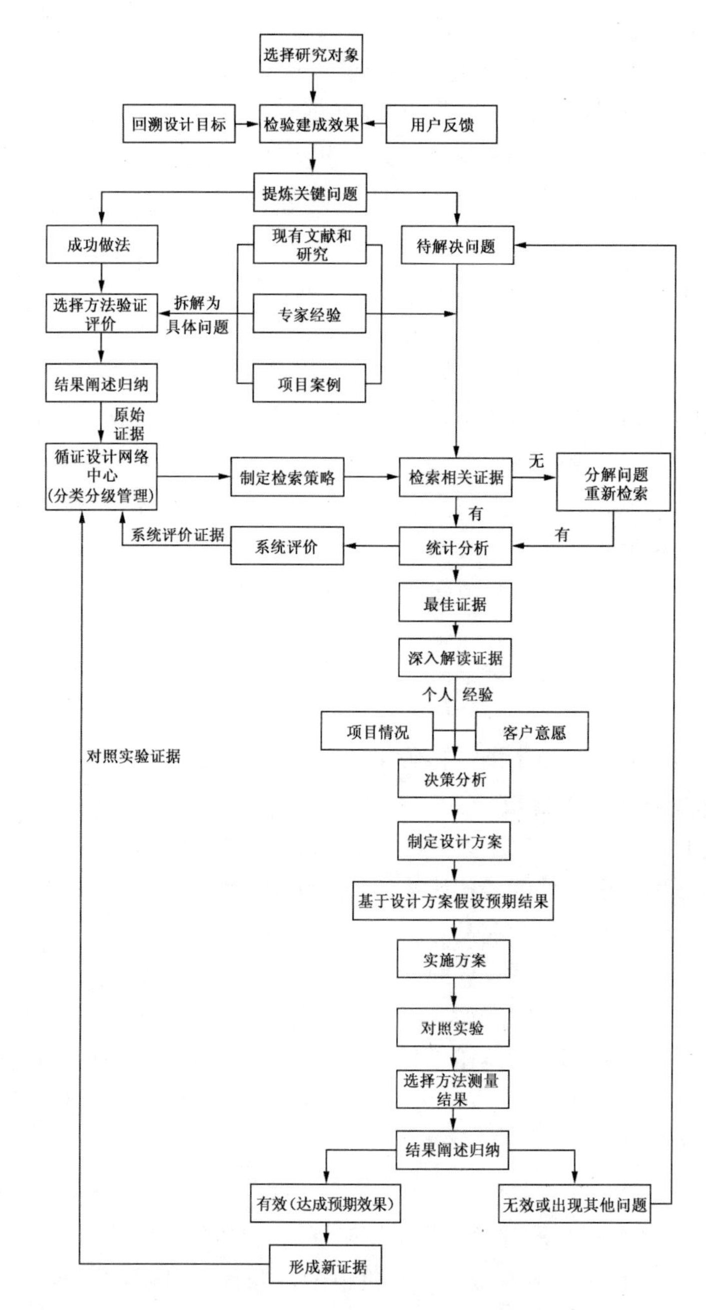

图5-1　循证设计的完整实施模式示意图

的解决措施、预期结果等，选择适当手段，进行实际检验；同时结合建筑用户及管理人员的评价反馈，总结建筑实际取得的成功效果及存在的显著问题。

（5）对查阅、访谈、调查及测量的所有结果逐项进行评价分析，从中确立一些关键的、对未来具有指导价值的具体问题。问题分为两大类：①已成功解决的问题，检验其有效性，然后以问题为线索，按照“问题—背景—原因—措施—目标—结果”的结构加以组织，形成完整的原始证据，纳入数据库；②对于未解决的问题，继续遵循以下“用证”过程，为其寻找解决办法。

2. 使用最佳证据指导实践决策（用证）

（1）明确需要解决的关键问题，并将其转化为可研究的问题。

（2）从问题中提取需求特征，制定相应的检索策略，全面地搜集相关证据。（如果检索结果不满足要求，则需要对设计问题进行继续分解，然后重复检索。如果仍然不存在符合要求的证据，就可以认为所研究的设计问题是一个尚未被研究和思考的新问题。在这种情况下，便需要开展专门研究，从而形成新证据。）

（3）综合运用定性与定量的科学方法，对检索到的相关证据进行来源等级、真实性、重要性、相关性评估和统计分析，以从中获得“最佳证据”。

（4）深入理解设计证据，运用批判性思维对其进行解读，并对其在特定项目中的意义做出分析判断。

（5）基于对最佳证据的分析结果，并结合设计者的个人经验、业主的目标和愿望，以及项目的具体情况，形成设计概念。

（6）基于设计概念假设预期结果，并明确地加以记录，以便于日后评价检验。

（7）实施决策方案，并在项目建成后，选择一项或多项测量方法对假设进行检验，以确定其是否实现。

（8）对评价结果进行总结，将经考证的成功结果作为新证据，纳入证据库，并按照一定的规则及时修改和更新证据库；失败结果作为新问题，进入下一循环过程。

3. 高级别证据的创造及应用

为了提高证据的可靠性，还需要对原始证据进行进一步处理，从而升级为更高级别的证据，以更好地指导设计实践。证据升级的一种方式是应用原始证据开展对照实验：从已收集的大量原始证据中选择典型的、具有可操作性的证据；将选定证据实施到对照实验的示范项目中；然后选定对照组观测模式与数据分析技术；对改造后的实验组与未改造的对照组开展一定时间期限的对照实验；追踪反馈采集数据，形成对照实验证据。

另一种提高证据级别的方式是对现有证据进行系统评价，得出综合可靠结论，成为更加科学的高级证据。系统评价（Systematic Review，SR）就是全面收集所有可靠的原始研究逐个进行严格评价，联合所有研究结果进行综合分析和判断（包括定性分析和定量分析），以得出尽可能减少偏倚的、接近真实的可靠结论，从而成为严谨的系统评价证据。

本章小结

本章以循证医学的相关机制作为参照，探讨了循证设计的发展目标及其完整模式。需要指出的是，在具体的实施过程中，并非要求每一次实践都包含整个模式中的所有环节，而是可以根据实际需求，选取相应片段，并且，各环节的实施顺序也并非严格限定，在实际应用中往往是循环往复、相互交叉结合的。实际上，仅仅针对建成项目从已有研究成果和设计实践中提炼和积累原始证据的“创证”过程，就足以开展许多年的基础研究。

第 4 篇　循证设计网络中心

循证设计的实施，最根本地，依赖于大量可供查询检索的证据。经由循证网络系统地积累和传播设计证据，是循证设计发展和普及的关键，也是实现循证设计的一系列长远效应的基本前提。在当前的信息时代，信息资源和网络技术的高速发展，已为循证设计网络的建构提供了前所未有的技术条件和基础准备。

显然，在循证设计的理论体系和实施方法确立之后，最为迫切的就是建立循证设计网络的系统平台及其相应的信息组织及使用原则，针对证据的收集、分类、存储、检索、评估、制度等各环节建立规范的标准，由此实现对大量证据的系统化整合与应用。然而，循证设计目前已有的研究成果，无论国内、外均停留在"理论研究"和"非系统性的零散实践"的程度，对于循证设计的"系统性操作方法"和"网络化建设"尚缺乏研究，因此，挑战与机遇并存。

正如王一平（2012：57）先生所说："当代的建筑学研究，在信息资源广泛存在的背景下，设计和研究不是从零开始，尤其不是'基于感觉的'的粗放型工作，而是要全景地预见问题的基本框架，采用最新或最可靠的研究依据和方法，证实或证伪研究假设，使学术研究和空间设计成为一种类似于产品的定向开发的研制过程，有利于学科的形成和发展。这已经是循证设计的基本思想。"

实际上，循证设计之于建筑学的全面改造，绝不能依赖于简单地研究几个案例，而是需要对整个系统进行优化。应当首先突破现行框架的制约，建立先导性的理论，然后再进行实际验证。基本出发点应是：将被动的情境通过主动的预设去实现，首先有一个预设的目的，再基于判断和预测去选择合适的做法，形成完备的研究框架，从而确保在实践之前大量的基本问题就已被解决。然后在实施应用过程中反复试错，随之加以调整和修正，最终确立一套合理可行的系统模式，在行业内建立机制，并编制相应软件，加以推广。

本研究对于循证设计研究的最大推进正体现为这样一种系统探索：立足于我国国情和建筑行业现实，通过广泛借鉴循证医学中心、制造业的产品设计知识管理系统、国内外各种相关标准、社会学与统计学的研究方法等不同层面的成熟机制，首次尝试对"循证设计网络中心"建构进行系统性探究。由现实的需求与条件出发，预设一套具有可行性的操作方式，初步搭建起循证设计网络中心的基础架构，随后通过下一步循证实践对其进行检验和修正，从而最终为循证设计在整个建筑领域的推广以及相关政策和标准的制定提供基础和依据。

具体而言，本研究所尝试建立的"循证设计网络中心"，是一个集中处理证据的系统支持平台，基于一套为业界普遍接受和认可的统一性的信息处理、存储和交换标准，将不同层面的证据整合存入结构化的数据库，并建立相应的操作规则，以实现证据的添加、共享、交换、检索、应用、更新等基本功能。同时，建立结构化的证据目录，以方便管理，并保证用户能够方便、快速、准确地查询检索到所需的证据信息，实现资源的开放共享和高效利用。而且，基于网络的虚拟性、即时性和可视化，循证中心更将突破以往单向的、静态的信息组织模式，而具有双向、动态的交互特性，从而支持实时的互动与协同。

与传统数据库相比，循证网络的应用性质是其最重要特征，其根本目标是基于一个完善的信息应用平台，以支持高效的设计决策。因此，循证设计网络中心的证据资源不是信息的简单堆积和罗列，而是应该具有以下几个特点：研究的严谨性与实践的现实性相统一；设计过程与最终效果和使用相关联；设计知识的系统性与项目背景的独特性相结合。以此保证证据有效地服务于实践，着力提高循证者的应用能力。

由于信息的存在形式直接决定着数据库的性质及其应用价值，所以基于上述特点所建立的循证证据系统，在信息的组织方式上必然需要采取不同的策略：传统的建筑信息系统及模型，往往是以建筑项目为对象和单位构建数据库；而对于循证设计来说，直接的项目信息并不能成为有效证据，其所有证据都必须依照严格的统一标准进行收集、提炼、检验和制作。因此，作为一种直接支持设计的信息平台，本研究所建构的循证设计网络中心，建议以具体而完整的独立证据为对象和单位构建数据库，从而使得数据结构简明、清晰、准确、高效。在操作过程中，对项目的核心信息进行提炼，并通过规范化的形式加以表达，然后以统一的标准进行分类和存储，不仅可以减少数据存储的难度，而且可以大大提高证据被有效检索和使用的效率。这一原则正是循证设计网络中心与企业综合信息系统、BIM信息系统等传统数据库的根本区别所在。但是，循证设计网络中心的建立并不是要取代传统数据库，传统数据库作为基础，可用于为证据的生产提供基本信息和背景支持。最终，所有的数据库，集成为中央数据库，从而使得各种层面的信息交叉关联，形成“大数据”的开放网络格局。

循证设计网络中心的建设是一项复杂的系统工程，其中涉及建筑设计、计算机网络技术、数据库管理技术、系统工程、人工智能技术、多媒体技术、统计分析技术、决策支持系统等多学科的专业技术。由于建筑专业人员不懂如何建设数据库，而信息专业人员又不了解建筑专业的特点，无法判断哪些信息有价值，建立哪些主题，什么形式最有利于应用，如何将其与设计模式相结合等核心内容，因此，需要多方共同协作开发，在反复协调和改进的过程中使之不断优化。

本篇对于“循证设计网络中心”的研究，主要是从建筑专业的证据需求角度入手，围绕“证据”生产与使用的全生命周期展开初步的系统探讨，主要包含6个方面的内容：证据的收集与制作，证据的表达与存储，证据的检索和应用，证据的评价与决策，证据的研究与升级，以及系统的运行与推广机制。目的在于初步建立结构化的证据支持系统，从而为循证设计向实践层面的推进做好准备，同时也为该研究领域的进一步发展提供基础条件。

第6章　证据的收集与制作

证据及其质量是成功实施循证设计的根本保证。而当前建筑领域并不存在现成的可靠证据。因为，一方面，尽管当前设计单位已储存了大量的各种形式的建筑信息（比如CAD图形文件、PDF文本、各种数字及实体模型、Word文档、各种图表等），但是受其存在形式及组织与管理方式的限制，不能被灵活检索和应用；而且大部分信息未经检验，无法落实其有效性。因此，现有项目信息并不能直接成为循证设计的有效“证据”。

另一方面，对设计有价值的信息又不仅限于传统的图纸、模型等有形资料。众所周知，知识从其形式化程度上，有显性知识和隐性知识之分。所谓显性知识，就是能够以文本、图像、表格或模型等形式表述，可以明确传达的规范化知识。隐性知识则是一些是尚未被语言、文字或者其他形式表述、难以形式化，无法与他人共享的知识，比如深植于个人内心认知层面的知识（如价值观、思维方式等），或者个人经过长期积累而拥有的经验性知识（如个人经验、技巧、心得体会等），以及在互动过程中产生的知识（如需求反馈、组织方式等）。对循证设计而言，可作为设计证据的有效知识是隐性知识和显性知识的统一体，是包含了设计思维、设计经验、设计方法、设计过程及设计结果等所有有价值信息的总和，因此，现有信息又无法完全囊括循证设计的“证据”。

由此可见，循证设计的证据积累绝不能仅仅依赖于项目的已有信息。作为循证设计研究必不可少的基础工作，首先是直接面向建成项目开展实践研究，以广泛地积累第一手证据。这一过程不仅包括对显性知识的提炼和综合，也包括对隐性知识的外在化表达。实际上，循证设计的证据存在很大程度的隐性知识，因为，即便是基于现有信息的知识积累，也需要一个判断、提取、归纳和检验的过程。

与常规意义上的项目信息不同，循证设计的证据是直接面向应用的、经过综合和提炼的知识，因此，现有项目信息在进入循证中心之前，必须经过加工、集成与检验。具体来说，就是对现有项目的文档资料、相关人员的实际经验、建成效果、用户需求与反馈等信息，进行总结、分析和提取，对其中有价值的知识进行拆解和提炼，使之成为一个个独立、完整的具体问题及解决方案，然后经过实际检验，便可成为循证设计的原始证据。原始证据的制作和积累正是建立循证设计网络中心最关键的一步。通过对第一手实践证据的不断挖掘和积累，经过若干年时间，足以形成一套具有说服力的、切实有效的循证设计证据集合，必将对整个实践领域带来实质性影响。

与循证设计原始证据生产相关的关键问题包括：①提取证据的原则；②证据的信息来源；③信息收集方法；④调查工具设计；⑤证据制作方法；⑥证据的选择标准及样本。

6.1　证据的提取原则

基于循证设计的核心思想和应用目标，证据的提取应包括以下基本原则：

1. 实践性

证据必须经过实践检验。初始信息无论是来自研究成果还是实践项目，都需要经过专业人员的实际经验、建成效果、测量结果或者用户使用的检验，如此才能确保其对未来设计发挥有效的指导价值。

2. 明确性

证据的提取需要基于明确的问题。不论是成功的经验还是失败的教训，所处理的问题不仅应该是可知的、明确的，而且是可衡量的。抓住问题的核心，清晰理性地解释其然和其所以然，即“什么问题”的“什么证据”。

3. 微观性

从微观层面入手，拆解、提炼出有限的和具体的关键问题进行研究，不仅能够减少调查研究的难度，而且可以将问题研究得更透彻。从而使得获取的证据更有针对性。同时，拆解的目的也是为了日后能够方便地整合运用。

4. 客观性

由于每个具体的建筑总是由其自身的特殊处境所决定，所以证据的提取和使用都不能太过抽象和孤立，必须探究其在特定语境中的意义，也即要放在既定的现实背景中去考察，需要准确描述问题和证据的实际条件。

6.2　证据的信息来源

用于生成原始证据的可靠信息从哪里获得？建筑学的相关信息广泛存在于各种媒介中：规范、图集、学术文献、项目相关模型及图纸资料、材料和设备样本、专业图书、杂志、专业网站、公共数据库、政府和企业信息平台等等，也就是说，可以从中提出设计证据的信息资源的范围近乎无限。但是，基于循证设计的核心价值观，本研究的目的，并非为了追求全面广泛，而是集中关注重点，因此尽量简化问题，只选取具有普遍性和实际可操作性的途径加以探究。概括来说，主要分为两大类：①从已有研究成果的结论中提取信息并加以验证，比如图书、学术文献、专业网站上对于某些建成项目效果及经验的评价介绍；②通过直接对建成项目开展使用后评价，或者就某类问题向有经验的专业人士请教，从而获得第一手证据。在更多情况下，往往需要二者结合，从前者寻找线索，然后通过后者进行检验；或者首先由后者入手开展评价，然后将获得的问题借助现有资料进行比较和判断。实际上，仅这两类问题的研究就足以花费很多年时间。

由于信息的来源范围和涉及内容非常广泛，因此，在信息收集的过程中，最好能在一个或有限的几个明确的主旨统领下系统展开。比如，以某个项目为线索，围绕该项目，对所有相关资料进行梳理，对各相关方进行调查，考察整个设计、建造及运行过程中所遇到的问题和解决措施；或者以某一类问题为线索，搜集各种项目对这类问题的不同的解决方案；或者以某个工项为线索，发现该领域的一些常见的主要问题及经验等等，然后将所有问题汇总、归纳和分类总结。接下来重要的一步是需要通过实地考察和问卷调查反馈实际效果，逐个检验落实这些经验是否有效，问题是不是真问题。最终，选择有价值的信息，按照统一标准，制作成具体证据，纳入数据库。

对于制作证据有价值的信息可能包含以下内容：①技术型知识，如设计案例（包含成功和失败案例）、建筑相关图纸、建筑模型、设计经验、模拟实验、设计概念及原理、问题及解决措施、技术、技巧及工艺；②公共型知识，如法律法规、相关标准和规范等；③管理型知识，如设计过程中的组织及管理方式等；④市场型知识，如用户反馈信息、市场需求及销售信息、部品部件信息等等。总之，判断的基本标准，就是该信息是否能用于有效地指导未来项目。

6.2.1 充分利用已有信息

从现有成果中提取证据的方法是：选定研究主题；从广泛的途径收集相关的资料（比如对建成项目的使用后评价，各类获奖作品的介绍和点评）；对获得的源信息进行拆解，从中提炼有价值的信息，形成独立问题及解决方案；选择适当的措施（实地考察和测量、客户回访、问卷调查等）进行实际检验，以判断问题是否有价值，解决方法是否有效；将符合条件的问题及措施，按照统一标准制作为原始证据。

6.2.1.1 信息检索途径

为了查找到可靠的研究成果，需要借助各种专业信息媒介，除了传统的图书、杂志之外，还可以从以下来源获取资料：项目资料、建筑标准及规范条例、历史文献/档案材料、企业出版物、研究性文献、专业出版物、政府文件、生产商资料等。信息时代，更可以方便地利用各种网络资源，比如专业数据库、建筑专业网站以及互联网，查询到大量的专业信息。简单列举如下：

1. 设计企业、建设部门及档案馆的项目资料

随着实践项目的快速开展，设计企业、政府相关建设部门及设计者个人已经储存了大量的建筑信息，包括项目的可行性报告、任务书、项目方案、初步设计、施工图、竣工图等全套技术图纸和文件、BIM 以及其他各种形式的模型、变更及会议记录、建筑实景照片、各种设计图集、材料和设备样本等，这些资料中蕴含着丰富的信息，需要谨慎地分析和提炼，并进行规范管理。

2. 专业数据库与数字图书馆

随着科技水平的飞速进步，信息资源的发展已进入数字时代。数字图书馆和公共数据库以数字化和网络化的信息平台，建立起超大规模并可扩展的海量知识库，从根本上改变了互联网信息资源的分散和无序状态，使得人们能够快速、高效和便捷地获得高质量的学术研究成果及其他专业信息，从而大大提高了信息的传播效率和应用价值。主要的数据库与数字图书馆如：中国知网、万方数据资源系统、维普资讯网（中文科技期刊数据库）、超星数字图书馆、PQDT、Web of Science 等。

3. 建筑专业网站

近年来，随着网络技术的发展，各类建筑网站和知识论坛迅速兴起与发展，为建筑行业各类工程技术人才提供了一个获取资讯、交流经验的平台。较有影响力的建筑网站如筑龙网、建筑中国网、Archdaily、Dezeen、Gooood、Designboom 等，此外，还有各种五花八门的建筑微信公众号，面向建设领域专业人群提供国内外最新的行业热点资讯、建筑案例展示、建筑视频、图纸资料、施工技术、产品、材料样本等专业信息。

4. 建筑专业论坛

论坛与网站的不同之处在于它的交互性。专业人员在工作中遇到的各类问题，或者对某类主题比较关注，都可以在论坛上咨询、交流和分享，由此获得一些有价值的经验、有效的解决办法，达成某些共识，或者通过深入探讨，发掘一些有前景的研究课题。从而加强学术交流的习惯和氛围，促进专业的进步和发展，如 ABBS 建筑论坛、筑龙网等。

5. 政府网站和行业网站

政府和行业相关部门的网站上，会有各类行业动态、政策法规、行业标准等信息；行业协会网站上有一些优秀的实践项目信息，以及各类建筑设计评奖及展览活动；学会则侧重开展学术交流活动，传播学术思想，推广先进技术，如建设部和各地方建筑主管部门、中国勘察设计协会、中国建筑学会等网站。

6. 科研院校和企业网站

建筑设计企业、科研机构、高等院校等单位分别承担着建筑工程项目的设计生产、研发、学术研究等工作。这些单位的网站，包含基本的企业介绍、管理标准、作品成果、科技成果、各类活动、获奖情况，以及大量的同行资讯。比较有影响力的如：中国建筑科学研究院、中国建筑设计研究院、上海现代建筑设计（集团）有限公司、奥雅纳工程顾问公司、SOM 设计事务所等。此外，很多传统的专业媒体杂志也已纷纷建立自己的门户网站。

7. 挖掘互联网信息

有些信息可能并未被纳入专业信息平台，因此还可以使用搜索引擎深入挖掘互联网信息。除了使用百度、Google 进行简单搜索以外，还可以使用 Google 学术搜索，其搜索范围主要是已发表的学术论文。也可以使用互联网搜索各大图书馆的目录，以及各类大型购书网站等。

6.2.1.2　信息检索方法

一些有价值的信息可能并不流于表面，因此，为了获得更多更可靠的现有研究成果，还需要通过一些专业方法，严格而深入地挖掘数据库和互联网信息。在此列举几项特殊的检索策略：

1. 文献检索

“成功获取信息的关键在于以可检索的方式定义主题。通常是首先使用描述研究要素的关键词进行搜索，然后替换关键词，以便发现有关该问题的不同视角。需要留意该主题发表文章最多的作者，以及最经常被其他文章提到的作者，随时准备循着文献线索从一篇文章找到参考文献所涉及的其他文章。通过仔细阅读可能会提示出其他的关键词，在其引导下，重新回到检索目录或搜索引擎进行检索。”“最好的信息来源总是原始信息或一次文献，因为可以保留作者原意。另外需要强调的是，一旦搜集到信息，就必须注明来源，所以一定要形成记录引用页码以及信息的完整出处的习惯，注明来源的文献综述可以体现出对一个主题的思考演变过程”（Hamilton，2009：224）。

2. 数据挖掘与知识发现

知识发现（Knowledge Discovery in Database，KDD）简单来说就是从数据中发现有用知识的过程，Fayyad 等给出的定义是：KDD 是从目标数据中识别出有效的、新颖的、潜在有用的，以及最终可以理解的模式的非平凡过程（敬石开，2014）。KDD 最初主要用于在数据库中获取知识，但随着研究的不断深入，逐步扩大到文本、超文本、图像等其他类型的数据集。整个 KDD 过程大致可以分为：数据准备、数据挖掘、知识评估与表达。

数据挖掘（Data Mining）阶段是 KDD 过程的核心，数据挖掘任务包括总结、描述、分类、关联等。"'数据挖掘'之引起信息产业界的极大关注，其主要原因是，已现存大量数据，可以广泛使用，并且迫切需要将这些数据转换成有用的信息和知识。"此外，还有基于非相关文献的知识发现，"该方法产生的背景源于'知识裂化的加剧导致文献中隐含的关系不易被发觉；某专业领域的信息可能对其他专业领域有价值；而这一事实却无人知晓'等事实。'基于文献的知识发现'方法已开发出数字工具"（王一平，2012：122、123）。

6.2.2　案例研究

每个建成项目都蕴含着大量的宝贵经验。实际上，案例研究，不仅可以作为证据的信息来源，甚至应当作为"建筑学的基本方法、学科的基本组成、建筑学教育的主要形态"（王一平，2012：107）。

随着建设项目的大量进行，中国有非常好的机会结合建成项目，系统性开展实践案例研究和分析，不断地学习和分享最佳的实践经验，并逐步建立起一系列针对特定问题的设计策略或关键指标。下面主要介绍两种用于提取证据的案例研究方法。

6.2.2.1　使用后评价（POE）

对建成项目的使用后评价结论是设计证据的一个极为重要的信息来源。然而，"对大多数从业者来说，对建成项目进行测量是项新工作。目前建筑领域尚没有真正有效的使用后评价，许多以评价的名义进行的仅仅是肤浅的观察，并没有返回设计假设进行对照，也没有仔细地对结果进行测量，至于由独立的第三方进行的评价则更为罕见"（Hamilton，2009：34）。由循证设计开始，需要采取经过严格设计的有效方法，对建成项目开展评价检验，以从中收集和提取有价值的信息，制作设计证据。

为生产证据的使用后评价，可以看作是"循证设计"模式的回溯和延伸。如果说在循证设计的"用证"过程中是"记录预期目标 + 检验实际结果"。那么，对建成项目的使用后评价则变成"回溯预期目标 + 检验实际结果"，也即首先表现为一个实践性的"创证"过程。而在循证设计的起始阶段，这种模式应作为主要工作，从而逐步为循证设计积累扎实的基础资源。

实际上，设计师们早已习惯于对设计概念做出随意的和非正式的预测，比如，在屋顶设置一个天窗，可以使顶层获得良好的自然采光，从而营造出积极的空间氛围。比如，在园区的几个建筑之间增加连廊，可以提供交流的机会，从而增进人们的交往。但这些想法往往只是出现在设计师自己的头脑中，很少会正式加以记录，更难以形成完整的机制，在项目建成后对其进行明确地检验和总结分享。

使用后评价，作为循证设计的"创证"过程，就是希望通过调查采访，重新再现和详细记录一些重要的设计概念及其相关的假设，然后通过对建成环境的测量或者用户的反馈进行检验，以确定预期结果是否实现。对于其中有价值的成功做法，按照规范化的格式制作成为证据，然后纳入数据库进行存储和共享，以供未来项目方便地查找和借鉴；失败的做法，也记录下来，作为教训与警示，在未来加以避免，并积极寻找可靠的解决办法。

为"循证设计"的使用后评价操作过程：

1. 制定评价计划

在进行项目评价之前，必须就评价目的、评价范围、评价对象、评价内容、评价方法和评价步骤等进行分析和设计，以确保评价的顺利实施以及结果的可信性。具体包括：确定当前所要评价的对象，确认建筑物的使用者群体，选择参与者，确定可供参考的资料，选定适当的评价方法，制定时间表与计划表，设计调查工具，发送调查申请函等等。

2. 明确评价内容

为"循证设计"的使用后评价，需要确立明确的目标并拆解为具体的问题。根据评价对象的特点建立相应指标集。与以往的使用后评价不同，为"循证设计"的使用后评价模式，强调其针对性和有效性。因此，不能再以单个建筑的全面评价为目标，不能求全，不加总分，而是应该拆解为具体的问题，分项分析，只提炼最核心的，最具有可操作性和推广意义的部分，建立核心指标体系，从而可以更细致、更深入地进行分析、验证、归纳，如此才能确保其对未来项目更具现实指导意义。

3. 选择方法实施评价

根据评价的对象和目标，选择相应的方法实施评价和信息收集：①文献资料收集与分析；②现场踏勘与测量；③问卷调查与访谈；④行为观察，包括结构化观察和非结构化观察；⑤视频影像分析；⑥认知地图与使用方式记录；⑦变更设计与改变空间使用功能的记录；⑧利用图片、模型或虚拟仿真技术来进行主观优选实验；⑨实验；等等。（详见"信息收集方法"）

4. 评估总结

在查阅资料以及调查研究的过程中，应该有专门的表格用来对其各方面的有价值信息随时加以记录。然后将建筑设计预期的效果与实际的评价结果进行比较，并采用适当的方法加以分析统计。对检验的结论加以筛选，从中挑选值得借鉴和推广的成功做法，进行严格编制，制作成证据；同时拣选出亟待解决的问题，通过"循证"找到解决办法，进而作为新证据。最终，将获得的证据按照严格的统一标准和格式，纳入循证设计网络中心，实现证据的系统化存储、管理和使用。

6.2.2.2　失败案例知识化[①]

季征宇先生在《建筑工程设计中的知识管理》中介绍了"失败案例知识化"的知识管理方法，在一定程度上，已经类似于循证设计的证据收集过程。而日本工程界建立的"失败知识数据库"，在某种意义上，也已接近于循证设计证据库。

在建筑工程设计中，失败与成功的可能性总是并存的。人们关注成功，但失败往往不期而至。人们乐于总结和宣传成功的经验，而对待失败尽管也会加以关注和总结，但失败经验往往不易得到传播。人们通常对失败事故进行的分析、鉴定、总结，国内外都做了大量的工作，但这些工作多数是在技术层面上就事故论事故的研究。没有将各个不同技术科学领域研究所得的失败知识进行综合，上升到基础科学的层面，把失败教训知识化、系统化、社会共有化，用失败的理论知识去规避失败，成为持续改进的动力，指导获取成功。

① 本节来源：季征宇，2008：87～94。

对失败进行全方位的研究，发挥失败的价值，是知识管理的重要组成部分，对建筑设计中的风险管理，也有着很强的指导作用。

失败知识化就是把失败事件中个人或组织的隐性知识化为显性知识，也就是把已经发生了的失败归纳为自己和他人日后可以利用的知识。这是正确传达失败信息所不可缺少的。经历一次失败后要从中反省，并把得出的经验教训运用于防止未来再次可能出现的失败，或者把它变成创造的种子。

失败知识化过程包括记述事态背景、经过、原因、处理、总结，在此基础上知识化并传达知识。平时我们眼见的事实，全都是结果，事件发生的过程和来龙去脉是看不见的。知识化就是通过分析失败事件的经验教训，得出防范措施，以防止同类事件的发生。只有知识化以后，失败的经验教训才能为人所用。

知识化的表示过程应该符合人的逻辑习惯，可以把已经记录下来的失败信息依照时间和事件阶段的推进顺序，采用‘原因—行为—结果’的逻辑模式，进行归纳与演绎，把具体的失败教训上升为抽象、一般化的失败知识。建立失败知识库是传播失败知识的有效途径，失败数据库的建立过程中，数据表的设计是最基本、最关键的环节。

日本学者于2000年首先提出‘失败学’的想法。日本工程界对‘失败学’很重视，组织成立了各类研究会，建立了各类失败数据库。日本科学与技术协会失败知识库网站主页，该网站收集了机械、化工、石油、石化、施工、电子、发电、原子能、航天、汽车、铁路、航运、金属、食物、自然灾害等16个领域的近600个实例。该知识库的数据结构见表6-1。该知识库从如何确保成功出发去研究、制定措施和控制标准，从揭示潜藏于事物中的不协调因素出发，研究导致失败发生的路径、风险源，从而提出避免失败的方法。

失败知识数据库不仅要实现案例的增加，还应该保持已有知识的不断更新，要用新的观念去理解，用新的标准去衡量，不断地挖掘出新的内涵。已有知识的更新可以基于PD-CA循环实现知识创新。

6.2.3 请教经验

实践经验对于问题的解决非常重要，但经验的形成却非常不易，因而最好、最快的办法就是从有经验的专业人员那里获得。我国在经历了大规模的建设后，无论是建设方，设计方，还是使用方均积累了大量成功和失败的经验教训。这些尚没有用文字描述的经验性知识恰恰可以成为最有效的设计证据。但是由于它们是属于个人独有的隐性知识，除了日益转化为主体自身的意识和感觉之外，无法共享和传递，必须有意识地加以总结和明确表述才能成为专业共识。因此，就具体的问题，向各类专业人士请教，也就成为获取循证证据的一个重要途径。通过请教，从中提炼有价值的知识，制作成为证据，从而实现隐性知识的社会化（知识以分享经验的方式获得传递）和外在化（将隐性知识清楚地表达出来，使之转化为显性知识）。

1. 请教专家

首先需要找到该研究主题领域的专家，然后进行多方咨询，对其加以比较，看看他们的信息或建议是否一致，然后加以总结。用Hamilton（2009）的话说："如果能够对某个问题进行全面的搜索和持续地关注，你终将成为该领域的专家。"

失败知识数据表结构设计（季征宇，2008：94） 表6-1

项目	序号	字段名	项目	序号	字段名
标题	1	案例名称	补充	16	访谈记录
	2	典型图例、照片		17	加入知识库理由
摘要	3	发生日期		18	主脉络
	4	发生地点		19	次脉络
	5	发生场所		20	补充词组
	6	案例概述	来源	21	信息来源
详情	7	现象	损失	22	死亡人数
	8	经过		23	受伤人数
	9	原因		24	物资损失
	10	当时措施		25	直接损失
	11	对策		26	经济损失
	12	知识化评价		27	社会影响
	13	背景	其他	28	多媒体资料
	14	当事人总结		29	特定细节
	15	相关事件		30	分类、领域
				31	录入者

2. 向实践者馈集设计经验

一线的实践者在日常的设计和研究中从事着大量的有关设计和建造的工作，每个专业人士都在自己的领域中积累着自己的专业经验，很多做法已经获得反复的印证和检验，因此，就一些非常具体的专业问题向他们请教，可以获得非常有价值的信息。

同时作为实践者个人，在循证设计思想的引导下，应该有意识地形成从自己工作中积累证据的习惯。每个设计专业人员都应仔细分析自己的项目成果，及时梳理总结个人的实践经验和心得体会，逐渐建立起高效的证据库，用于从中检索设计依据。与传统对项目的简单归档不同，一个强大的个人证据库，必须能够确保从众多的信息中快速方便地检索到相应知识。

3. 客户及其他参与方提供的信息

由于项目是面向客户的，显而易见，客户的信息和数据对于项目的成功至关重要，他们可以提供大量有关其业务运作方式，以及建筑使用或者市场需求的信息。其他参与方，如建造商、材料商、产品设备供应商等等，都是其各自领域的专家，他们的经验和建议都是重要的证据信息来源。

4. 用户及管理者

建筑的最终目的是为了更好地满足使用，建成项目的使用者及管理者具有最真实的体验和感受。因此，通过向同类或相似建成项目的使用者及管理者请教，可以了解此类用户的真实愿望和需求、项目的成功经验与不足，以及常见的问题和解决办法，这些信息对于同类项目的开发或同类问题的解决，将有莫大的帮助，足以成为最直接和最有效的证据资源。

6.2.4　反求工程

除前面几种比较常规的信息来源之外，借助先进的信息数字化手段，还可以进行一些更加有趣的探索，比如，反求工程。

“反求工程（Reverse Engineering，RE），也称为逆向工程、反向工程，是指用一定的测量手段对实物或者模型进行测量，根据测量数据并通过三维几何建模方法，重构实物的CAD的数字模型，并在此基础之上进行产品的设计开发及生产的全过程。由形态反求出的产品能够工作时，前提仍是形态及其系统中固化了某种机能或机制。”

“反求工程类似于反向推理，属于逆向思维体系，以社会方法学为指导，以现代设计理论、方法和技术为基础，运用各种专业人员的工程设计经验、知识以及创新思维，对既有的产品进行解剖和分析、重构和再创造。在工程设计领域，反求工程也具有独特的内涵，是‘对设计的设计’，所谓‘再创造是反求的灵魂’。”

“绿色建筑意义下的建筑物的反求工程，最终是对形态系统的机能研究，实际上，现代飞行器对飞鸟的反求，不是形态的，而是内在的空气动力学原理的。建筑学的反求工程，无论对于建筑物成例或者自然现象，不能仅停留于‘形态模拟’，重要的是发现形式所固化的‘机能’目的，使建筑仿生学是真正的仿生而不只是仿形”（王一平，2012：126）。

如此一来，在“反求”思想的指导下，绿色建筑的研究也找到了一种可靠而明确的发展方向：向自然生态系统学习。

6.3　信息收集方法

对信息的研究方式主要分为两大类：定性和定量。定性研究就是对研究对象进行“质”的分析，具体地说，就是运用归纳和演绎、分析与综合以及抽象与概括等方法，对获得的各种材料进行思维加工，从而能去粗取精，去伪存真，由此及彼，由表及里，认识事物本质，揭示内在规律。定量研究则可以使人们对研究对象的认识进一步精确化，以便更加科学地揭示规律，把握本质，理清关系，预测事物的发展趋势。举例来说，一项对于建筑空间的研究，定性方法有助于了解空间使用者的类型、特征及其相应的活动类型；通过定量分析，则可以判断该空间的使用者数量以及空间的尺寸。本节将介绍包含这两大类别的各种数据收集方法。

6.3.1　文献研究法

文献研究法是根据一定的研究目的或课题，在全面搜集有关文献资料的基础上，经过归纳整理、分析鉴别，从而全面地、正确地了解掌握所要研究问题的一种方法。其作用包括：了解该问题的历史和现状，帮助确定研究课题；了解事物的全貌，形成关于研究对象的一般印象；为当前的研究提供基础或条件；获得当前问题的比较资料；等等。

6.3.2　文档资料收集与分析

文档资料分析法是一项经济且有效的信息收集方法，它通过对与工作相关的现有文献进行系统性的分析来获取信息。信息来源包括内部信息和外部信息：内部信息一般来说需要收集项目的相关资料包括BIM模型、一整套方案或施工技术文件、图纸和文本、维修记录及变更情况，以及能耗记录等资料；外部信息则包括规范标准、客户信息、供应商信息、相关设备、产品信息等。

6.3.3　现场踏勘与测量

现场踏勘的目的是了解建筑及其环境的实际情况。在考察过程中，必须对空间及空间中的所有对象进行认真观察和物理测量，从而明确现有状况，检验项目的实现效果和使用情况，发现其中的问题和不足，了解需要调整和改进的内容，初步判断项目成功或失败之处及其原因。这些信息对于后续的调查计划及具体的问卷调查和访谈问题提供了重要信息。调查过程中要特别谨慎，现场调查中发现任何问题或差异都必须通过系统文档详细加以记录。

6.3.4　调查问卷

调查问卷是一种开展大规模调查的有效信息收集工具，由此可以获得相关用户的需求信息。调查问卷的问题有两种类型：封闭性问题和开放性问题。封闭性问题通常规定了一组可供选择的答案和固定的回答格式；开放性问题则可以让被调查者充分地表达自己的看法和理由，二者各有利弊，因此最好采用由封闭式问题和开放式问题组成的混合式问卷。证据信息收集过程可采用基本的调查问卷，也可以采用专门的回访问卷，也即为检查实际效果而设计的一种监督形式问卷。问卷设计好以后，可以采用面访、电话、电子邮件、邮寄、现场发放等方法进行调查。

6.3.5　现场访谈

调查问卷的缺点在于完全是书面的，无法进行随机调整和补充。需要配合现场采访，以获得更广阔和深入的见解。调查与采访的关键是：慎重选择代表和拟定采访问题。其影响因素包括：受访对象的恰当选择、受访者的认识水平、问题的有效性、反馈的准确性，等等。

6.3.6　行为观察

行为观察顾名思义就是通过观察建筑的相关现象及使用者的行为模式获得有价值的信息。Linda L. Nussbaumer（2009）将观察分为非结构化或结构化两大类：非结构化观察又包括随意观察（即没有预定类别的快速目测检查）、参与观察（即观察者参与其中，扮演或者成为一个使用者及环境的一部分接受观察）和痕迹观察（即观察或寻找证据的物理痕迹。痕迹观察又分为损失物痕迹和累积物痕迹）；结构化观察包括系统观察（即预先设计一个评分表来记录数据）和行为地图（即创建一个类似于平面图的地图或图纸，采用各种行为符号，对用户的行为规律加以记录）。行为观察对调查和访谈是一种很好的补充。

6.3.7　视频影像分析

视频分析就是通过使用摄影或摄像机记录现有空间（Scott-Webber，1998），以用于分析。视频材料可能是原有照片和/或由研究者拍摄。原有照片提供了存在于过去的历史数据。照片也可用于访谈过程中，协助受访者描述变化以及未来的需求（Berg，1989）。研究者还可以通过拍摄照片或视频，记录当前状态，避免重新考察项目现场（Pile，2003），而且也不会造成干扰（Berg，1989）（Linda L. Nussbaumer，2009）。

6.3.8　模拟与实验

实验是对概念（或假设）的系统测试或验证。在对照实验中，一组为实验组，另一组为对照组，对照组不接受干预，通过测试结果可以判断干预对实验组的影响。另一类实验是用于确定自变量对因变量的影响，比较特定情况下施加干预前后的效果以判断其影响。此外，还可以通过物理模型或虚拟模型对概念加以测试。

Linda L. Nussbaumer（2009：40～50）在其著作《循证设计在室内设计中的应用》（Evidence-Based Design for Interior Designers）中详细介绍了一系列“数据收集方法”，是现有文献中相对比较全面和实用的方法总结，可资研究者借鉴。

此外，结合吴硕贤（2009：7）先生在《建筑学的重要研究方向——使用后评价》中对 POE 常用技术和方法的总结，补充另外 3 种方法：

1. 认知地图与使用方式记录

“让被访者画出某建筑环境或空间的认知地图或意象图式，也是一项行为与环境心理学的调研方法，从中可以了解建筑等认知对象在使用者心目中的印象，以及使用者是如何感知所处的建筑空间环境的。还可以提供给被访者一些建筑的平面图，让被访者画出（或用文字注明）其是如何利用该空间的，也是一项辅助的调研方法。如尹朝晖在对珠三角地区住宅实施的使用后评价中，就利用此方法了解到居民如何使用住宅的许多细节和方式。她从中归纳出居民有希望设独立书房和第二主卧室的倾向；居民有希望主卧室有私密化个人休闲空间或读书空间的倾向；有自己划分出玄关的倾向；居民有喜欢在客厅设置酒吧、装饰柜或鱼缸的倾向；以及多数居民较喜欢圆形餐桌，较重视阳台的休闲功能等意向。”

2. 变更设计与改变空间使用功能的记录

“在了解使用者对建筑空间与设施的使用方式时，注意了解使用者是否及如何变更设计和改动原设计空间的使用功能等信息，具有特别重要的价值。这些行为的发生说明设计者的意图未能被实际使用者接受，二者发生差异。这些反馈信息提示设计者今后在设计类似建筑和布置同类设施时，应特别注意加以改善的地方。”

3. 利用图片或虚拟仿真技术来进行主观优选实验

“何种设计方案和建筑空间环境更为使用者所青睐？欲对此有所了解有时可利用相片、设计图案、计算机仿真乃至虚拟现实技术提供给被调查、访问的对象，供他们进行主观择优实验。通常可采用二者比较择一或多者比较排序等方法。所提供的供择优、排序的图片，或虚拟仿真场景，最好在某一参量上加以变化，而其他参量尽量保持不变，以便了解被试者对某一参量的优选意向。由于计算机仿真技术容易做到仅让单一变量变化，故特别适宜于此种主观优选或排序实验。至于所提供的图片或场景是否需要十分逼真，则应视所进行的实验目的而定。通常只要被试者能作出优选、排序判断即可。”

通常来说，一个研究项目可能同时采用以上多种信息收集方法，方法的选择取决于各方面的实际条件。应该根据调查问题的特点、性质、评价对象、研究条件等具体因素，选择适当的评价和研究方法。此外，在当下的信息时代，可以充分借助网络途径，对目标群体开展互联网调查，不仅有利于扩大范围，获取大样本的调查数据，而且可以节约时间和经济成本，同时，由于网络调查为回答者提供了足够的时间和条件进行深入思考、查询记录、询问他人，因而有利于提高结果的准确性和有效性。

需要注意的是，为了从建成项目中馈集证据所进行的调查研究，需要首先回溯设计目标、具体问题、解决方案、预期假设，然后再进行实际调查，其有效性将明显提高。另外，应该在调查过程中，通过建立结构化文档，随时对收集信息系统性地加以记录。然后，对于所收集到的信息，尤其是量化数据，尚需根据评价的目的进行相应的统计分析处理。

6.4　调查工具设计

6.4.1　制定调查计划

因为建筑项目涉及的影响因素比较复杂，所以在一项研究中，几乎不可能针对项目的所有方面进行逐一地详细调查。因而在进行调研之前，就需要根据研究的主要目的，制定严谨的调研计划，将重点聚焦在有限的范围内，以确保调研结果的深入性和可信性。同时还需要保证调研方法的科学性、数据来源的可靠性、调查工具设计的合理性、信息处理的准确性等一系列环节。在此基础上，才有可能形成最终的可靠证据。

1. 调查目的

通过对已建成项目的资料研究、实际调查和使用后评价，收集可靠的第一手资料，从中提取有价值的信息（包括项目的成功和失败之处，某些成熟的设计及施工做法，专业人员对于某项问题的经验和看法，容易出现的实际问题及其有效避免和处理的方法，用户对该建筑的使用方式是否符合设计者原意，用户对此方面的实际需求，等等），得出相应结论，用于制作循证证据。同时通过系统总结，形成一套具有普遍适应性的研究方法，以推广应用于其他项目。

2. 调查范围

为确保调查结果的有效性，必须将研究对象尽可能地具体化，在每一项研究中，应该重点且深入地考察某一类项目或某一类问题，并限定在一定的地域范围内（因为不同地区的地理环境和气候条件、设计和施工技术水平、工程常用的材料、社会文化与生活习惯等都存在差异，因而结果可能不具有普遍性），由此才能发现真正的问题，获得有价值的结论。

3. 调查内容

为收集证据开展的项目调查，应面向项目规划、设计、施工、运维全过程，从项目的宏观、中观、微观等不同层次进行综合考察。不仅需要从宏观上调查项目整体的完成和运行状态，以形成全局判断，同时，循证设计特别关注项目微观层面的具体问题，从而落实措施及结论，以利于未来应用。调查的内容因项目而异，但是无论如何，在开始正式调研之前，有必要建立起一个由具体问题构成的明确研究框架。实际上，尽管不能按照传统的方式进行笼统的全项目评价，但是积累一套经过检验的，具备可操作性的，包含常规条目的基础指标集，仍然具有指导意义。重要的是，必须根据特定项目的具体情况，进行拣选和调整，从而形成适用于该特定项目的核心指标体系，同时所建立的指标及所要求的信息不能只停留于笼统的或抽象的主观概念，而是应该有利于直接转化为具体问题的具体证据。

4. 调查对象

调查对象包括两大类。一类是具有较强的专业性、拥有很多实践经验和知识积累的专业人员，包括项目开发商、规划师、设计师、项目经理、施工监理、承包商、材料供应商，以及政府相关部门、相关专家等具有典型性、代表性以及素质较高、经验丰富的项目管理人员。因为他们是项目各阶段的主要负责人或直接参与者，比较了解具体情况。这样不仅可以提高调查效率，而且可以确保调查结果的可靠性。另一类，是循证设计尤为重视的“社会性”对象，即建筑的相关用户，包括该建筑的客户、使用者、管理人员、服务人员等。他们是建筑的实际体验者，有着更直接和深刻的体会，他们的需求是项目的最终落脚点，必须谨慎发掘。

5. 调查方法

为了准确地反映调研对象的实际状态，确保最终证据的可靠性和有效性，应采取以现场实际调查为主，以相关文献检索和工程资料查阅为辅的调查方法。综合考虑研究的具体目标、项目自身的特点、研究的实际条件，选择最适宜的研究方法组合。灵活运用现场观察、问卷调查、访谈、文献、资料、实验等多种方式，就可能取得较为满意的调研结果。

6. 调研步骤

1）资料收集与研究

在对一个项目展开调查之前，首先需要对项目的相关背景资料进行必要的收集和整理，从而对项目形成一个较全面的认识。需要收集的资料包括：项目的可行性报告、招投标文件、设计任务书、中标方案文件及初步设计文件、详细设计文件、施工图设计文件及历次变更、装修图纸、竣工图纸、会议记录、运维数据、使用后评价报告、文献评论等。

2）现状初勘

在熟悉项目背景的前提下，进行第一轮现场初勘，将相关问题通过文字、草图、拍照等方式进行记录。目的在于了解建筑及其设施和环境的使用现状与设计图纸之间的差异，是否经过了调整或改变，以及获得在设计图纸上无法得知的数据。基于总体观察与初步调查，从整体到局部，对项目的实际情况进行大致把握，初步了解项目明显的成功与失败之处，并对初勘结果进行书面总结。

3）调查设计

根据前几步工作获得的信息和认识，结合项目自身的特点，确定评价范围。然后对项目进行“解构”，将项目拆解为一系列具体的问题框架，并列举其相应目标。参照此类项目常规的基础指标集，建立一套适于该项目的特定指标体系。然后结合项目自身特点，选定相应的评价方法（如访谈、问卷调查、行为地图等），进而设计制定相关的调查文件和表格。

4）开展调查

按照制定的调查问题框架，运用选定的评价方法，展开具体调查。首先面向开发者和设计者回溯设计目标，询问开发商有关建筑项目的初始愿景、实际成效、运营情况；询问设计人员有关设计整体及细节的构想、预期目标，以及采取的具体措施，变更原因，对最终效果的看法，并就初勘发现的显著问题进行深入调查；询问施工单位现场作业遇到的问题及解决方法，以及此类工程常见问题等；询问建筑使用者和管理服务人员建筑的使用和运营状况等。调查过程中，应该引导调查对象对每个问题的成功与失败之处，作出尽可能详细的描述，同时争取获得被调查者对这一问题的看法和建议。

6.4.2　项目解构与指标建构

再一次重申，为“循证设计”的使用后评价，必须采用化整为零的方式，将项目拆解为一系列具体的独立问题，如此一来，既便于操作，又具有针对性和有效性，更加便于日后检索和使用。

陈树平（2011：38）在构建“公共建筑使用后评价模型”中强调：“公共建筑项目解构是建立公共建筑 POE 评价模型的基础，项目分解结构（Project Breakdown Structure，PBS）作为大型公共建筑项目群管理的首要工作，其重要性体现在对后续项目管理内容的指导性作用中。没有 PBS，也就没有对项目群对象的具体认识，也就无法对完成项目对象的所有工作形成层次清晰、内容明确的认识。”而按照王一平（2012：107）的观点，对评价问题的拆解，“无论功能或机能，最终表现为空间的和物质的，才可能成为‘可设计解决的’问题并形成具体的设计成果”。

因此，建成项目评价的第一步就是，按照一定的原则对工程项目进行解构，从而得出影响建筑性能的一系列空间和物质因素。最终，由于各因素都是基于一致的原则进行解构，因此可以将同类工程项目的评价信息进行横向对比，更有利于日后对相应证据的参考使用。

在综合借鉴现有文献（Wolfgang，1988；陈树平，2011；梁思思，2006；等）的 POE 评价指标体系基础之上，本研究按照建筑项目由外而内的顺序，建立如下的解构步骤和策略：第一，对项目的整体背景及外部环境进行分析和解构；第二，对建筑实体进行分析和解构，为下一步的功能分析提供实物载体；第三，对各个功能空间进行分析和解构，得出影响建筑功能和行为的因素；第四，对空间内部设施配置进行分析和解构。最终，以各阶段得出的关键因素为对象，建立起适合特定项目的评价指标和研究框架。以下将对各阶段的解构方法和内容展开详细讨论。

6.4.2.1　项目状况解构

项目状况包括项目基本信息和外部环境，对项目状况的分析和解构，旨在将各个评价因素置于项目所处的真实情境，不仅有利于做出准确的评价，更加有利于进一步地生成和使用“带处境”的证据。

（1）项目信息解构： 包括项目名称、项目类型、项目性质、建设时间、建设地点、建设阶段、建设背景、建设指标、建设成本、开发主体、设计单位、施工单位、管理单位、用户群体，等等。

（2）外部环境解构： 包括地理位置、气候条件、人群特征、资源状况、历史文脉、选址、土地利用、周边环境、公共设施、交通状况、停车场状况、流线组织、绿化环保、景观视线、造型外观、总平面设计，等等。

6.4.2.2　建筑实体解构

每个建筑都是由实（实体）和虚（空间）两部分构成，而且，其中“实”又是

“虚”的前提，因此，首先需要对建筑实体进行解构。实体可分为两大部分：围护体系和设备系统。其中，围护体系又分为外围护体系和内围护体系，外围护体系是指划分室内、外空间的围护结构，如外墙、幕墙、屋顶、外门和外窗等；内围护体系是指划分室内空间的维护结构，主要包括隔墙、地板、顶棚、房间门、楼梯等。设备系统主要包括空调系统、电系统、水系统等。通过对建筑实体的解构，可以得到影响建筑性能的实体因素，从而找到相关问题的物质载体。

1. 围护体系解构

第一步：对墙体、地板、屋顶及顶棚等限定围护体系实体界面的基本要素进行解构。

（1）墙体解构：包括位置、材料、构造、构件、保温隔热、面层（材料、颜色）、洞口（位置、几何特征、尺度）、门（位置、几何特征、尺度、隔声、材料、颜色）、窗户（位置、几何特征、尺度、照度、隔声、材料、颜色）。此外，还需要注意使用过程中的其他因素，比如通风、采光、保温隔热性、防水防潮、天气变化引起的热胀冷缩、材料耐久性、褪色、密封性、开裂、隔板扭曲、分层、腐蚀以及易清洁程度等等。

（2）地板解构：包括材料、构件、构造、几何特征、尺度、颜色、质感、照度等。使用中需要注意的因素，如材料的耐久性、防水防潮、弹性、褪色、平整性、是否易于清洁和更换等等。

（3）屋顶及顶棚解构：包括构造工艺、材料、构件、几何特征、尺度、颜色、照明设备（样式、尺度、位置、照度）等。使用中需要注意的因素，比如热胀冷缩、材料的耐久性、密封性、保温隔热性等。

（4）交通及配套解构：包括核心筒、楼梯、电梯、卫生间、各种设备用房等。

第二步：实体界面直接决定了建筑的一系列技术性要素，这些因素一般是可量度和可检测的，而且这些要素形成的问题，最终都可以回归到相应的实体界面进行处理。因此，通过对技术性要素的解构，最终也可以得出影响建筑性能的实体因素。

（1）消防安全：消防涉及人的生命安全，规范中对此有严格规定。解构的因素包括：材料耐火等级、救火措施、防排烟设施、易燃材料释放的气体毒性、安全出口、安全距离、逃生路径、安全标识等等。此外，还有防护设施、无障碍设计等。

（2）结构技术：结构是建筑的基础，关键的因素包括：结构选型、结构特性、材料强度、构造节点、结构耐久性、地质条件、风力、地震影响等。

2. 设备系统解构

第三步：建筑实体，除了作为界面的围护体系之外，还包含一系列的技术设备，设备系统的作用就是维持建筑物的正常运行和使用，由此构成了建筑的物理环境：包括全寿命周期的采光、遮阳、朝向、空调、通风、水、电、热环境、声环境、环保节能等。通过对设备系统进行解构，同样可以得出影响建筑性能的实体因素。具体体现为以下方面：

建筑通风：直接影响室内空气的质量，包括自然通风、空调设备、风道、送回风口布置等因素；建筑采光：包括自然采光和人工照明，相关的因素有自然采光和朝向、可视度、照度、光线色温、灯泡种类、节能、使用寿命、可调节性等等；电力设施：除照明、动力之外，还关系到一系列新设备的使用，因此需考虑电缆铺设、网络管理、光纤架设等相关因素；声学因素：包括周围环境的响度、隔声降噪措施、混响时间以及对房间中的特殊设备的噪声处理等问题；环境控制：随着能源危机的日益严峻，以热舒适度为基础的能耗及环境因素也需要进行评估，包括间距、朝向、温度、湿度、保温隔热性、节能措施、能耗控制等等。

第四步： 围护体系和设备系统构成的建筑实体，直接决定了项目的建设和运行成本，因此，需要对项目的相关经济指标进行解构：包括建设成本、设备成本、资源利用、运行费用、维修费用、节能效益等等。经济因素最终都可以分解落实到相应的建筑实体中。

6.4.2.3　建筑空间解构

建筑空间，是由建筑实体围合而成的功能区域。建筑空间的解构也可以分为两大部分：空间的功能构成和使用者的行为模式。通过对功能和行为的分析与解构，能够得出影响建筑性能的空间因素。

1. 空间功能解构

建筑功能以使用空间作为载体得以体现，不同建筑类型的功能要求有所不同。在解构的同时，需要对每个空间区域进行编号，根据调查的目的，选择评价其长度、宽度、高度、比例、尺度、面积、容积、位置、空间形式、功能构成、空间分区、适用性、可容纳性、灵活性和可变性、建筑类型特性、空间关系（包括平面关系和竖向关系）、流线组织、交通面积和路径（包括门厅、过道、楼梯等）、空间利用率（闲置或拥挤）、出入口设置、指向性、无障碍设计等因素。这些要素直接反映建筑的功能效果和使用的方便性。

需注意的是，对于空间功能的评价应与具体需求相结合，比如，对一个零售网点的解构，需要考虑其选址、标识、定位、适用面积、装修风格、经营方式、交通结构、独立性与可扩展性等各个方面。

2. 行为解构

行为包括使用者的行为模式、心理活动及其对建筑物质环境的满足感等因素。解构的主要因素包括：使用者对使用空间的使用情况，使用者的行为规律及其环境心理效应。除了与功能相关的行为要求之外，还需要考虑人体测量学、人类工程学因素，以及建筑空间构成、位置、相互关系、形状、比例、尺度、细部等对人的行为和心理的影响：包括私密性、场所感、归属感、安全感、社会交往（现实和网络并存）、亲切感、环境氛围以及对环境的认知和定位等心理感受，光线、照度、景观、建筑形象感（造型、色彩、材质等）、文化意义等视觉感受，以及其他感受，如温度、湿度、环境舒适度、声音等因素。

需要指出的是，对行为的解构与评价是一个复杂的过程，因为行为在很大程度上依靠个人的主观判断，难以进行客观定量分析，而且评价也往往因人而异，所以，应该尽可能地进行全面系统的调查研究，以得出符合大多数人的普遍感受和需求的共同标准。

6.4.2.4　设施配置的解构

每个空间区域中都配备有一个或多个用于支持使用空间正常功能的设施。通过对设施配置的分解，可以得出建筑实体之外的影响建筑性能的物质因素，主要涉及家具、配套产品、标识系统等。评价的因素包括其几何特征、规模尺度（面积、长度、宽度、工作面高度、基底高度）、视觉障碍度、照度、光线、强光、背景噪声、工艺、生产厂家、价格等等。

6.4.2.5　建立评价模型

按照以上步骤对评价项目进行解构之后，便可获得影响建筑性能（实体和空间）的相关因素。由于研究的目的并非为了项目的完整评价，因此，只需结合研究主旨、项目特点、初步反馈问题等各方面的实际状况，从分解后的因素中提取相关的关键因素构建指标体系即可。对选定的各因素进行编码和评价，并以规范化的形式，汇集针对各方面的具体描述，最终，将其还原到相应的实体和空间载体，为证据的制作做好准备。

另外，随着BIM信息模型的运用和普及，未来有可能将其作为项目解构和评价的基础。理想的操作方式是：在明确具体问题之后，可以直接"引用"BIM模型信息作为建筑实体和空间解构的载体，从中提取或添加相关信息元素，以构成评价的结论和证据。如此一来，也就真正实现了循证设计证据系统与BIM信息系统，以及建筑行业信息系统的全面整合。

使用后评价是一个综合的研究过程，期间需要灵活地运用广泛的信息来源、多样化的调查研究方法、各种不同的信息分析与处理手段以及信息收集工具。没有固定模式，但基本原则是在每一个阶段开始之初，都要结合实际情况具体分析，预设好研究问题的框架。

6.4.3 调查工具设计

相对于证据所要求的具体性、深入性而言，仅仅依靠传统的调查工具存在很大的局限性。以一般的调查问卷为例，第一，对其中的封闭式问题而言，且不论答案是否存在随意性，至少没办法进一步了解做出这种选择的原因，也就无法发现真正的问题，获得深层次的信息；第二，很容易因为问题或选项范围有限，而限制被调查对象的思路，不利于获取更加广泛的信息；第三，完全开放的问题，对于一般的调查对象而言，又可能因其认识水平、专业知识或表达能力所限而无法准确作答，因而仍然难以获得有价值的信息。为此，本研究建议采取问卷与框架调查相结合的方法，一方面，针对大量的普通调查对象，采用常规的调查问卷，以获得广泛的公共信息；另一方面，对于一些主要的调查对象（包括各类专业人员及具有切身体验的使用者）则采用"框架调查表"的模式（类似于一种介于结构问卷和开放问卷之间的半结构式问卷），紧密结合研究目的，设置一系列有针对性的、重点的、引导性的开放问题，既将其控制在一定范围，使其不偏离主题，又留有足够的拓展空间，以利于充分发掘受访者的意见、经验、体验、感受、需求等真实的、深层次的信息，将问题具体落实，并把握清楚来龙去脉，从而最终获得有效而深入的调查结果。

6.4.3.1 调查问卷设计

1. 调查问卷设计原则

（1）问卷设计必须保证对研究课题的有效性，并能确保收集到所需资料。

（2）结构合理、逻辑性强。问题的排列应有一定的逻辑顺序。

（3）通俗易懂。符合应答者的理解能力和认识能力，避免使用专业术语。

（4）控制问卷的长度，以提高反馈的有效性。

（5）便于资料的校验、整理和统计。

2. 调查问卷设计步骤

（1）首先明确研究和调查的目的、主题和对象。

（2）确定调查方法

根据不同的研究目的设计不同的问卷类型，比如开放式、封闭式、混合式等；根据不同的调查方式采取不同的设计策略，比如，在面访调查中，可以询问较长的、复杂的问题，而在电话访问中，最好只问一些短的和比较简单的问题。

（3）确定调查内容

根据主题，从实际出发拟题，问题需要全面并切中主题、目的明确、重点突出。有两个基本原则：第一是问题的必要性；第二是问题对所需信息的充分性。

（4）问题表述

问题的表述应单一化、具体化、通俗准确、避免倾向性，对敏感性问题需采取一定的技巧调查，如间接问题法、假设性问题法等，以降低其敏感度。

（5）评价标度

为了量化主观评价，可以利用一些标度方法来获取评分，使之能输入计算机进行统计分析。POE 评价中常用的评价标度有：1）李克特量表（Likert Scale，LS），即评分加总式量表，每一陈述有“非常同意”、“同意”、“不一定”、“不同意”、“非常不同意”五种回答，分别记为 5、4、3、2、1，被调查者的态度就是通过各项总分反映；2）语义差异量表（Semantic Differential，SD），即运用语义学中“言语”为尺度定量描述研究对象。其常用形式为：每一项评价因子由处于两端的两组意义相反的形容词构成，如质量“优-差”，其间制定评定等级（5 ~7 级），最终根据调查结果制成语义分布曲线。

（6）安排顺序

一般应按先易后难、先简后繁、先具体后抽象、先封闭后开放等顺序排列。对于一般问卷来说，可以按照题目的性质或类别，或者按照一定的时间线索、一定的逻辑进行排列，以避免打乱受测者的思路。

（7）确定结构

一般来说，问卷第一部分是指导语，在指导语之下或之上，往往要列出用户的基本信息；第二部分是问卷主体；第三部分是开放性问题，由用户对此提出意见与建议。

（8）试测分析

试测与分析是问卷设计的最后步骤，目的是为了进一步修改，以形成最终的正式问卷，试测情境应与正式情况相近似，试测过程中，应对受测者的反应随时加以记录，并鼓励他们对问卷及问题提出有关意见。试测结束后，就试测对象的回答，深入采访其原因、感受等。为防止问卷设置的遗漏，还应该请其补充问卷以外的意见。

（9）制成正式问卷

试测后，对结果进行分析，根据试测结果，对问卷初稿加以改进，制作成正式问卷。需要注意一些细节性问题，如问卷使用材质、排版、印刷形式等。

朱贵芳（2005）在《谈调查研究中的问卷设计》中针对调查问卷设计的一系列细节问题进行了详尽描述，可供研究者参考。

3. 问卷的发放与回收统计

根据调查研究的目标和调查问卷的特点，选择适当的人群、地点、时间等当面发放问卷，或者进行网络投票、发送电子邮件、电话采访等。

最后，从回收的问卷中筛选出其中的无效问卷。对无效问卷的基本评断标准可以是：①未作答题数超过题目总数的 1/3（不含）；②回答没有变化，即完全没有正向或反向的看法；③前后矛盾或有明显错误的问卷。然后，将符合条件的文件利用专业统计分析软件 SPSS 和 Excel 等进行数据分析，并进行总结，以得出相应结论，制作评价报告。

6.4.3.2　框架调查表

框架调查表的整体结构可分为3部分：第一部分是调查项目的基本信息；第二部分是受访者的基本情况；第三部分是调查的主体内容，需要根据研究目的及项目情况进行具体设计。框架调查表设计的基本原则是突出重点、独立拆解、明确表述、深入剖析。以下试举一例（表6-2），其中的调查内容根据受访者的不同类型分别设置。

框架调查表　　　　表6-2

项目基本信息（以下内容由**调查者**根据相关资料及调查信息填写）

项目编号、项目名称、项目类型、项目性质、建设时间、建设地点、建设阶段、建设背景、建设指标、建设成本、开发单位及负责人、设计单位及负责人、施工单位及负责人、管理单位及负责人、主要用户群

受访者基本情况（以下内容由**调查对象**选择和填写）

姓名　　　　单位　　　　电话　　　　邮箱

工作类别：开发商、设计人员、项目经理、施工人员、监理人员、承包商、材料供应、设备供应、政府部门、质检专家、物业管理、使用者、其他

专业：建筑 结构 空调 水 电 其他

工作年限：少于5年　5～10年　10～15年　15年以上

在此项目中，您参与完成了那部分工作内容？（可多选）

A　总体规划

B　建筑方案设计

C　建筑结构设计

D　建筑设备设计（水、电、气）

E　建筑施工图

F　建筑施工现场协调配合

G　其他（　）

开发商

1. 该项目的整体背景是怎样的？最显著的特色是什么？
2. 该项目的初始目标是什么？
3. 实际的建成效果和销售及使用效果如何？
4. 在此项目中有什么经验、教训？
5. 同类的项目还开发过什么？有什么成功和失败之处？
6. 在您长期的工作过程中，有什么深刻体会和关注的问题？

设计者（请求提供项目介绍、图纸、模型、照片等）

1. 该项目的设计中，从整体的布局构思、到对一些关键问题的解决策略，再到具体的技术或细部做法，其中有哪些主要的亮点？
2. 突出地解决了什么问题？如何造成的？如何解决的？效果如何？如何避免？
3. 该项目的主要设计理念是什么？预期目标是什么？采取的措施是什么？
4. 最终效果如何？
5. 在此项目中有什么经验、教训？
6. 同类的项目还设计过什么？有什么成功和失败之处？
7. 在您长期的工作过程中，有什么深刻体会和关注的问题？

续表

施工方
1. 现场施工中遇到过什么问题？如何解决的？效果如何？如何能避免？ 2. 在此项目中有什么经验、教训？ 3. 同类的项目还建设过什么？容易出现的问题有什么？如何避免？ 4. 在您长期的工作过程中，有什么深刻体会和关注的问题？
物业管理
1. 在实际运行及管理中出现哪些突出的困难或问题？是什么原因？您认为该如何改进或避免？ 2. 用户普遍赞扬及较满意之处？用户较常出现的抱怨或不满？用户经常询问的问题？用户经常提出的需求是什么？ 3. 对于设计者提到的设计亮点，您认为实际效果如何？ 4. 通常这类项目管理的难点在哪里？对此类项目有何意见和建议？ 5. 在您长期的工作过程中，有什么深刻体会和关注的问题？
使用者
1. 该项目能不能满足您的使用要求？ 2. 您对于该项目满意的地方有哪些？不满意的地方有哪些？为什么？ 3. 在使用当中遇到什么问题？有什么改进期望或建议？ 4. 对于设计者的设计目标和设计方案，您觉得实际效果如何？符合您的需求吗？ 5. 您认为此类项目，在理想情况下应该具有什么特征？现实中同类的项目有哪个更加符合您的期待？有什么印象深刻之处？

6.4.3.3　解构因子评价表

对建成项目的评价需要预先设计一些专门的适合本研究的调查数据收集表格，一方面，利用表格的引导，可协助制定针对该项目的有效评估策略；另一方面，便于在收集资料以及调查研究的过程中，及时地对各方面有价值的信息进行系统、清晰地记录，建立结构规范化的数据文档，然后在实况调查和信息的收集过程中，逐步对项目文档进行完善。本研究结合循证设计证据的特点以及项目解构的内容设置了一系列相关表格（表6-3～表6-7）。

项目基本信息表　　表6-3

项目基本信息表

项目名称	项目编号	项目类型	建设地点	建设时间	建设阶段	项目背景	建设指标	建设成本	开发主体	设计单位	施工单位	管理单位	用户群体	备注

外部环境评价表　　表6-4

外部环境评价表

项目名称	项目编号	地理位置	气候条件	资源状况	历史文脉	人群特征	建设背景	项目选址	土地利用
周边环境	公共设施	交通状况	停车状况	流线组织	绿化环保	景观视线	造型外观	总图设计	备注

建筑实体评价表　　表6-5

建筑实体评价表

实体名称	实体编号	评价因素	设计目标	采用措施	效果描述	效果展示（附图）	平面位置（附图）	成功或失败原因	避免或改进建议	评价结论	备注

建筑空间评价表　　表6-6

建筑空间评价表

空间名称	空间编号	评价因素	设计目标	采用措施	效果描述	效果展示（附图）	平面位置（附图）	成功或失败原因	避免或改进建议	评价结论	备注

设施配置评价表　　表6-7

设施配置评价表

设施名称	设施编号	评价因素	设计目标	采用措施	效果描述	效果展示（附图）	平面位置（附图）	成功或失败原因	避免或改进建议	评价结论	备注

6.4.3.4　专项信息汇集表

专项信息汇总表见表6-8～表6-15。

资料收集信息表　　表6-8

资料收集信息表

项目名称	项目类型	项目概况	项目地点	建设时间	项目规模	开发单位	设计单位	施工单位	特色效果	信息来源

痕迹观察评价表　　表6-9

痕迹观察评价表

空间名称	空间位置	观察现象（附图）	说明问题	结论建议	观察时间	备注

效果检验评价表　　表6-10

效果检验评价表

项目名称	项目类型	设计目标	采用措施	实际效果（附图）	评价结论	备注

问题追踪表　　表6-11

问题追踪表							
问题名称	问题类型	问题阶段	问题描述	形成原因	改进方法	如何避免	备注

经验总结表　　表6-12

经验总结表								
问题名称	问题类型	问题阶段	问题描述	形成原因	解决方案	实际效果	如何避免	备注

行为记录表　　表6-13

行为记录表					
日期：			天气：		
时间：　时　分至　时　分			持续时间：		
位置	人群特征	活动类型	活动频次	观察结论	备注

行为地图设计　　表6-14

行为地图设计
1. 计划观察的行为内容和分类，设计每种行为的图形符号； 2. 现场观察，补充行为类型； 3. 设计观察和记录的时间间隔； 4. 将一定时间内的记录情况标记在一张平面图上

使用意向示意图设计　　表6-15

使用意向示意图设计
请在平面图上，用圆形画出您满意的区域，三角形画出您认为需要改进的区域并注明原因和建议

6.5　证据制作

通过调查研究，收集到一系列以“背景—问题—目标—措施—效果”为线索组织的，经过实际检验的独立完整的“证据知识”之后，接下来，就需要按照统一格式对其进行制作。制作证据的根本目的在于：以统一的原则和规范化的格式，对有效知识进行处理，使之进入生产—使用的运作循环，转化为生产力，参与提高实践，从而彻底改变当前“信息爆炸，证据贫乏”的局面。

由于循证网络中心的基本组织策略是“面向主题”，而且证据的生产和使用过程（包括项目评价、信息收集、证据制作、证据检索等各个环节）都与“具体问题”息息相关。因此，能够提出正确的问题就变得非常重要。由明确而具体的问题入手，开展评价，制成证据；然后在使用中，由问题引导找到相应对策。可以说，提出正确的问题是循证设计实施的起点，也是确保其不断发展的生长点。因此，证据的制作，乃至整个循证设计实践的第一步，首先是明确地提出正确的问题。

6.5.1　提出正确的问题

提出正确的研究问题是一门艺术，这一点对于开展使用后评价、提炼信息制作证据，以及检索使用证据都很关键。但是，究竟什么样的问题是正确的问题？“一个好问题必须至少有两个特点：它必须是可回答的，而且必须让人觉得有趣、有意义并且值得一问”（Rugg and Petre，2007）。

6.5.1.1　问题的选择

扩展一下，可以这样理解：所谓“值得一问”，实际上关注的是问题的重要性。因为一个建筑项目中，会同时面对许多的问题，要将所有问题都进行详细研究是不现实的。正如 Hamilton（2009：239）先生所说：“一项研究的主题可能比较广泛，因为不可能针对一个项目的所有方面都进行研究，因此需要聚焦重点。必须谨慎地限定研究范围，集中关注最根本性的和不容忽视的问题。做不到这一点，研究项目便可能面临各种风险：昂贵、耗时、定义不清、调查肤浅，结果含糊，难以管理，最终会有太多欠缺。一个明确定义和限定的研究问题，其成功的可能性远高于那些企图表达对某个主题领域的全面理解的研究。”

所谓“可回答”，则关注的是问题的可操作性。在循证设计中，证据的易操作和实现效率非常关键。而且，并不是所有问题都能通过设计解决，所以，必须从中筛选出与建筑实体、功能和空间、设施设备直接相关，又符合研究团队观测手段的典型问题，才可能获得有价值的研究证据。问题应该具有一定的普遍性，从而能够为大量性的建设提供有力的支持，以便在未来切实而有效地加以实施和推广。

6.5.1.2　问题的排序

为了保证循证设计的科学严谨性，对于问题的选择不能太过随意，而是需要根据一定的原则或标准，将问题进行排序并从中遴选出最迫切、最可行的问题。本研究借鉴循证医学的问题研究方法，提出以下 7 项问题排序原则（表 6-16）：

问题排序原则表　　表6-16

排序原则	等级评分
相关性（Relevance）	1 = 不相关；2 = 相关；3 = 高度相关
避免重复（Avoidance of Duplication）	1 = 问题已有答案；2 = 有些信息，但主要问题未解决；3 = 未解决
可行性（Feasibility）	1 = 不可行；2 = 可行；3 = 非常可行
政治上可接受性（Political Acceptability）	1 = 官方不接受；2 = 部分接受；3 = 完全接受
结果和建议的适用性（Applicability）	1 = 不可能被采纳；2 = 有可能被采纳；3 = 完全可能被采纳
需求信息的迫切性（Urgency of Data Needed）	1 = 不迫切；2 = 一般；3 = 非常迫切
综合效益（性能、经济、环境等）（Comprehensive Benefits）	1 = 较低；2 = 一般；3 = 较高

根据上述7条原则，按照不同的等级评分给每个问题打分，计算总分，将所有问题按总分排序，然后选择需优先解决的问题。

6.5.1.3　问题的类型

通常来说，为了确保最终证据的完整性，研究需要包含以下几类问题：

1. 一般性问题

与项目的基本状况相关的一般性问题，如项目背景、地点、性质、规模等，以及项目具有的条件、面临的挑战、预期实现的目标、设计需要考虑的相关因素等，一切与项目情境有关的问题。

2. 特殊的实践问题

从专业的角度寻找项目中存在的关键问题，这些问题的解决直接决定着项目的最终效果。需要对问题进行明确地陈述，找到问题形成的原因、所采取的措施、预期的效果以及实际的效果。

3. 客户关心的问题

基于项目的客观情况，充分考虑客户的意愿和现实条件，以及用户的实际需求，提出需要通过实践考虑和解决的问题。

4. 为建筑学科提出问题

设计实践是学术研究和专业教育的丰富源泉。日常实践中，时时刻刻都在面临“背景—问题—目标—措施—效果”的问题，很多设计想法和具体措施有待于进一步的科学评价。由实践出发提出问题，用可靠的方法进行研究，所得到的可靠证据可以成为建筑专业的一般性结论，指导和丰富学科理论与实践；或者为学科提出新鲜的重大课题，开拓未来的研究方向。

总之，无论是提出哪种形式的问题，必须具体到某一项措施，使其形成明确的“问题—答案”。另外，有些可以直接解决的简单问题（比如，一个项目中，用于基础建设的材料供应不上，影响了进度，此时只需想办法保证材料的供应即可），就没必要当作问题开展研究，但是如出现诸如实践与理论设计脱节，原因不明，需要在多种解决方案中作出抉择时，则需要进一步深入研究。

6.5.1.4 问题的陈述

关键问题确定之后，接下来就需要对其进行准确的定义和表述。按照 Pile 的观点(2003)：“一旦设计问题得以明确表述，解决方案便可自明。通常是由于目标和需求不清楚而导致混乱，甚至延误，从而造成失望和不满意的结果”（Linda L. Nussbaumer，2009：40）。因此，需要严格地编写问题说明书，也即清楚、简洁地进行问题陈述。

首先，需要注意提出问题的角度。因为即使同一个问题，开发商、研究者、管理者、设计者以及使用者往往都会从不同的角度来理解，有着不同的看法。因此，综合了解所有相关人员对此的关注重点是非常必要的，可以保证所提问题的全面性和客观性。

接下来是确定问题的核心，问题最好是与建筑性能（实体、空间）相关。然后围绕核心问题，进一步明确其内涵与外延。一个明确定义和限定的陈述应该强调研究问题的显著性，突出项目的独特性，需要包含重要和特定的条件，并为设计项目确立一个大致方向。为了帮助研究者聚焦问题，可以将目的陈述作为问题陈述的开头句。下面是一个问题陈述的示例：“在美院教学楼中，利用走廊交通空间形成的活动空间，与人工采光相比，使用自然采光，能否促进人们之间的交流?”

6.5.1.5 问题的构建

循证医学临床问题的构建（表6-17），在国际上常用的是 PICO 格式：即患者及问题(Population/Participants)、干预措施（Intervention/Exposure)、比较措施（Comparator/Control)、结果（Outcome)，每个问题均由 PICO 四部分组成，例如：

临床问题：血脂正常、无心血管病史的2型糖尿病患者，采用他汀类降脂药与安慰剂比较，能否预防心血管病的发生?

循证医学问题基本格式表（王家良，2014：25） **表6-17**

P：患者及问题（Population/Participants)	血脂正常、无心血管病史的2型糖尿病患者
I：干预措施（Intervention/Exposure)	采用他汀类降脂药
C：比较措施（Comparator/Control)	安慰剂
O：结果（Outcome)	预防心血管病的发生

本研究通过对循证医学 PICO 格式进行借鉴和转义，提出循证设计问题构建的 PICO 格式：P 指特定的项目/问题（Project/Problem)，I 指干预措施（Intervention/Exposure)，C 指对照组或另一种可用于比较的干预措施（Comparator/Control)，O 为结果（Outcome)。因此，对于上面的问题陈述，可如下构建（表6-18)。

循证设计问题基本格式 **表6-18**

P：项目/问题（Project/Problem)	走廊交通空间形成的活动空间
I：干预措施（Intervention/Exposure)	自然采光
C：比较措施（Comparator/Control)	人工采光
O：结果（Outcome)	促进交流

按照PICO格式，明确建立问题的架构之后。还需要根据项目的具体特征，追加更详细的问题描述，比如：①介绍项目的基本状况和背景条件，概述与问题有关的项目情况；②简要描述问题的性质，如问题的严重性；③分析问题的可能影响因素，如设计因素、施工因素、管理因素、使用因素，并阐明问题和影响因素之间的关系；④回顾过去曾采用过的解决方案，其效果如何，什么地方需要改进；⑤描述期望得到什么类型的信息，以及如何利用这些信息来帮助解决问题；⑥如果必要，可以将问题描述中涉及的一些重要概念、定义以目录形式列出。

6.5.2　证据的基本结构

在明确的问题引导下，通过对实际效果的评价与检验，便可将相关知识制作为循证设计的证据。综合本研究在证据收集、提炼、拆解、构建等环节的基本原则和方法，在此，对证据的基本结构统一设计如下（表6-19）。

证据基本结构　　表6-19

证据标题（概括问题及解决措施的陈述句，应包含所有关键要素，以便于面向主题进行归类和检索）	
关键词	摘要
基本信息（项目名称、地点、时间、类型、相关单位等）	设计目标
背景问题（简要描述项目的基本状况和背景条件，概述与问题有关的情况）	核心问题（明确地陈述问题，分析问题的性质及可能影响因素，并阐明问题和影响因素之间的关系）
主要干预措施（具体内容可以采用文字、图形、表格等表达）	比较干预措施（描述其他可选方案或者过去曾采用过的解决方案，其效果如何，什么地方需要改进）
实际结果附图片（包括时间范围，如果必要的话）	评价结论
证据归类（主题、类型、阶段、专业等）	信息来源
加入证据库理由	
使用场合：该证据所应用的场合、条件等情境描述	应用情况（该证据资源以往的实际应用情况，此部分信息应经常进行追加）
证据创作时间（证据形成及制作）	制作者简介及联系方式
备注：其他需要说明的情况以及项目情境信息	

6.6　证据样本

什么样的证据是有价值并可以进行收集的？实际上，值得积累的证据的范围非常广泛，可以包括设计、建造、组织、管理、运营、产品等所有方面。就设计证据而言，主要是指在一个建筑项目中，设计者巧妙地处理某些具体的设计问题的独特经验或设计智慧，这些策略不仅在当前已被实践证明有效（在否定一项证据时，则是证明其失败或无效），而且其措施或原理、方法等对于未来项目的类似问题也具有一定的指导作用。下面列举几个具体的设计证据样本，以直观地体现循证设计“证据”的特点，从而为广大从业者理解“证据”的意义并进行证据积累提供参考。对于大量性的证据样本的收集以及系统处理与管理，则是下一阶段“循证设计实践体系”研究的主要任务。

6.6.1　清华美院教学楼交往空间设计①

项目背景： 清华美院教学楼坐落于清华大学校区内的东南部，比邻清华大学建筑学院和清华大学大学建筑设计研究院，建筑面积6.08万m^2、高度20～30m，包括素描天光教室、雕塑大厅、多功能厅、各种教室，陶艺、玻璃、汽车工艺等工房，教授工作室和大小沙龙等。

证据描述：教学楼走廊空间设置沙龙，有自然采光可促进交流，无自然采光则无效。

由走廊交通空间局部设置的沙龙是交通空间异化成活动空间的状况，这是现代建筑中，促进人们之间的交流所设置的特殊空间类型，是美院教学楼设计的一大亮点。但是这一创意在本项目的使用中却不均衡，数据收集表明只有在五层有自然采光的沙龙是较理想的，而在其他楼层的沙龙由于是靠人工照明来实现的，通过长时间的观察，这些沙龙几乎没有人使用。

清华美院教学楼的使用后评价　　表6-20

问题及结果描述	实景图片
五层有自然采光的沙龙感觉非常好。人们有进行交流的愿望	天光沙龙（汪晓霞，2011：89）
其他楼层没有自然采光，且人工采光未开启的沙龙，人们没有交流的愿望，反而有不安全感	无自然采光沙龙（汪晓霞，2011：89）

6.6.2　海南三亚力合度假酒店设计②

项目背景： 由中联环建文建筑设计有限公司方楠工作室设计的海南三亚力合度假酒店，是由以前的三亚康复中心的两栋危楼改造而成。建设用地位于三亚湾中部的海坡开发区，距离海岸大约200m左右。业主买下整块用地之后，计划一期工程先将两栋旧楼改造成带有康复诊室的酒店。

例1：原康复中心6.6m标间改造为酒店客房做法：将一个半开间（即9.9m）划分为2个3.9m和一个2.1m，分别作为客房和卫生间。

基地原有旧楼的主体结构的柱网开间为6.6m，如果一分为二，3.3m的开间作为客房将会过于狭窄。最终的解决方法是把一个半6.6m开间即9.9m的距离划分为2个3.9m和

① 案例来源：汪晓霞，2011：84～90。

② 案例来源：张路峰，2012：25～29。

1 个 2.1m，分别作为客房和卫生间。这样使得客房和卫生间都很舒适。

例 2：开间重分导致阳台隔墙与排水管分布不均匀，使用格栅统一立面效果。

直观上看立面似乎是创意，实则是理性推导得出。由于旧楼的设计有些特殊，每个门窗高度不一，所以采用统一的外阳台串联起来，窗框的材质出于造价的考虑，也尽量简单。同时由于开间进行了重新划分，阳台隔墙与排水管也不是均匀分布，为了立面效果的统一，就加上了格栅，将整个立面平均分为若干个部分，在保证每片隔墙和排水管都能被格栅遮盖的基础上，删减不需要的部分，才形成最终的立面效果。

图 6-1 海南三亚力合度假酒店实景（张路峰，2012：28）

实际结果：因为以发现问题解决问题的思路入手，最终的设计结果能够十分针对性地满足业主的需求，原先业主希望改造之后能够达到三星级标准。实际结果是：由于设计本身十分经济，又达到了很好的艺术效果（图 6-1），节省下来的资金用在其他设施的配置上，最终使酒店的评级达到了四星级。

6.6.3 曼谷新国际机场航站楼节能设计①

证据描述：机场航站楼的节能设计策略：减少需求。将空调环境仅仅控制在楼面以上 2.5m 高的范围以内，辅以辐射制冷地面，幕墙便仅需使用单层玻璃。

实际结果：满足需求的前提下，能耗比标准参照建筑降低了 35%；空调系统容量减小一半；透明玻璃提升了建筑视觉效果。

详细描述：由墨菲/扬事务所设计的曼谷新国际机场主航站楼的外围护玻璃墙面积近 4 万 m^2，采用的是极为透明的单层玻璃，而不是隔热性能优良的中空玻璃，也没有附加任何反射或深色隔热涂层。这并不是由于设计者对节能设计的忽视，形态追求的需要或者造价的制约，而正是出于节能设计的精心考虑。

首先，通过深远的挑檐和屋顶的构造设计，建筑有效地利用了漫射自然光，同时阻止了太阳直射带来的热量。但是由于当地湿热的气候和建筑的规模，空调制冷对能源的需求仍是惊人的。为了进一步寻找优化策略，墨菲/扬和斯图加特的建筑物理专家马蒂斯·舒勒一起进行了研究。与传统的设备工程师“满足”需求的解决方法不同，舒勒提出的策略从减少需求入手。他建议将空调环境仅仅控制在楼面以上 2.5m 高的范围以内。由于空气受热上升，而冷空气下沉，室内空气会自然地产生一定的分层现象。节能的关键在于保持使用者所在的冷空气层的温度相对恒定，为了达到这个目的，设计引入了一种辅助系统——辐射制冷地面。冷水流过埋在楼板中的水管，带走楼板及其附近的热量，这样，对冷空气层的扰动被大大减小。地面的冷辐射也增加了旅客凉爽的感受。降低后的制冷需求通过容量较小的低风速置换式空调系统就可以达到。

在空调层以上，室内空气的温度接近甚至超过室外空气温度。因此绝大部分幕墙玻璃没有隔热的必要，只需要采用传热性能好的单层玻璃，以利于向室外散热。这样，和常识

① 案例来源：李迈，2013：60～61。

相反，材料的简化带来了能源需求的减少，同时降低了材料成本。设计达到的能耗比标准参照建筑降低了35%，这相当于每年减少二氧化碳排放量6.5万t。另外，空调系统的装机容量也减小了一半，这使初始投资也大大降低。透明度极高的玻璃使建筑组成部分的关系清晰可见，在形态上有力地加强了建造的美学。这是将工程学的原则在项目早期与建筑设计结合的成功实例。

6.6.4　原大连港客运站空间导向标识设计①

问题描述：下行台阶无预警标识。大连港客运站（照片摄于2008年，该建筑物已于2013年被拆除）。安检厅到候船厅的大台阶，下行第一踏步前无标识（图6-2、图6-3）。前方大台阶在略昏暗或逆光的条件下不易识别。只在远端两侧靠墙处有扶手，人流也主要是单向下行的（警示牌实际上只是法律意义上的作用）。行人在匆忙不留意的情况下很容易造成危险。

图6-2　大连港客运站大厅内景之一
（王一平，2012：153）

图6-3　大连港客运站大厅内景之二
（王一平，2012：153）

建议措施：第一踏步前方设“盲道”或悬挂拉索网。可以通过在第一踏步前方约1.2m处设“盲道”地面或上空悬挂下行斜拉索网的方式预警。

6.6.5　沙溪古建筑保护与适应性改造②

“在大多数人看来，建筑文化遗产的保护似乎不需要什么设计的能力，只要保持已有的内容就可以了，其实，在某些实际的情况下，文化遗产保护所要求的设计能力比设计新建筑还要来得高，不仅要面对众多的限制条件，而且还必须不动声色地解决问题，这直接决定着保护成果的品质”（黄印武，2011：168）。

例1：针对1.65m高的屋架，以黑布条阻断视线（影响行为）的方式避免碰头。

问题陈述：沙溪古镇的魁阁及两翼的二层被要求改造成一个展示当地历史文化风俗的陈列室。遇到的问题是：两翼民居的二层原本只是用于堆放杂物，层高比较低，而且以前都是按间划分使用，每间中都有联系上下两层的楼梯，加上坡顶向上隆起的空间，并不影响使用。现在要将两翼二层与魁阁二层贯通，间与间之间低矮的屋架立刻成了摆在眼前的难题。屋架下皮到二层楼面的距离基本在1.65m左右（图6-4），这与建筑规范中规定的

① 案例来源：王一平，2012：153。
② 案例来源：黄印武，2011：63~67，165~167。

公共空间门洞高度不低于2.10m的标准相去甚远。如果考虑到这是历史建筑的改造，不一定严格地遵守建筑规范，可以变通处理，但是基本的使用需求还是必须满足的。但是，1.65m的净高是非常尴尬的一个尺寸。对于多数人而言，这个高度不足以阻断视线，但是碰头却是极有可能的，特别是当人处于一个黑暗的环境中，专注于欣赏室内的陈列品的时候，碰头似乎是不可避免的。

图6-4 修复前的魁阁北翼二层室内（黄印武，2011：64）

比较方案：最初的想法是调整两翼的屋架结构，使上层的屋架可以满足通行的高度。这个看上去一劳永逸的办法其实会引起其他的一些麻烦，最后的结果很可能是按下葫芦又起瓢。调整屋架结构的一种方式是将二层楼板降低，但是这种做法会降低一层的层高，而且必然改变两翼建筑的上下两层传统的比例关系，这并不符合修复原则；另一种考虑是将建筑整体放大，在增大二层层高的同时增加一层的层高，这将不可避免地更换所有的柱子，同时也注定会改变两翼与周围环境中建筑的关系，改造涉及的范围太大，也不是理想的解决方案；最后还有一种直截了当的办法，就是对屋架的下端进行软包处理，这样即使碰了头也不会有大问题，但是这个办法实在不太高明，而且时间一长软包部位会变成藏污纳垢的所在，难以清理。

最佳方案：最后的解决方案其实非常简单。在对应通道的位置，于每一架屋架的下皮垂挂了一块20cm左右高的黑布条（图6-5），对于那些有碰头可能的人，视线会被黑布条阻断，于是会下意识地低头，自然就避免了碰头。而那些身高低于屋架下皮的人们，根本就不存在碰头的问题，黑布条也不会遮挡他们的视线，最多只是碰到黑布条的下沿而已（图6-6）。山不转水转，水不转人转，既然改造建筑本身是一件很麻烦的事情，那就转换思路，想办法影响人的行为，临时改变人的行为。为了让这些悬挂在陈列室内的黑布条看起来更加自然，又在每一块黑布条的底部均匀地吊坠了一些马铃铛，每当有人经过的时候，黑布条就会带动铃铛，发出清脆的声音，既呼应了茶马古道的主题，又营造了陈列室的气氛。

图6-5 修复后的魁阁与两翼连接（黄印武，2011：66）

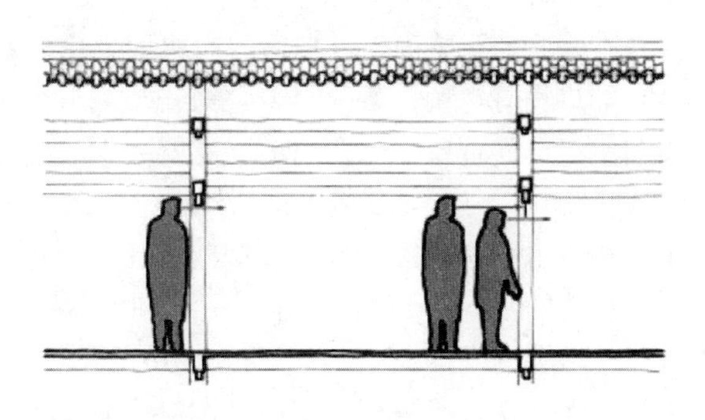

图6-6 陈列室中的视线设计（黄印武，2011：67）

例2：将左右脚踏面分开布置，既保持楼梯坡度，又将踏步高度降低一半。

问题描述：南寨门（图6-7）原先的防御功能已经不存在，但是多了一份旅游参观的要求。这样一来，本来是供守夜的村民上下二层的简易楼梯就不适合于游客参观使用。寨门一层比较高，但是空间却比较小，楼梯的坡度必然很陡，对于习惯了依照建筑规范设计出来的楼梯的城市游客，这样的楼梯就显得相当不安全。这里便需要因地制宜地设计。

解决方案：设计了一种新的楼梯（图6-8）。这种楼梯并不改变楼梯陡直的坡度，而是按照左右交替迈步的特点将左右脚的踏面分开布置，可以在保持坡度的同时，将长度缩短到正常楼梯的1/2左右。这种楼梯最早在东寨门旁的小屋里做了实验，在此则是正式应用于公共场合。

图6-7　修复后的南寨门
（黄印武，2011：165）

图6-8　为南寨门设计的楼梯
（黄印武，2011：167）

6.6.6　深圳大学学生公寓设计要点[①]

南方地区大学生公寓设计要点：

（1）上床下桌的组合式家具最受学生欢迎，采用这种家具时，室内空间净高应该保证在3m以上。

（2）宿舍配阳台。热湿地区经常要洗澡换衣，晾衣空间相当重要。阳台可以容纳洗衣、晾衣的空间，同时也可以起到遮阳的作用，为室内创造良好的小气候。

（3）在采光通风方面，外单廊式公寓明显比内走廊公寓优越。

（4）如果没有空调，宿舍至少必须安装风扇。

（5）手机已经普及，宿舍内部不需安装固定电话。因为宿舍空间狭小，固定电话反而对保护私密性不利，也会影响干扰其他人，可以只在走廊设公用电话。

（6）由于电脑、手机等电子设备越来越多，每个人都需要有各自的网络和电器插座，这对设备专业的细节设计提出要求。网络和电器插座的安装位置需要与家具桌面配合，均匀分布，方便使用。

（7）潮湿的南方地区在一楼不宜设置宿舍。除了门厅外，可以作为架空层，作为自行

---

① 案例来源：吴成，2012：80～81。

车的停放空间，或者设置公共洗衣房等服务设施。

（8）可以考虑布置适量的自习室或健身设施。

6.6.7　老年住宅室内设计要点①

1. 门厅

（1）门把手应选用旋转臂较长的拉手，不应采用球形把手。

（2）鞋柜下方应留出300mm左右的空间，安排部分开敞的放鞋空间。

（3）鞋柜旁要设置鞋凳，鞋凳应结实、稳定、坐面要宽。

（4）鞋凳旁宜设置竖向扶手，帮助老人站立起身。

（5）如家中有坐轮椅的母亲，入户门应设有高低两个观察孔，低位观察孔便于轮椅老人使用。

2. 客厅

（1）沙发与茶几间的通行距离要大于30cm，保证母亲进出时不会磕碰。

（2）客厅空调附近要上下各预留一个插座，保证母亲自己在家时方便使用。

（3）客厅与阳台地面连接处尽量做到平接，阶差最好不要超过30cm。

（4）客厅照明开光，宜靠近母亲卧室的通道旁。

（5）要在过道附近为母亲设置边几，可放置电话或随身物品。

3. 餐厅

（1）要设置餐边柜，高度保持在90cm左右。便于母亲取放餐具。

（2）轮椅专座应在进出方便的位置，餐桌下留空的高度应能让轮椅插入。

（3）餐厅要靠近厨房，以缩短母亲的行走路线，便于处理家务。

4. 厨房

（1）炉灶和水池两边都要留有操作台面，尽量选择宽大的水池和操作台面。

（2）吊柜下沿设置灯具，为洗涤池及操作台提供照明。

（3）厨房墙面材质应耐油污、易擦拭。炉灶周边的墙面及柜体，要耐火、耐高温。

（4）设置中部柜，开敞式物品架。

（5）炉灶最好具有自动断火功能。

（6）水池和炉灶前要设扶手。

5. 卧室

（1）卧室照明要设置双控开关，一处靠近入门处，一处在床头。

（2）床头应设紧急呼叫器。

（3）用靠背椅代替衣架。

（4）衣柜增加隔板空间。

（5）进深要比一般卧室大。

（6）尽量做到躺在床上就可欣赏到窗外风光。

6. 洗手间

（1）洗手间尽量使用推拉门，地面平接设计。

---

① 案例来源：搜狐焦点，2013。

（2）马桶两侧要设置起身用的把手。

（3）冲凉区要摆放供母亲淋浴用的冲凉凳，墙面要设置把手，以防跌倒。

（4）洗浴用品放置不宜过高，可放在花洒的下侧，方便母亲使用。

（5）可在洗手间地面放置防滑垫。

7. 阳台

（1）宜采用升降式的晾衣架，最好使用遥控型。

（2）可将洗衣和晾衣功能集中设置在阳台上，减少母亲多次、反复地走动。

（3）阳台玻璃门要加装易识别的横条，防止母亲碰撞玻璃门。

（4）如果母亲要种菜或养花，阳台上要设计专门区域。

8. 走廊

（1）墙壁的连续扶手要使用近圆形的扶手，扶手两头端部向下方或墙壁方向弯曲。扶手高度约在0.7~0.8m，要注意材料的手感和耐久性，要用易握且不滑、不冰的材料。

（2）走廊宽度不应小于1m，进房间的入口宽度不得小于0.8m。

（3）地面建议使用复合式木地板，不建议使用地毯。

（4）各房间地面的高差应控制在3mm以内。

（5）应设置带指示功能的大面板开关，走廊照明光线不应和其他房间产生明显亮度差。

（6）走廊不宜过于曲折。

6.6.8 医疗建筑的愈合环境设计

1984年，Roger Ulrich博士在《科学》杂志上发表了一篇开创性的文章，他的研究比较了随机分组的胆囊手术患者的治疗结果，其中一半患者的病房可以看到树木，另一半患者的病房只能看到砖墙。研究结果表明，能够欣赏自然景观的患者不仅住院时间更短，使用止痛药更少，而且还有其他积极效果，包括更高的满意度等。

另有研究证明，无论是病人还是普通人，在看见自然环境的同时能在5分钟以内显著减轻压力，还能改善情绪和发生生理变化，如降低血压和心率，使病人镇定等。甚至就连在室内放置大自然的绘画，都会产生积极的效果。但需要注意的是，患者病房的墙面不能悬挂抽象性绘画，以免造成患者心里不安。此外，采用自然采光和通风的愈合环境，可以有效控制和减少与细菌相关的疾病，防止院内感染。

6.6.9 教学空间设计①

西方国家循证设计所考证的教学空间的设计原则主要集中在以下几个方面，证据比较充分，具有广泛的推广意义。

1. 创造灵活多变的教学方式

多变的授课模式可以提高学生的积极性。传统“盒子”式的教室，已经不能满足当代教学法多变的需求。循证设计通过可移动式的桌椅设计，使得教学空间能够轻松地应付不断变换的授课模式，保证学生持续地参与互动。

① 案例来源：舒平，2014：268。

2. 提供先进高效的技术协助

当今的学生从小与数字设备相伴，十分擅长使用技术手段展示和分享信息。学生之间、师生之间的互动，都需要上网、播放视频、媒体演示等。因此，多投影设备和显示屏的设置都是设计教室时需要考虑的因素。

3. 营造舒适宜人的物理环境

室内光环境对提高学生的学习成绩十分有效，设计应充分利用自然光；室内空气质量与学生缺勤率、疾病的传播率密切相关，设计应考虑自然通风、绿色建筑材料、空气调节系统等；噪声会分散学生的注意力，设计中可以使用一些具有吸声功能的材料。

6.6.10 施工图精细化设计①

例1：建筑专业施工图应体现必要的其他专业的相关信息。

由于目前在现场施工过程中，施工单位的工长或施工员很少在施工现场有详细比对建筑与其他专业图纸的习惯。很多情况下，土建工程人员的习惯是先拿建筑图纸进行放线、定位，再拿结构图纸进行配筋、浇筑。所以为了避免工程现场实际的“施工遗漏”，建筑施工图中需要尽量补充必要的其他专业信息。建筑的图纸上增加了准确的结构尺寸限定，将大大有助于建筑师在图纸上对于室内准确空间形态的把握，也便于对其他配套专业条件的精确限定。

例2：施工图中应在结构变化面上明确建筑与结构标高。

通常图纸上的标高是建筑标高。但是，由于很多部件的部位和安装都是直接作用在结构面上的，比如栏杆，如果设计师想在平台上设计一个高度1m的栏杆，在建筑施工图纸标注上，也是平台之上设计高度是1m的栏杆，而厂家照图加工的尺寸也是1m。但如果平台收边是很厚的干挂石材做法（或者结构面上是其他比较复杂的做法），这样加工完成的1m高的栏杆，安装在结构面之上，但从建筑面来看最终效果是不足1m的，这就会带来一系列的误差，甚至是无法满足安全规范。因此，为了避免各种收口困难和栏杆高度问题，建议在图纸中要分别明确结构变化面上的建筑与结构标高，以保证准确的施工尺寸。

例3：面砖铺贴需反映实际设计、施工和采购的真实情况。

以往设计施工图中由于不涉及材料部品的研究，相应地自然也就无法涉及施工和采购的问题。在这种背景下的施工图局部，往往是依靠简单的填充命令来完成，其成果仅仅相当于一个意象表示。由于图纸是半成品，存在大量设计甩项，工艺做法不详，材料标准不确定，数量统计不精确。二次设计、材料选样实则是随意设计，甚至无人设计。最终导致现场大量变更调整，成本失控。因此应该做到材料与部品设计并行，同时在施工图的详图中明确实际的材料尺寸及铺贴方式。

6.6.11 工程常见问题

工程常见问题及相应措施见表6-21。

① 案例来源：沈源，2010：119~122。

工程常见问题及相应措施　　表 6-21

问题及解决措施描述	实景照片
问题 1. 地下室透光井，下大雨时，雨水直接灌入车库，容易造成安全隐患 **解决措施：** 加装透明顶盖解决；或者，如希望保留顶部天井，地面则应处理成室外花园	
问题 2. 车库污水井盖采用水泥盖板，维修时无法打开 **解决措施：** 建议换成不锈钢格栅以方便维修	
问题 3. 住宅单元可视对讲机、闸机未防护，雨水飘进，易造成主机损坏 **解决措施：** 加装挡雨板	
问题 4. 石材间隔缝隙太小，留缝只有 5mm，维修需要自上而下全部拆卸 **建议：** 石材间隔缝隙宜为 6 ~ 10mm	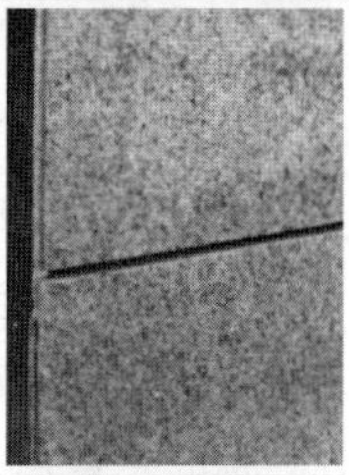
问题 5. 地面交接处理不当 **建议：** 做成短坡	
问题 6. 强电机房无门槛儿，下雨积水达十多公分，必须专人不停舀水，否则淹入机房，后果严重	

续表

问题及解决措施描述	实景照片
问题 7. 石材尺寸太大，每块重达 300kg，给运输和安装带来极大困难	
问题 8. 爬梯不防滑	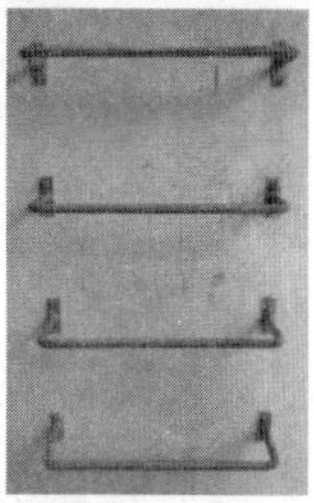
问题 9. 预设计不到位	
问题 10. 落水管存在安保问题	
问题 11. 屋顶平台南向女儿墙上栏杆高度小于 1100mm **解决措施：**确认此平台为疏散楼梯通向的上人屋顶，须增加 150mm 高的栏杆扶手	
问题 12. 种植绿篱过长，影响车开门 **解决措施：**将绿篱减短 1/2	

案例来源：问题 1～10 来自张道真，2013、2015；问题 11～12 来自沈源，2010：159～160。

6.6.12　巧妙合宜的设计构思①

1. 深圳南海酒店：从充分利用环境资源的角度切入创作，处理以人为主，山、建筑、海面的连接关系（图6-9～图6-12）。

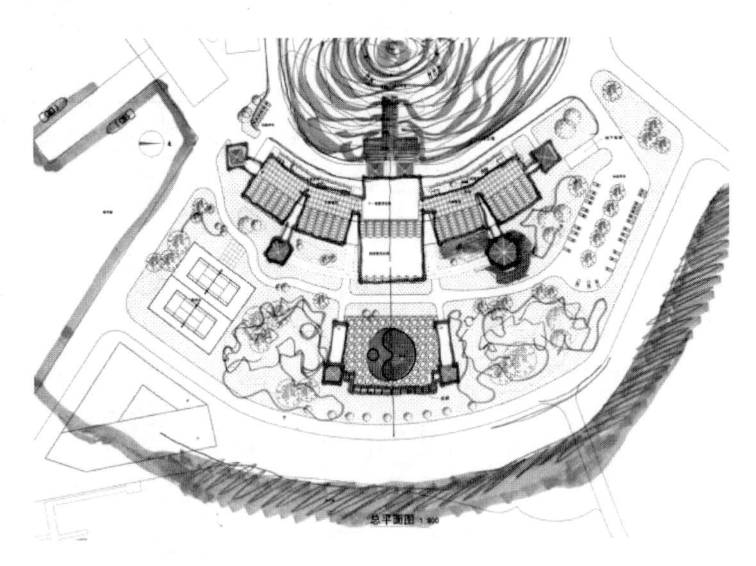

图6-9　深圳南海酒店构思草图一

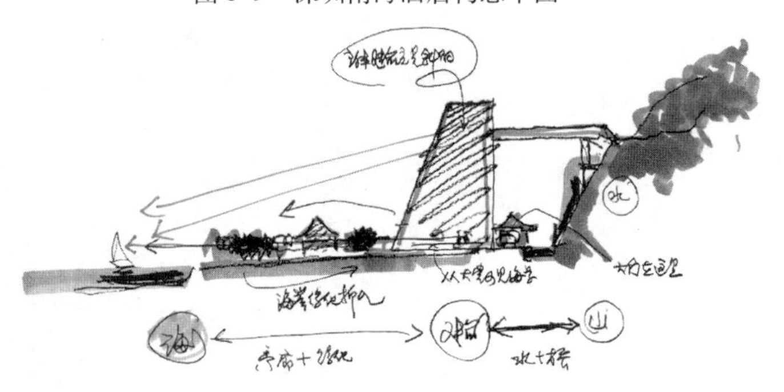

图6-10　深圳南海酒店构思草图二

图6-11　深圳南海酒店建成效果一

图6-12　深圳南海酒店建成效果二

① 案例来源：陈世民，2015。

2. 深圳金融中心：以多面型模式的群体组合，解决了“3家单位都以深南大道为主，不易协调”的问题，使每栋塔楼都有独立出入口广场和经营空间，整体建筑又以综合体形象成为城市标志（图6-13～图6-15）。

3. 深圳罗湖火车站：从文化角度融合多方因素进行建筑形态和风格创作。针对“建筑高度固定为50米”的设计要求，为避免对广场造成压迫感，建筑采用顶层后退的造型（图6-16、图6-17）。

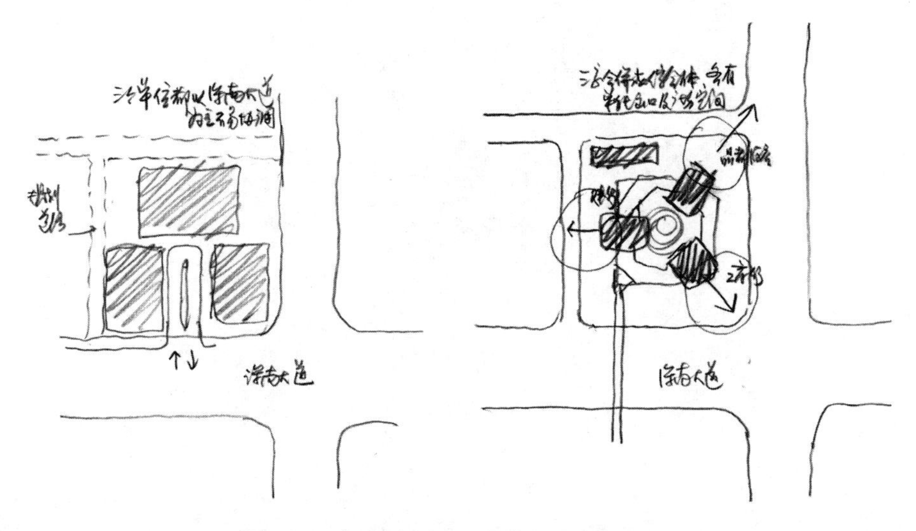

图6-13　深圳金融中心群体组合方案比较

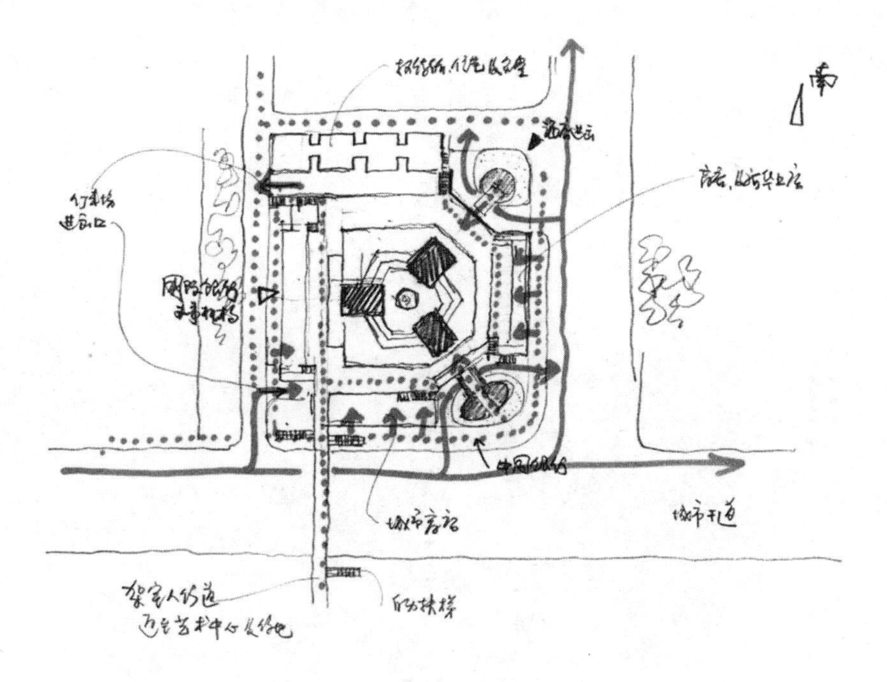

图6-14　深圳金融中心总平面示意图

图6-15　深圳金融中心建成效果

4. **深圳赛格广场**：现代建筑的核心价值观即效率和效益。这座279.2m的超高层建筑，首先突出交通系统的组织和城市广场的安排，建立双地面层，确保人群行为有效，增加商业效益（图6-18、图6-19）；首次采用超高层钢管混凝土结构，提高了空间使用效益，同时减轻了建筑自重。

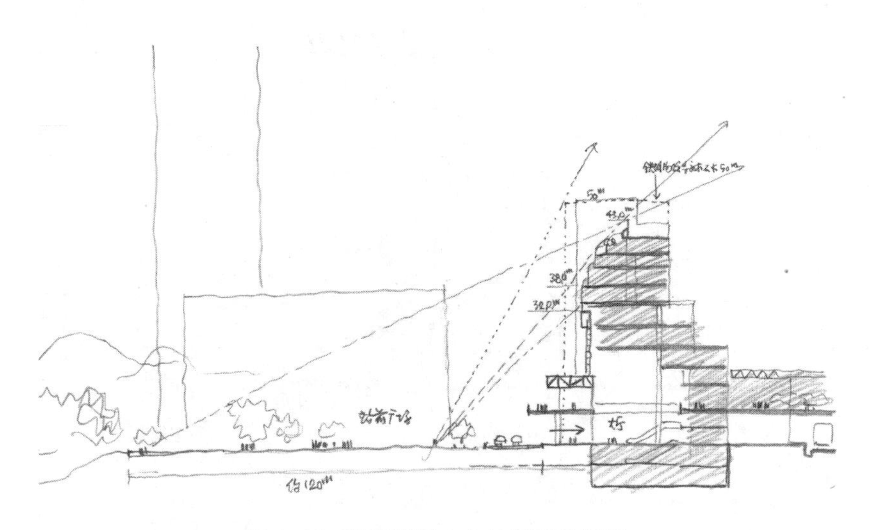

图6-16　深圳罗湖火车站剖面分析图

图 6-17　深圳罗湖火车站建成效果

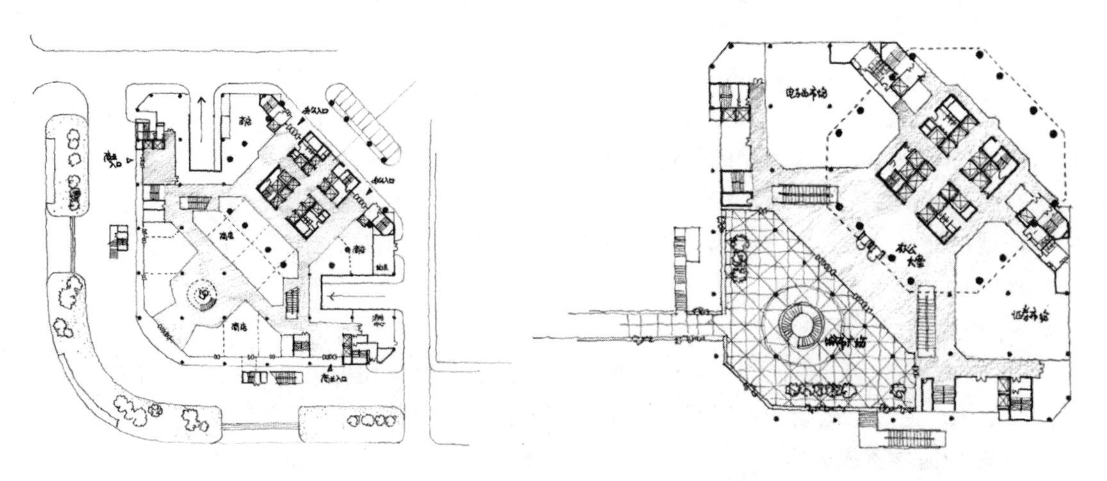

图 6-18　深圳赛格广场地面层平面图

图 6-19　深圳赛格广场城市广场及大堂层平面图

本章小结

本章针对证据生产过程所涉及的各个相关环节进行了初步的拆解分析和实施策略探讨，并列举了一些不同来源、不同类型的、具有代表性的证据样本，以此为基础便可以在实践层面展开对大量证据的收集和制作。实际上，有价值的证据比比皆是，任何的建成项目、研究成果中都或多或少地蕴含着一些可贵的经验教训，唯一的问题在于，这些知识并不像最终的施工图一样“现成地存在”，而是需要有意识地专门发掘和积累，而这也正是循证设计的根本使命和真正价值所在。

第7章　证据的表达与存储

证据的存储即是将制成的证据存入结构化的数据库（循证设计网络中心）的过程。项目信息经过集成和检验，按照规范化的格式被制成合格的证据之后，接下来就是根据证据的来源、主题及其他相关属性对证据进行分级、分类，并按照相应的标准建立证据表达模型，然后基于统一的编码和存储机制，整合纳入循证设计网络中心。

7.1　证据分级

实际上，“循证医学的最大贡献并非是提出了遵循最佳证据的原则，而是提出了一种确保人们遵循最佳证据的方法。这一方法就是将所有的研究证据进行分级，把当前所能得到的级别最高的证据当作治疗的最佳证据”（杨文登，2012：112）。

同样，对于循证设计而言，在查找证据时，也需要判断证据的级别，以利于获得“最佳”证据。那么，很显然，作为证据库建设的第一步——证据的存储，便首先需要制定证据的分级原则和方法。

7.1.1　循证医学证据分级

以循证医学为例，不同类型的证据按其来源的可靠性、研究方法的科学性等被划分为不同的层级，通过层级结构可以轻而易举地判断证据的可信性。

1. 循证医学资源分类[①]

Haynes 等于 2001 年提出了循证医学资源的“4S”模型（图 7-1），该模型是一种金字塔形层级结构，将信息资源由高到低分为 4 类，依次为：证据系统（System）、证据摘要（Synopses）、系统评价（Syntheses）和原始研究（Studies），级别越高，可信度越高。

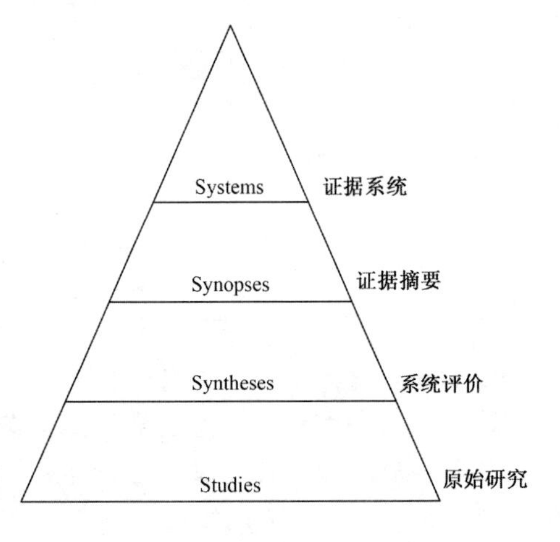

图 7-1　Haynes“4S”模型——证据分级示意图

1）证据系统

证据系统即计算机决策支持系统，是针对某个临床问题，概括总结所有相关的重要研究证据，并通过系统与特定患者的情况自动联系，为医生提供决策支持信息。但是，现有数据库尚未达到这种高智能化程度，只有少量数据库具备其中的部分功能。

① 本节来源：王家良，2014：18 。

2）证据摘要

证据摘要即循证杂志摘要。为帮助临床医师快速、有效地查询文献，临床专家和方法学家共同组织起来，基于严格的评价标准，对主要医学期刊上发表的原始研究和二次研究证据从方法学和临床重要性等方面进行评价，筛选出高质量的文献，以结构式二次摘要的形式再次出版，并附专家推荐意见。

3）系统评价

系统评价是针对某一具体临床问题，系统、全面地收集全世界现有的全部临床研究成果，经过严格评价，筛选出符合质量标准的文献，然后进行定性或定量合成分析（Meta-Analysis），以得出可靠的综合结论。

4）原始研究

原始研究是发表在杂志及文献数据库、未经专家评估的文献资料。实践者在应用此类文献时，需要自己对研究结果的真实性、重要性和适应性进行评估以后方能应用。

2. 循证医学证据分级①

循证医学的证据已经历了最初针对有效性的老五级分级（表7-1）、2001年英国循证医学中心修订的过渡阶段的混合新五级分级（表7-2），到2004年美国学者提出的新九级分级（表7-3）等阶段。

老五级证据分级（李幼平，2010：226） **表7-1**

级　别	内　　容
Ⅰ级	收集所有质量可靠的随机对照实验后做出的系统评价或meta分析结果
Ⅱ级	单个大样本的随机对照实验结果
Ⅲ级	设有对照但未用随机方法分组的研究如病例对照研究和队列研究
Ⅳ级	无对照的系列病例观察
Ⅴ级	专家意见、描述性研究、病例报告

新五级证据分级（2001年）（李幼平，2010：226） **表7-2**

级别	内　容	级别	内　容
1a	同质随机对照实验的系统综述	2c	结果研究，生态学研究
1b	单个随机对照实验（可信区间窄）	3a	同质病例对照研究的系统综述
1c	全或无病案系列	3b	单个病例对照
2a	同质队列研究的系统综述	4	病例系列研究（包括低质量队列和病例对照研究）
2b	单个队列研究（包括低质量随机对照实验，如随访<80%）	5	基于经验未经严格论证的专家意见

① 本节来源：李幼平，2010：226~227。

新九级证据分级（2004年）（李幼平，2010：226）　　表7-3

级别	内　　容	级别	内　　容
一级	系统评价和meta分析	六级	病例报告
二级	随机对照双盲研究	七级	论述、观点
三级	队列病例研究	八级	动物研究
四级	病例对照研究	九级	体外研究
五级	系列病例研究		

以上都是从研究者的角度和设计质量方面来评价证据的好坏，而忽略了执行过程的质量评价，终端用户不友好。2000年WHO组织全球17个国家67位证据分析专家用4年的时间推出一个简单的推荐分级的评价、制定与评估（Grading of Recommendation Assessment，Development and Evaluation，GRADE）标准，这是一个从使用者角度制定的综合性证据质量和推荐强度标准，易于理解，方便使用，已为WHO、Cochrane协作网等众多国际组织和协会采纳，成为证据发展史上的一个标志。2008年GRADE工作组对GRADE系统作出补充说明。表7-4～表7-6是GRADE标准的简要介绍。从证据质量的评价到不同推荐强度的表述实现了从证据研究到证据使用的跨越。

GRADE标准：证据质量分级（李幼平，2010：227）　　表7-4

证据质量	具体描述
高	未来研究几乎不可能改变现有疗效评价结果的可信度
中	未来研究可能对现有疗效评估有重要影响，可能改变评价结果的可信度
低	未来研究很有可能对现有疗效评估有重要影响，改变评估结果可信度的可能性较大
极低	任何疗效的评估都很不确定

GRADE标准：推荐强度分级（李幼平，2010：227）　　表7-5

推荐级别	具体描述	含　　义
强	明确显示干预措施利大于弊或弊大于利	对患者：多数患者会采纳推荐方案，只有少数不会；此时若未予推荐应说明
		对医生：多数患者应该接受该推荐方案
		对政策制定者：该推荐方案在大多数情况下会被采纳作为政策

续表

推荐级别	具体描述	含　义
弱	利弊不确定或无论质量高低的证据均显示利弊相当	对患者：多数患者会采纳推荐方案，但仍有不少患者不采用
		对医生：应该认识到不同患者有各自适合的方案，帮助每个患者作出体现他们价值观和意愿的决定
		对政策制定者：制定政策需要实质性讨论，并需要众多利益相关者参与

GRADE 标准：证据质量分级与推荐强度（节选自李幼平，2010：227）　　表 7-6

证据质量	推荐强度	证据质量	推荐强度
高	支持使用某项干预措施的强推荐	低	反对使用某项干预措施的弱推荐
中	支持使用某项干预措施的弱推荐	极低	反对使用某项干预措施的强推荐

7.1.2　循证设计证据分级

1. 证据分级

综合借鉴循证医学证据的分级方法，结合建筑专业自身的特点以及当前的现实状况，本研究提出如下的循证设计证据分级原则：由于现有学术文献、书籍、网站等来源的信息，其形式并非基于循证设计的应用目的，其成果也未经过实践的检验，因此，其研究结果的可靠性有待进一步考证。相比之下，经过研究者严格设计，针对实践项目开展的实际调查研究，只要执行得当，可信度会很高。因此，应优先选用纳入循证设计中心的经过严格检验和制作的高质量的研究证据。而对于各种网站资源，由于其缺乏统一审核监管，应当特别谨慎对待，加强检验。在此原则指导下，本研究将循证设计的证据分为以下 6 大级、13 小级（表 7-7）。

循证设计证据分级　　表 7-7

级别	内　容	级别	内　容
1a	纳入循证设计中心的系统评价证据	4	一般性的现场观察结果
1b	纳入循证设计中心的单个对照实验证据	5	专业书籍的案例报告、描述性研究
1c	纳入循证设计中心的无对照实验但经检验的系列案例研究证据	6a	科研院校、政府和行业网站信息
1d	纳入循证设计中心的严格执行的单个案例研究证据	6b	建筑专业网站和论坛信息
1e	纳入循证设计中心的其他原始证据	6c	企业网站信息
2	对现有同行评议的相关文献的综述结果	6d	互联网、大众媒体及各种坊间评论
3	基于多年的实践经验，未经严格论证的专家意见论述、观点		

2. 证据推荐标准

证据分级的最终目的是为了便于使用，因此，与循证医学的“GRADE”标准相对应，在评价证据来源质量的同时，也需要面向执行过程，为使用者制定综合性的证据质量和推荐强度标准（表7-8），以方便理解和使用。

循证设计证据质量与推荐标准（自绘）　　表7-8

证据质量	具体描述	推荐强度
高	大量研究成果明确显示干预措施具有良好疗效，而且未来研究几乎不可能改变现有评价结果的可信度。同时不采用该干预措施将会导致不利或不便	控制性条款（纳入国家条文及规范）
	大量研究成果明确显示干预措施具有良好疗效，而且未来研究几乎不可能改变现有评价结果的可信度	推荐使用建议
中	研究成果明确显示干预措施具有良好疗效，但未来可能对现有疗效评估有重要影响，可能改变评价结果的可信度	选择性使用建议（强）
低	证据强度不足，利弊不确定或无论质量高低的证据均显示利弊相当，未来研究很有可能对现有疗效评估有重要影响，改变评估结果可信度的可能性较大	选择性使用建议（弱）
极低	研究成果表明干预措施很不确定、无效，甚至有害，或在经济学上不合理	不使用或禁止使用建议

7.2　证据分类

证据的分类存储是循证设计网络中心建设的基础和关键步骤。所谓“分类”就是以应用为目标，根据证据的性质、特点、用途等属性特征，按照一定的原则和方法建立相应的类别标准，将符合同一标准的证据进行聚类，从而形成有规则的集合，通过对该集合中的对象所具有的一般特征的概括，逐步搭建起一个系统性的分类汇总框架，基于这种理性的框架，并结合对证据自身特点的分析，可以快速有效地完成对大量证据信息的分拣和吸纳，同时按照统一的规则进行明确地编码，从而使循证设计网络中心的管理更加有序化、细致化和结构化，以利于证据的存储管理和查询利用。

7.2.1　分类方式

信息分类有两种基本方式：线分类法和面分类法。线分类法是将拟分类对象按所选定的若干个属性或特征逐次地分成相应的若干个层级的类目，并排成一个有层次的、逐级展开的分类体系。面分类法也称平行分类法，是把拟分类对象根据其本身固有的属性或特征，分成相互之间没有隶属关系的面，每个面都包含一组类目。将某个面中的一种类目与另一个面的一种类目组合在一起，即组成复合类目。面分类法的优点是：类目可以不断扩充、结构弹性好、不必预先确定好分组、适用于计算机管理等。

传统的建筑分类体系以线分法为主。20世纪90年代以后，ISO在总结传统分类体系成果的基础上提出了现代建筑信息分类体系（CICS）的框架ISO/DISI2006-2，随后英国、瑞典和美国以此为基础分别制定了UNICLASS、NBSA和OCCS。现代建筑信息分类体系（Construction Information Classification System，CICS）采用面分法，每个分类代表着建筑信息的某个方面，将各类目整合在一起才能构成建筑的全貌。

由于设计证据本身具有多样性和复杂性特征，同时，考虑未来建筑行业信息系统的全面整合，因此，循证设计的证据分类体系也应当与建筑信息分类体系（CICS）相一致，采用面分法的信息分类方式。在证据存储与检索的过程中，需要先将证据对象的附着信息进行多元性归属分析，然后分别基于不同的分类标准，归于相应的类型集合。通过这样的分析，一个独立证据就具有了多个方面的类别属性对应关系。

7.2.2　分类方法

对证据进行分类的基本原理是：在证据预处理过程中，研究者基于专业知识、实践经验或者某种标准、科学方法，对证据对象进行特征选择和特征抽取，与此同时，从证据库中获取一个或几个恰当的属性特征集，从而将证据对象分配到相应的集合（类别）中。常用的分类方法如下：

1. 经验判断

经验判断就是研究者直接基于自身的专业知识和实践经验，以及所占有的历史和现实资料，对研究对象作出有关研究结果趋向判断的一种分析方法。经验判断的成功和准确与否，与所掌握的资料以及研究者的分析和推理能力紧密相关。

2. 德尔菲法

德尔菲法，又称专家规定程序调查法，其特点是采用背对背的方式征询专家小组成员的预测意见。基本过程是：由调查者拟定调查表，按照既定程序，以函件的方式分别向专家组成员进行征询；而专家组成员又以匿名的方式（函件）提交意见。经过几次反复征询和反馈，专家组成员的意见逐步趋于集中，最后获得具有很高准确率的集体判断结论。

3. 对比类推法

对比类推法是指由预测人员把预测的事件同其他相类似的现象或指标加以对比分析来推断未来发展变化趋势的一种方法。通过对比类推，找出某种规律，推断出对象的发展变化趋势。

4. 相关推断法

相关推断法是以事件的因果关系原理为依据，从已知相关事件的发展趋势，来推断预测对象的未来变化趋势。首先要依据理论分析或实践经验，找出同预测对象或预测目标相关的各种因素，再依据事件相关的内在因果关系进行推断。

5. 聚类分析

聚类分析是通过数据建模简化数据的一种分类方法。在聚类过程中，研究对象将被分类到不同的类，同一类中的对象具有很大的相似性，而不同的类间的对象有很大的差异性。聚类分析是一种探索性的分析，不必事先给出一个分类的标准，聚类分析能够从样本数据出发自动进行分类。聚类分析所使用的方法不同，得到的结论就有可能不同；不同研究者对于同一组数据进行聚类分析，所得到的结果也未必一致。

6. **多维尺度法**

多维尺度法是一种将多维空间的研究对象简化到低维空间进行定位、分析和归类，并同时保留对象间原始关系的数据分析方法。多维尺度分析实际上是一个“降维”过程，其首要任务是从不同侧面分别对所研究的问题做出准确的界定。

7.2.3　分类标准

对证据的分类可从各种不同的角度考虑，比如按主题划分，按性质划分，按来源划分，按形态划分，按处理程度划分，按目标划分，按项目类型划分，按阶段划分，按专业划分，按责任主体划分，按问题属性划分，按空间功能划分，按适用范围划分，等等。每个证据都以不同的形态或方式表现着不同侧面，每一个侧面都代表着一种相应的属性。在证据分类的过程中，可以基于不同的属性特征，划分不同的类别，甚至需要在主题属性下结合子主题之间存在的明显差异将其再分类。本研究作为对证据分类方法的初次讨论，尚不涉及严格的完整分类标准。仅仅基于建筑的一些常规特征，初步探讨对证据进行分类的可能性，由此建立一个划分证据类别的大致范围和框架，具体的分类细节还有待后续谨慎深化。

1. **根据项目类型划分**

民用设计项目按照建筑功能可大致分成15大类：居住建筑、办公建筑、宾馆建筑、城市规划、医疗建筑、交通建筑、商业建筑、科研建筑、广电建筑、教育建筑、体育建筑、会展建筑、室内设计、景观设计、园林建筑。除此之外，还有演会建筑、工业建筑、可持续建筑、历史建筑保护、城市规划、旧城改造等。

2. **根据证据涉及的专业领域划分**（与最新的BIM国家标准相一致）

规划、建筑、景观、室内装饰、结构、给排水、暖通、电、绿色节能、环境工程、勘测、市政、经济、管理、采购、招投标、产品等。

3. **根据责任主体来划分**

可分为政府方、投资方、建设方、策划方、设计方、施工方、监理方、预算方、建材方、产品方、设备方、物业方、用户方等。

4. **根据建筑细部划分**

可分为立面造型、入口、门厅、大堂、核心筒、卫生间、流线组织、标准间、各类专用空间、设备间、雨篷、台阶、楼梯、电梯、门窗、墙体、屋顶、吊顶、阳台、栏杆、构件、产品、设备、设施、构件、材料、铺装、雕塑、标识、广告、橱窗、遮阳、隔声障、围墙等。

5. **根据项目全生命周期阶段划分**

规划、策划、设计、制造、施工、运维、改造、拆除、回收等。

6. **根据证据的基本构成划分**

主题、背景、现象、原因、措施、结果、预防、适用场合、注意事项等。

7. **根据证据的形态划分**

数值、WORD文档、文本、效果图、CAD图形文件、PDF、施工图、3D模型、实体模型、BIM模型等。

8. **根据决策目标划分**

节约成本、提高效益、新颖效果、缩短工期、特殊风格、高端品质、实用舒适、节能、节水、节地、节材、环保、自然通风、自然采光、专项技术等。

9. 根据问题性质划分

质量类、进度类、费用类、安全类、环境类、技术类、管理类、资源类、组织类、风险类等。

10. 根据问题归属划分

功能组织、结构、给水排水、采暖、电气、装饰、施工组织、工程技术、管理维护、部件品质、建材、设备、设施、综合等。

11. 根据证据来源划分

系统评价、对照实验、原始证据、二次文摘、学术期刊、相关规范、专业网站、政府网站、企业网站、专业书籍、大众媒体等。

12. 根据证据的适用程度划分

政策建议、设计常识、关键问题、常见问题、设计原型、特殊问题等。

13. 根据证据的载体划分

室外场地、围护结构、设备系统、配套设施、使用空间等。

14. 根据建筑的性能划分

实体构成、几何特征、材料、构造、采光、通风、保温隔热、防水防潮等。

15. 根据证据信息的归属划分

项目基本信息类（如项目背景、规模等）、实体信息类（如围护体系、设备设施等）、设计类（如设计构思、解决措施等）、技术类（如工程常见问题、施工技术等）、管理类（如设计与施工组织、运行维护等）、生产制造类（产品、制造商、施工单位等）、公共信息类（如政策法规、规范标准等）、经济类（如项目成本、效益、销售状况等）、商务类（合同、审批报建等）、环境类（自然条件、能耗、污染等），等等。

16. 根据证据的特性划分

规范类、原理类、方法类、专家经验类、实例类、市场类、技术类，等等。

证据的分类标准有很多角度，实际上分类的角度与研究的目的密切相关。本研究作为初次探讨，主要是举例示意，具体而完整的分类还需结合实际研究目标及项目特征深入探讨。概言之，循证设计网络中心是一个基于“主题”的，采用“面分法”的信息系统。本质上，各项分类标准都可以看作是与主题相关的不同侧面，每一个侧面又包含若干个子主题，而每一个子主题都是一种属性的代表。在证据存储过程中，基于对证据对象附着信息的多维分析，将其分别归于相应的主题、子主题集合，从而使其具有多方面的类别属性对应关系。如此一来，通过证据的多维交叉和高度集成，就可以保证证据检索的效率和准确性。

7.3　证据表达体系

为了进一步实现对证据知识的计算机管理，以及与其他信息系统间的数据交换，还需要基于统一的规则，用适当的符号对证据知识加以表达，将其变成便于计算机理解和处理的、易于传播和交换的形式，并对其进行结构化的编码。

7.3.1 知识表达方式[①]

知识表示实质上就是知识的符号化。它将各种知识表示成一种合适的数据结构，并将数据结构和解释过程相结合，在程序中以适当方式使用，从而使得程序产生智能行为，以识别和反馈用户需求。

知识表示经过多年的探索与研究，现在已经形成的针对计算机的知识表示方法有：产生式、谓词逻辑、框架和脚本、语义网、过程模式、直接表示法、面向对象的知识表示和基于本体的知识表示等。

1. 产生式

在自然界的各种知识单元之间存在着大量的因果关系，这是前提和结论之间的关系，可用产生式（或称规则）来表示。产生式（规则）：前提和结论之间的关系式。表示形式：前提—结论。结构为："若这个条件发生，则执行这个行动"，也就是 IF（前提），THEN（动作）。

2. 谓词逻辑

谓词逻辑是一种自然的知识表达形式，能够准确、严密地表示知识，是最早使用的一种知识表示方法，它具有简单、自然、精确、灵活、模块化的优点。由于表示成了谓词的形式，进行推理起来是比较方便的，但有许多知识是无法表示为谓词的，因为谓词只能表示出精确的知识，而对不确定的事物无法有效表示；同时这种表示方式也不能很好地体现知识的内在联系。谓词逻辑其基本组成部分是谓词符号、变量和函数。简单的表示式为：$P(A_1, A_2, A_3, \cdots, A_n)$。

3. 框架和脚本

框架是把某一事件或对象的相关知识存储在一起的一种复杂的数据结构。它的不足之处是限制了概念出现的场合，但相对于前面两种表示法，它更接近于人类的思维，无形中体现了知识适用的范围，而且它是可以继承的。框架非常适合于层次式知识的表示，如概念的分类及层次分解框架的结构：框架通常用于描述具有固定形式的对象。一个框架（frame）由一组槽（slots）组成，每个槽表示对象的一个属性，槽的值（fillers）就是对象的属性值。一个槽可以由若干个侧面（facet）组成，每个槽可以有一个或多个值（values）。

脚本方式是框架的一种特殊形式，它使用一组槽来描述事件的发生序列。脚本方式比框架方式应用范围窄，但对于理解自然语言描述的过程式知识是非常适用的。

4. 语义网

语义网络是一种结构化表示方法，它由节点和弧线或链线组成。节点用于表示物体、概念和状态，弧线用于表示节点间的关系。语义网络的解答是一个经过推理和匹配而得到的具有明确结果的新语义网络。语义网络可用于表示多元关系，扩展后可以表示更复杂的问题。语义网络图的优点是直观、清晰，但表达的范围有限，一旦结点数超过 10 个，且各个结点之间又有联系，这个网络就很难辨清。

5. 过程模式

过程模式是将某一有关问题领域知识同这些使用方法一起，隐式地表示为一个问题求

---

① 本节来源：钱亚东，2006：37～39。

解过程。过程表示用程序来描述问题，把知识包含在若干过程（程序和子程序）中，具有很高的问题求解效率。由于知识隐含在程序中难以维护，所以适用范围较窄。

当前人们正在把过程表示与框架理论研究结合起来以取长补短。

6. 直接表示法

直接表示方法即模拟法，通过模拟被表示的状况（如图形、几何体等的性质）表示知识。表示是通过对表示对象的直接观察而得到的，诸如相邻、相交、形状、尺寸和约束等等。例如用地图、模型和图形等来表示，它可以用特别自然的方式来表示某些方面的知识。

7. 面向对象的知识表示

面向对象知识表示是将多种单一的知识表示方法（如框架、产生式、过程模式等）按照面向对象的程序设计原则组成的一种混合知识表达方式。基本要点为：客观世界是由各种“对象”（objects）组成的，任何事物都是对象，复杂事物是由若干个简单对象组成的“对象”按照“类”（Class）、“子类”（Sub-Class）、“超类”（Super Class）进行分类。它将一组操作或过程封装在一起，统一了知识以及处理过程。对象既包括数据（属性），也包括作用于数据的操作（行为），所以一个对象把属性和行为集成为一个整体。存在共同的结构和行为的事物组成一个类，一个类可以实例化若干个对象，用对象的集合来表示知识。因此，知识可以用三元组来进行形式化表述：$K=(C, I, A)$。C 是类的集合，I 是实例对象的集合，A 是类及对象的属性集合。

8. 基于本体的知识表示

传统知识表示方法无法保证在传递和共享过程中知识理解的唯一性与无二义性；另一方面，在大量原子性知识的环境中对复杂知识的表达与推理可能会产生组合爆炸。为了解决上述方法中存在的问题，形成了知识本体（Knowledge Ontology）的概念。所谓知识本体是对领域知识的共享概念模型和明确的形式化规范说明。它提供了领域中基本术语（知识原子）与关系，并利用这些术语和关系构成知识的外延规则和复杂定义。知识本体的形式化定义可用以下四元组表示：Knowledgeontology：：=（Meta－data，Knowledge Atom，Relationship，Rule）。

7.3.2　面向对象的知识表示：IFC 标准

近些年来，BIM 信息系统和技术获得极大的重视和发展，然而，由于各研究机构、各专业、各阶段的系统之间都难以兼容且无法协同，严重制约着 BIM 的进一步发展。因而，当前急需一套可以为业界接受和认可的数据交换标准，来解决信息的交换与共享问题。为此，国际协同工作联盟组织 IAI（International Alliance for Interoperability）制定了 IFC（Information Foundation Class）标准，IFC 是目前国际建筑业事实上的工程数据交换标准，并已被接受为国际标准（ISO 标准）。

IFC 标准作为统一的规范来约束不同软件、系统所定义的不同数据类型的交换过程。在保留原系统自身数据存储格式的基础上，按照统一的数据交换标准（IFC 标准），增加数据交换层，以实现不同系统之间的数据关联效果。目前，通过 IFC 交换模型信息的软件，比较常见的有 Revit、AutoCAD Architecture 等，并且还有更多软件也在逐渐加入应用。

下面以梁的信息描述为例，简单介绍 IFC 标准中工程信息的描述方法：

#53 = IFCBEAM（X，#16，$，$，$，#28，#37，$）

```
ENTITY IfcBeam;
GlobalId: IfcGloballyUniqueId;
OwnerHistory: IfcOwnerHistory;
Name: OPTIONAL IfcLabel;
Description: OPTIONAL IfcText;
ObjectType: OPTIONAL IfcLabel;
ObjectPlacement: OPTIONAL Ifc ObjectPlacement;
Representation: OPTIONAL IfcProduct Representation;
Tag: OPTIONAL IfcIdentifier;
END-ENTITY;
```

图7-2　实体定义与实例数据之间的对应关系（节选自邱奎宁，2010：71）

“从图7-2中不难看出IfcBeam定义与中性文件格式之间的对应关系。首先，‘#53’是这个实例的实例名，其他实例要引用这根梁时，就用这个实例名，不同实例的实例名在中性文件里不重复。IFCBEAM是实例关键字，说明后面括号里的属性值是定义一根梁的。属性值之间用逗号隔开，其出现顺序按照属性定义的顺序排列，第一个属性GlobalId，其次是Owner-History、Name、Description属性，再往下是IfcObjectDefinition定义的属性，然后一直到IfcBeam自身定义的属性。如果某个属性没有赋值，也就是为空，就用作为占位符，对应这个例子，这根梁的Name、Description、ObjectType等几个属性没有赋值，用$代替。如果这个实例的GlobalId属性也用代替，就违反了IFC标准的定义，因为这个属性不是可选的（没有用OPTIONAL关键字修饰）。ObjectPlacement、Representation、OwnerHistory等属性引用了其他的实例，所以对应位置上用实体名表达”（邱奎宁，2010：71～72）。

在国际上，IFC标准的应用已经非常广泛。在新加坡，所有的设计方案都要以电子方式递交政府审查，政府要求所有的软件都要输出符合IFC标准的数据，而检查程序只要能识别IFC的数据即可完成任务。

美国已制定国家BIM标准，要求在所有政府项目中推广使用IFC标准和BIM技术，并开始推行基于BIM的项目集成交付（Integrated Project Delivery，IPD）模式。

中国建筑设计研究院标准设计院已于2005年加入IAI组织并得到承认。同时，标准院于2002年初，向建设部申请编制建筑行业标准，即《建筑对象数字化定义》标准，其内容主要采用面向对象的方法，统一建筑对象描述和定义的数据标准。建设部建标【2002】95号文批准了该标准的编制。本标准已经于2007年由建设部发布实施，编号为JG/T 198—2007。

2012年，我国住房和城乡建设部正式启动了一系列BIM国家标准的编制工作，分别是《建筑工程设计信息模型交付标准》《建筑工程设计信息模型分类和编码》《建筑工程信息模型应用统一标准》和《建筑工程信息模型存储标准》。

《建筑工程设计信息模型交付标准》将BIM信息的表达分为两部分：几何信息和非几何信息（即BIM信息模型+属性信息），并规定使用时以承载的属性为有效信息。

7.3.3　基于本体的知识表示

7.3.3.1　产品知识表达体系

美国斯坦福大学计算机系的知识系统实验室（Knowledge Systems Laboratory）从20世

纪90年代开始名为“How Things Work”的研究计划，主要目的是研究面向科学工程的基于工程本体（Engineering Ontology）的“共享可重用知识库（Shared Reusable Knowledge Bases)”。该研究较早地提出借用哲学概念本体（Ontology）来描述特定领域相关基本术语以及术语之间的关系（概念模型），从而建立共享知识库的基本单元。

本体是“共享概念模型的明确的形式化规范说明”，研究领域内的概念、概念属性、公理约束以及它们之间的关系。敬石开等（2014）在其著作中将本体定义为一个五元组O：=（C，C^R，ATT，H，A），其中，C为概念集合；C^R为概念关系集合；ATT是由二元关系所组成的属性集合；H是概念集合C之间的关系；A是本体O中公理的集合，实际上是关于概念、关系属性之间的一些约束条件。并对本体的形式化进行了如下定义：

<产品总体设计领域本体>：：=（<需求本体>，<功能本体>，<系统综合本体>）

<需求本体>：：=（<用户需求>，<系统需求>）

<用户需求>：：=（<类>，<基本属性>，<关系>）

<类>：：=（<需求>）

<基本属性>：：=（<用户需求ID>，<语义描述>，<用户需求槽>）

<关系>：：=（<Part-of>，<Kind-of>，<Instance-of>，<Attribute-of>）

本体的基本关系（敬石开，2014：68）　　**表7-9**

关系名	关系描述
Part-of	表达概念之间部分与整体的关系
Kind-of	表达概念之间的继承关系，类似于面向对象中的父类与子类之间的关系
Instance-of	表达概念的实例与概念之间的关系，类似于面向对象中的对象与类之间的关系
Attribute-of	表达某个概念是另一个概念的属性

胡建（2005：54）在其研究中提出：设计知识的本体是产品设计所需要的各种知识的集合。可以将设计知识本体用BNF范式描述如下：

<设计知识子类>：：=<父类属性>［子类自定义属性］

产品设计知识本体及结构定义可以大致描述为表7-10所示。

设计知识的本体定义（胡建，2005：54）　　**表7-10**

<设计知识>：：=<名称><编号><创建人><创建时间><存储位置><载体类型>
<规范标准知识>：：=<设计知识><相关部件><规范标准号><规范标准类型>
<程序知识>：：=<设计知识><相关部件><程序说明><版本>
<失败案例知识>：：=<设计知识><产品型号><相关部件><问题描述><损失等级>
<功能知识>：：=<设计知识><功能名称>［评价］［参考产品］
<功能技术原理解知识>：：=<设计知识><相关功能>［评价］［参考产品］
<部件知识>：：=<设计知识><相关部件>
<外购件知识>：：=<设计知识><部件知识><相关部件><供应商>

续表

<仿真实验用户反馈知识>：：＝<设计知识><产品型号><相关部件><反馈部门><反馈时间>
<软件工具使用知识>：：＝<设计知识><相关软件><软件版本>

设计知识本体中子类继承父类的属性，形成倒置的设计知识树，如上述规范标准类等继承设计知识类的属性，同时属性定义可根据实际需要进行增删。

7.3.3.2　循证医学本体建模[①]

循证医学证据评价领域本体（Ontology）是专业性的本体。这类本体中被表示的知识是针对特定学科领域的。这类本体描述的词，关系到某一学科领域，它们提供了该学科领域所包含的概念及概念之间的关系，或者该学科领域的重要理论。

本体的构建原则：本体应该具有清晰性、一致性、完善性、可扩展性。清晰性就是本体中的术语应被无歧义地予以定义；一致性指的是术语之间的关系在逻辑上应一致；完整性指的是本体中的概念及关系应是完整的，应包括该领域内所有概念；可扩展性指本体应用能够扩展，在该领域不断发展时能加入新的概念。

本体的构建方法：主要采用斯坦福大学医学院开发的七步法。分别是：第一步，确定本体的专业领域和范围；第二步，考查利用复用现有本体的可能性；第三步，列出本体中的重要术语；第四步，定义类（Class）和类的等级体系（Hierarchy）；第五步，定义类的属性（Properties）或称为槽；第六步，定义属性的分面（Facets）；第七步，创建实例。

类的设计：根据常见设计类型的循证医学证据评价的结构，设计了论文标识、研究设计、研究分类、研究问题、评估项目、证据等级和其他等七个顶层的类。按照证据评估的具体结构，将评估项目类分成六个子类。

类的层次设计：概念具有层次结构，不同的层次表明其抽象的程度不同，上位概念由一组下位概念组成，上位概念常常是下位概念的抽象、概括或整体表示；下位概念往往是对上位概念的补充和细化，除描述自己的独有的属性，同时继承上位概念的属性。因而上下位关系是概念与概念之间最重要的关系之一，整个本体体系的上下位关系组成了一个分类树。按照证据评价的内容和结构分类，来设计相关概念的层次关系。

属性关系设计：在本体知识表示中的关系表示有两种：一种是设立特殊的关系类，另一种是在槽中定义该类与其他类间的关系属性。比较常用的是第二种方法，在槽中定义该类与其他类间的关系属性，因而槽中所定义的属性即为概念与概念之间的关系。

属性是连接概念与概念的重要桥梁，概念与属性值是相对的，属性值又可以作为概念，并拥有其相应的属性与其他的概念建立语义关联。这样一层层建立起概念与概念之间的语义关联。通过属性中的各种关系，将同一领域或不同领域的概念关联起来，概念之间的关联又是以它们学科的内在联系为依托的，这为充分而又准确表达概念的含义提供了保障。

7.3.4　循证设计证据建模

7.3.4.1　基于本体的证据表达体系

对上述面向对象的IFC体系、BIM国家标准，以及基于本体的产品设计知识和循证医

① 本节来源：万毅，2009：49～50，62～64。

学证据知识表达体系进行综合分析，可总结出如下共同特点：以属性为基础描述信息；强调概念与概念、概念与学科理论之间的关联（即基于学科自身特点设计类别、属性集及其逻辑关系）；属性集的层级结构；上下层级间的继承关系；属性定义具有可扩展性，可随时加入新概念等。

循证设计的证据管理，本质上是对知识的管理。因此，本研究建议循证设计证据库采用基于本体的知识表达方式，即通过对概念的定义及概念之间关系的描述来表达证据知识，在系统创建过程中，应充分结合建筑学科与设计证据自身的特点，以及“本体”的典型特征，恰当设计类别、属性集合及其相互之间的关系，以从根本上提升证据资源的组织和应用效率。

与循证医学证据本体一样，循证设计的证据本体也是专业性的本体。这类本体中所表示的知识是专门针对建筑学科领域定制而成，其描述词与建筑学科的具体内容密切相关。因此，循证设计证据知识体系的建立建议遵循以下步骤：第一步，确定循证设计证据本体的领域和范围；第二步，总结建筑学相关术语和证据的相关特性，建立证据的主要分类结构；第三步，定义类的属性；第四步，定义属性的分面；第五步，创建实例。

1. 类及其层次设计

从证据的应用需求角度出发，结合本研究上一部分所建立的循证设计证据结构，在此设计 12 个顶层的类：原理及规则类、公共信息及标准类、方法及推理类、技术及工艺类、经验及技巧类、实例设计类、实例工程类、材料及产品类、生产及制造类、经营及管理类、市场需求及使用类、绿色及环保类。然后根据其具体内容，进一步细分子类并建立层次结构。

2. 属性关系设计

在系统创建过程中，首先为循证设计证据本体建立属性集。以建筑学科及建筑项目的内在联系为依托，通过属性中的各种关系，将同一领域或不同领域的概念关联起来，一层层建立起概念与概念之间的语义关联，也即建立起一种基于属性集合的信息关联机制。

在此需要特别强调的是继承特性。除了基于系统内部概念关系的属性继承之外，还应该最大可能地继承来自外部系统的属性信息。比如，继承 BIM 系统的实体与空间信息，或者产品信息，以此作为载体，便可在评价、制作和使用证据时直接引用。这也就要求在建立属性集以及定义实体及空间时，需要考虑到信息系统相互之间的兼容性，从而将循证设计证据系统与建筑行业的其他信息系统充分结合。其实这正是实现建筑行业信息系统全面整合的必然要求。

借鉴产品设计知识本体和循证医学证据本体的表达结构，本研究将循证设计证据的表达模型描述为：

<证据知识>:: =（<概念>，<属性>，<关系>）

<概念>:: =（<类>）

<属性>:: =（<继承属性>，<预定义属性>，<自定义属性>）

<关系>:: =（<Part - of>, <Kind - of>, <Instance - of>, <Attribute - of>）

（注：“类”包含不同层次，“属性”可根据实际需要自由添加扩展，“关系”说明见表 7-9）

例如，以下对“设计描述”和“设计结果”属性的表达：

<设计描述>:: =<功能需求><性能需求><心理需求><制约因素>

<设计结果>:: =<功能特征><性能特征><几何特征><空间特征>

这种基于本体的语义建模，将为后续“面向主题”的语义检索提供基础和支持。

7.3.4.2 证据属性集

综上所述，各类知识模型的构建，都要求首先恰当地定义属性，建立起有效和完善的证据属性集。属性集作为属性的集合，提供了一种扩展信息描述的灵活方式，这是建立面向现代信息系统的知识表达体系最为关键的一步。为了便于未来不同系统间的信息交换与整合，本研究建议循证设计证据属性集构建应遵循以下原则：尽可能地与现有最新标准接轨；与国际标准接轨；基于各类项目的基本特征，同时结合实际的使用需求进行统筹设计。

1. IFC 属性集构成

IFC 中按照定义方式的不同，将属性集分为静态属性集和动态属性集。静态属性集以 IFC 实体的方式定义；动态属性集又分为预定义属性集和自定义属性集，其中，IFC 规范中定义的动态属性集为预定义属性集，而用户根据自身需求定义的动态属性集为自定义属性集。

“以门（IfcDoor）实体为例，IfcDoor 实体通过不同类型的属性集实现工程信息的扩展描述。其中，IfcDoorLiningProperties、IfcDoorPanelProperties 分别描述门框信息、门面板信息，属于静态属性集。Pset_ DoorCommon、Pset_ DoorWindowGlazingType、Pset_ DoorWindowShadingType 分别描述门的基本信息、玻璃窗类型信息、遮阳篷类型信息，属于动态属性集中的预定义属性集。另外，用户根据自身需求可以任意定义属性集，例如为门添加制造商信息、成本信息等”（张洋，2009：50）。

IFD 库（International Framework for Dictionaries）是基于国际标准框架对建筑工程术语、属性集的标准化描述，由 GUID 标识，从而实现无歧义的信息交换。IFD 库具有扩展性，新的概念定义及语义描述可随时加入 IFD 库，从而满足新的信息交换需求。目前，美国、加拿大、荷兰、日本等国家已经开始针对本国情况建立 IFD 库。我国也应结合当前国情及建筑行业特点，及时从实践工程项目中提取常用信息属性，并基于实际的信息交换需求，不断向 IFD 库中添加完善，从而形成适合我国应用的属性条目集合。

2. 循证设计网络中心属性集构成

参照 IFC 的属性集分类方法，本研究将循证设计证据属性集分为性能属性集和证据属性集两大类：性能属性集是指由证据的实体或空间载体所体现的有关性能特征的属性，包括实体、空间、功能、行为等方面，可以通过“引用” BIM 模型信息承载证据的表达内容；证据属性集则包含证据基本构成（证据主题、证据分类、证据等级、问题描述、干预措施、实际结果等）以及项目基本信息等描述性的相关属性。由于证据的内容和表现形式的多样性，性能属性集和证据属性集都需要进一步划分为预定义属性集和自定义属性集，在循证设计网络中心规范中设定的属性集为预定义属性集，而用户根据自身需求定义的属性集为自定义属性集。其分类结构图如图 7-3 所示。循证设计证据属性集的应用过程中，应遵循以下 3 个基本原则：

（1）按需集成。在证据的存储与检索过程中，用户可以根据证据及问题的特点，建立具体的描述需求，根据实际需求选取相应的属性，构成属性组合，以进行数据描述。

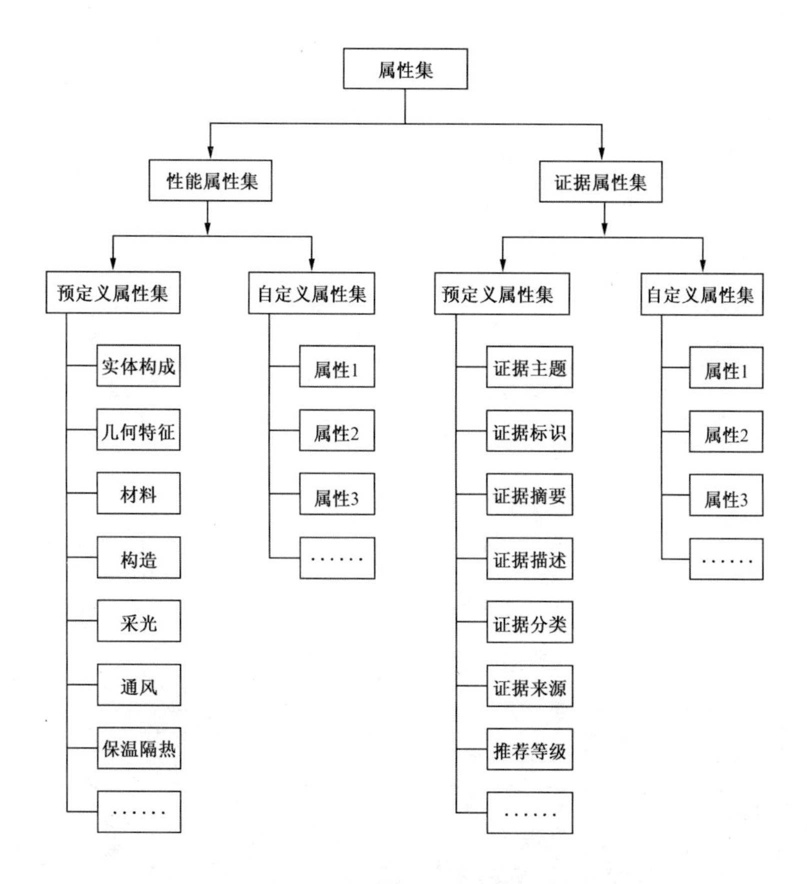

图7-3　证据属性集分类结构图

（2）动态扩展。除了选取已有的预定义属性之外，用户还可以根据自身的特定信息表达需求自行定义属性，以实现对当前信息描述以及整个属性集的动态扩展。

（3）全局一致性。针对同一项目的证据，需确保其共有的基本属性在项目各阶段中表达的一致性和可追溯性。

综合本研究上述各环节的思考机制，并结合建筑项目的一般特点，在此尝试初步建构循证设计的证据属性集（表7-11）。

循证设计证据属性集　　　　**表7-11**

证据属性集（暂72项）		
1. 证据主题	7. 证据描述	13. 纳入理由
2. 证据标识（编码）	8. 证据表达	14. 适用场合
3. 摘要-问题	9. 证据来源	15. 适用程度
4. 摘要-措施	10. 证据等级	16. 应用情况
5. 摘要-结论	11. 证据分类	17. 制作者
6. 关键词	12. 证据形态（图纸、模型、表格、文字等）	18. 制作者单位

续表

证据属性集（暂 72 项）		
19. 制作时间	38. 项目来源与选择	57. 定性分析结果
20. 项目基本信息	39. 研究期限与方法	58. 定量综合结果
21. 设计阶段	40. 资料收集计划	59. 成功事件
22. 专业领域	41. 实施措施	60. 成功结果原因解释
23. 责任主体	42. 信息来源	61. 结果相关因素
24. 设计背景	43. 真实性评价	62. 有效建议
25. 核心因素	44. 相关性评价	63. 不良事件
26. 问题描述	45. 适用性评价	64. 不良结果原因解释
27. 设计要求	46. 参考标准及原理	65. 结果相关危险因素
28. 设计目标	47. 研究假设	66. 预防措施
29. 干预措施	48. 测量（观察）指标	67. 局限性
30. 比较干预	49. 测量方法	68. 结论
31. 设计结果（功能、性能、空间特征等）	50. 测量者	69. 综合评定
32. 实体及空间载体（名称、编号等）	51. 偏倚控制	70. 推荐等级
33. 细部特征	52. 资料及样本汇集	71. 录入时间
34. 评价结论	53. 统计学方法	72. 录入者
35. 问题性质	54. 无效数据处理	其他
36. 影响因素	55. 流程报告	
37. 问题归属	56. 结果定义及原理	
性能属性集（暂 122 项）		
1. 地理位置	8. 公共设施	15. 空气质量
2. 气候条件	9. 交通状况	16. 外观造型
3. 资源状况	10. 场地设计	17. 实体构成
4. 地域文脉	11. 停车场状况	18. 实体位置
5. 项目选址	12. 室外流线组织	19. 几何特征
6. 土地利用	13. 绿化环保	20. 实体尺度
7. 周边环境	14. 景观视线	21. 材料

续表

性能属性集（暂 122 项）		
22. 构造	51. 遮阳	80. 空间流线组织
23. 构件	52. 间距	81. 交通面积和路径（门厅、过道、楼梯等）
24. 工艺	53. 朝向	82. 空间利用率（闲置或拥挤）
25. 质感	54. 空调	83. 出入口设置
26. 颜色	55. 通风	84. 指向性
27. 保温隔热	56. 热环境	85. 细部设计
28. 防水防潮	57. 声环境	86. 用户特征及需求
29. 隔声	58. 水	87. 人体工程学
30. 照度	59. 电	88. 空间效果
31. 耐久性	60. 网络	89. 私密性
32. 密封性	61. 环境舒适度	90. 场所感
33. 耐腐蚀性	62. 温度	91. 归属感
34. 易清洁性	63. 湿度	92. 安全感
35. 耐火等级	64. 节能措施	93. 社会交往
36. 防排烟	65. 能耗控制	94. 亲切感
37. 材料释放气体毒性	66. 节能效益	95. 环境氛围
38. 安全距离	67. 空间分区	96. 光线
39. 防护设施	68. 空间布局	97. 文化意象
40. 无障碍设计	69. 空间形式	98. 装修风格
41. 标识系统	70. 功能构成	99. 装修水平
42. 结构选型合理性	71. 比例	100. 家具
43. 构造节点	72. 尺度	101. 配套设施
44. 材料强度	73. 面积	102. 产品
45. 结构安全性	74. 体积	103. 尺寸
46. 结构经济性	75. 适用性	104. 形状
47. 结构美观性	76. 可容纳性	105. 生产厂家
48. 抗风	77. 灵活性和可变性	106. 产品质量
49. 抗震	78. 建筑类型特性	107. 品级
50. 采光	79. 空间关系（包括平面关系和竖向关系）	108. 价格

续表

性能属性集（暂122项）		
109. 建设成本	114. 总体规划	119. 政府审批、报建、验收
110. 设备成本	115. 前期策划	120. 物业管理
111. 资源利用	116. 成本预算	121. 改造利用
112. 运行费用	117. 设计组织与管理	122. 拆除回收
113. 维护费用	118. 施工组织与管理	其他

7.4　证据编码体系

证据的存储、传递、检索都离不开代码。证据编码是一个将证据对象和内容符号化的过程，以编码表示证据对象不仅更加层次分明、结构有序，而且更容易系统化、程序化并便于计算机识别，从而为后续的信息处理奠定基础。循证设计网络中心的证据编码与证据的分级、分类、表达方式等密切相关，因此需要结合起来进行系统设计。

7.4.1　信息编码规则

1. 编码原则

信息编码，必须遵循标准化、科学性、系统性的原则，从编码对象的整体出发进行全局的考虑，使编码对象整体层次分明，结构有条理，易于理解和掌握，还需具有广泛的适用性，并易于扩充。既要在逻辑上满足使用者的要求，又要适合于处理的需要。

2. 编码类型

一般代码有2类：一类是有意义代码，即赋予代码一定的实际意义，便于分类处理；一类是无意义代码，仅仅是赋予信息元素唯一的代号，以便于对信息的操作。

3. 编码方法

信息编码的基本方法：代码有数字型代码、字母型代码、数字与字母混合型代码3种。各有所长，通常根据需要、信息量的多少、信息交换的频度、计算机的容量等因素综合考虑选用。(需要注意的是，当用顺序码时，代码要等长；如采用字母码时，不能大、小写混用)。

4. 编码步骤

(1) 划定编码对象；

(2) 确定编码方案；

(3) 系统编制代码；

(4) 汇编代码总表。

5. 编码提交

提交编码应包括以下内容：代码编制目的及适用范围、编制依据及分类原则、编制方法、代码分类及代码表、引用标准、应用举例、相关说明等。

6. 注意事项

应该特别强调的是，如果国家在所研究的编码对象领域，已有明确的规范和规定，那就应该按照国家或省市部门的相关规定进行编排，以减少不必要的信息对接和识别障碍。

7.4.2　建筑行业现有编码标准

7.4.2.1　《建筑产品分类和编码》

我国现行的建筑产品分类和编码标准主要有建筑工业行业标准《建筑产品分类和编码》（JG/T 151—2003），该标准是由中国建筑标准设计研究所、北京华夏建设科技开发有限责任公司负责起草，参考美国 CSI（Construction Specification Institute）的分类和编码方法，根据我国实际情况制定的一套分类和编码方法，于2003年首次发布。

《建筑产品分类和编码》标准中规定了建筑产品分类和编码的基本方法，并给出了编码结构、类目组成及其应用规则。标准中依照我国建筑行业按专业划分产品的习惯，将建筑产品分为通用、结构、建筑和设备4种类型，其分类编码总长度为5位，结构如下：

（1）由一个拼音字母代表工种类型分类代码。字母是根据我国建筑行业按工种分工的习惯，分为通用（T）、结构（G）、建筑（J）、设备（S）4种类型；

（2）由4位数字组成的类目识别代码。4位数字分别对应类目的大类代码、中类代码、小类代码和细类代码。

7.4.2.2　《建筑工程设计信息模型分类和编码》

《建筑工程设计信息模型分类和编码》中规定，建筑信息分类对象的编码由表编码、大类代码、中类代码、小类代码、细类代码组成，表编码与分类对象编码之间用“－”连接；各代码之间用英文“.”隔开。

由于单个编码往往不能满足在复杂情况下精确描述对象的需求，因此需要借助运算符号联合多个编码一起使用。编码运算符号宜采用“＋”、“/”、“<”、“>”符号表示，并按对应规则使用。

在组织复杂的信息集合时，有时仅依靠建筑信息模型分类编码并不能满足特定的表意需求。这时建筑工程设计信息分类编码可与产品编号结合、合同编号、时间编码等其他编码系统结合使用，以满足特定需求。

另外，在2015年1月的全国BIM论坛中，中国标准院BIM研究组宣布采纳针对《建筑工程设计信息模型交付标准》征求意见稿的反馈建议：由于在实际使用中，人为录入编码很困难，因此，建筑工程设计信息交付模型无须人为编码，只需按照实际需求将属性规定好，然后由系统自动生成编码。（魏来，2015）

7.4.3　循证设计证据编码标准

借鉴建筑行业现有信息编码标准，并与循证设计的证据分类与表达方式相结合，本研究对证据编码体系进行如下设计：

1. 编码方式

首先，从整体策略上，打破单一的信息编码惯例，采用证据分类编码和属性代码分离的方式。对于前者，需要在证据分类入库的过程中，选择相应类别，并沿用其相应代码；对于后者，包括预定义和自定义的证据属性集以及“外部引用”信息编码，均划为属性代码，由软件设计人员直接设计或者由系统自动生成到数据库中，用户只需要根据存储及检索需求选好相应属性即可，不需要考虑对其编码。如此一来，便可以大大减少编码量。对于后者的进一步研究，有待与相关专业技术人员合作，但笔者相信，有了基础信息资源以及明确的使用需求和原则之后，软件开发商将很容易协助完成此项工作。

2. 分类编码规则

对于证据的分类编码，本研究在汲取和遵循一般编码规则的基础上，结合证据分类的特点，对其进行了如下设计：

(1) 代码种类。证据分类编码由字母与数字的复合码组合编制而组成。其中第一层由大写英文字母代表“分类标准”，由A开始；其余3层由6位数字组成类目识别代码。

(2) 代码结构。采用4层7位代码结构（图7-4），首层的“分类标准”代码为1位字母，“分类标准”以下依次设有大类、中类和小类。大类代码为2位，中类代码为2位，小类代码为2位。大类、中类、小类的代码均从“01”开始，按升序排列，最多编至“99”，如果类别空缺，则在相应位置用“00”补齐。

(3) 在复杂情况下，可采用运算符号联合多个编码一起使用。还可与其他编码系统结合使用。

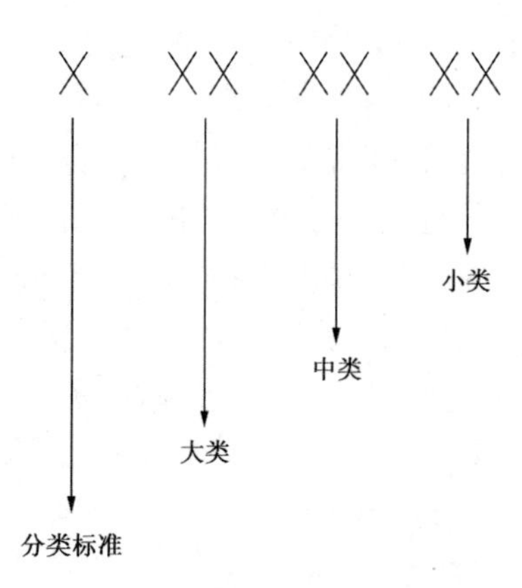

图7-4　分类代码结构图

本章小结

需要说明的是，本章很多内容涉及一些跨学科专业知识在建筑领域的首次摸索应用，尽管有所借鉴，但是毕竟理解有限，并无法保证其准确性和严谨性，下一步还有待结合工程实际，并与相关专业技术人员合作，进行深入探讨。在此，最重要的是首先提出一种假设模型，也即基于建筑学和循证设计自身角度，提出真实和具体的需求，并在有所参照的前提下尝试提出一种组织和管理证据的可能性方向，以作为后续研究工作的基础。然后通过实际验证，进行调整优化，从而逐步确立下来。

第8章　证据的查询与检索

在完成证据的收集制作、分级分类、编码存储之后，下一步就是结合证据库的内容及其组织方式，按照一般操作规律，建立相应的检索查询系统。实际上，此前的一切工作都是准备，最终，实现证据的有效应用才是其收集和存储的根本目的。证据的价值取决于其应用程度，而证据的应用首先取决于能否准确和快捷地获得有效关联，因此，为高质量的循证设计证据库配置高效的检索系统至关重要。

8.1　信息检索技术的发展

8.1.1　传统检索

事实上，循证设计对于获得证据的效率和质量的要求很难通过现有系统实现，其原因除了囿于传统信息的存在形式外，另一方面则在于传统信息检索方式的落后。传统检索是基于“语法”的表层检索，其检索过程主要是借助目录、索引和关键词等来检测字符串之间的直接匹配性，缺乏对相关信息的深入理解和分析能力，一旦检索需求表达不当或者用词不同，就很容易在查询结果中产生大量无效的干扰信息，而致使那些真正有价值的信息却被湮没或漏检；另外，在传统信息检索中，查询模式固化、单一，无法实现概念、属性之间的动态组合查询及自定义查询；并且，各概念之间相互孤立，无法实现相关概念的关联检索。可见，传统的信息检索机制已远远无法满足设计人员快速找到相关设计证据的需求。因此，面向循证设计的信息检索机制必须从基于字符简单匹配的“语法”层面，提升到基于证据主题（包括类别和相关属性组合）的“语义”层面上来。而上一环节中，基于“本体”的证据知识建模及存储方式，不仅解决了证据的存在形式问题，同时已经为实现基于证据主题的“语义”检索提供了重要基础。

8.1.2　语义检索

所谓语义检索，是指搜索引擎的工作不再拘泥于搜索问题的字面本身，而是透过现象看本质，准确地捕捉到所提问题的真正意图，然后，根据这些关键词之间的语义相关度判断出相应的主题，从而准确地从循证网络中心搜索到最符合条件的证据结果。比如，搜索一个有关“电脑”的问题，可能得到的最相关的一项结果只提到“计算机”却没提到“电脑”。因为搜索引擎通过语义分析知道这两个词是紧密相关的，而含有“计算机”的结果更加符合所提的问题。再比如，当用户搜索“表现春天的图片”时，搜索引擎会为其呈现出各种与春天相关的图片，而不仅仅局限于该图片的标题是否包含“春天”字样。

实现语义检索的前提是建立完善的本体知识库。本体作为一种有效表现概念层次结构和语义的模型，是通过概念之间的关系来描述概念的语义，能够在语义和知识层次上描述信息，可以有效地解决检索环节出现的同义词、多义词等问题。基于本体的语义检索，可以从语义上理解用户的查询目的，从而实现语义层面的知识检索。换言之，基于本体的知识表达与存储是语义搜索引擎进行推理和知识积累的基本前提。知识经过本体表达而得到处理，然后，通过本体支持语义，使智能检索成为可能，从而大大提高检索的效率和准确性。

8.2　循证设计证据检索系统：基于本体的语义检索

8.2.1　检索机制

以基于本体建构的证据库为基础，与按照证据的类别及属性“主题”的存储方式相对应，循证设计网络中心采用的检索机制是基于本体的语义检索。基于本体建立的证据库，由于具有统一的术语和概念表述，完善的类别与属性层次结构以及逻辑关联，从而使得基于设计意图的证据语义匹配与推理成为可能。在检索时，只需将用户的检索请求，转换成相应的概念主题，便可以在本体的帮助下从证据库中查询出符合条件的证据。

具体来说，检索的基本方式就是基于检索问题与需求的所有相关属性（即对相关概念、类别、属性进行动态组合）与系统知识之间的匹配，检索过程也即可以拆解为一系列不同层次的匹配任务。因此，证据的检索体系可使用如下的结构化表达式：

<Task>::=<<Task1>，<Task2>，<Task3>，<Task4>，……，<Note>>

其中，Task 为根据检索问题及需求选择的相关属性（概念或属性组合），Note 为备注，即为可补充属性。

8.2.2　检索步骤

基于本体的证据知识检索步骤依次为：①确定检索问题；②确定检索主题词；③选择检索类别及属性集；④制定检索策略进行检索扩展；⑤调整检索；⑥分析检索结果。

1. 明确检索目的，确定检索问题

成功检索的关键在于以可检索的方式定义问题。恰当地制定检索问题可以使查询更加顺利。应该紧扣查询需求和目的，谨慎地限定检索问题范围，并确保不遗漏重要的或有用的信息（可参考6.5.1“提出正确的问题”）。

2. 基于问题确定检索词

针对检索问题，进行细致分析，将其分解为若干个独立的主题词。一方面，可以依据对问题的建构与分解原则（即 PICO 原则）确定检索主题词（通常检索主题词主要来源于 P 和 I，而较少来源于 C 和 O，当检索结果太多时，可考虑通过 C 和 O 进行限定），然后将已分解的主题词转化为与证据库最相匹配的词汇。另一种方法，就是根据检索需求，直接对照循证设计证据库的分类及属性集的详细目录，制定恰当的检索词。

3. 选择相应检索类别及属性集合

根据检索需求，从证据库中选择相应的选项，并对其概念、类别、属性进行动态组合，据此实现对检索目标的层次描述。

4. 制定检索策略

结合检索主题与选取的证据属性集，选择最有效的检索途径，并采用恰当的逻辑运算符，对一系列检索主题词进行最佳组合，从而制定出具体的检索策略。

5. 调整检索方案

经过初次检索后，判断检索结果的相似程度。并根据检索目的适当调整敏感性与特异性。当检索结果太少时，扩大检索范围，提高查全率；当检索结果太多时，缩小检索范围，提高查准率。

6. 对检索结果进行分析、判断和评价

获得检索结果后，应判断所获证据能否回答提出的问题。如果不能获得满意答案，应分析原因：是否检索词和检索策略制定不合理，还是确实该问题尚无相关研究证据。如果检索到的是未经评价检验的证据，尚需对检出的证据进行严格的质量评价以确定其结果的真实性、重要性和适用性。

8.2.3　检索技术

基于检索需求，并结合证据库的特点，确定检索主题词之间的逻辑关系和检索步骤，以制定出恰当的检索表达式，并在检索过程中修改和完善。

1）使用布尔逻辑运算符连接多个检索主题词。

（1）“AND”（逻辑与）：用AND连接两个或多个检索词，同时含有这些检索词的证据即为命中。其作用是缩小检索范围，提高查准率。

（2）“OR”（逻辑或）：用OR连接两个或多个检索词，至少含有其中一个检索词的证据即为命中。其作用是扩大检索范围，提高查全率。

（3）“NOT”（逻辑非）：用NOT连接两个检索词，包含前一个词，但不包含后一个检索词的证据即为命中。其作用是排除证据库中含有特定含义的证据来缩小检索范围，提高查准率。

（4）括号（A or B）and（A or B）：作用是使括在其中的运算符优先执行，也即是要求先执行括号中的“or”运算，再执行括号外的“and”运算。

比如，可将一般的检索步骤设置为：针对相关问题选用多个检索主题词，用“OR”连接，同时将用于解决该问题的各种干预措施可能涉及的检索主题词也用“OR”连接，再将问题和干预措施的两组检索词用“AND”连接。

2）加/减号检索：在检索主题词前置“＋”或“－”号，其作用相当于布尔逻辑“与”/“非”运算。

3）引号“AB”：作用是括在其中的多个主题词被严格当作一个短语检索。只有该短语同时出现的结果才会被选中。

4）位置检索：是指允许制定两个主题词之间的词序和词距的检索，常用操作符为“NEAR”。

5）使用范围运算符对检索结果进行时间上的限定，比如“＝”、“＞”、“＜”、“＞＝”、“＜＝”。或者设置其他高级选项，如“all”、“new”、“update”、“commented”、“withdrawn”等。

8.2.4　检索策略

1. 语义关联与扩展检索

基于本体的证据库，应充分利用本体概念的关联特点，通过定义证据属性项之间的关系，使得任意相关的证据都能通过这种知识关联机制检索到。还可以进一步通过语义扩

展，如语义内涵扩展、语义外延扩展、语义相关扩展等，进行相关概念联想检索，使检索系统具有一定程度的智能化特征。

2. 子空间检索

这是一种层次检索模型。第一步是判别问题属于哪个子空间，也即首先判别该问题与哪一类主题较相似，然后同该类证据进行匹配，找到相似结果。由于单类证据的数目往往要比证据总数少得多，因而可以提高检索的效率和准确性。需要注意的是，对于同一个问题，可以基于不同的子空间，从不同维度，开展多重检索，比如，一方面可以根据所需证据的周期节点选择策划、设计、施工、运维等相应阶段；同时可以根据证据所属的位置，选择入口、门窗、阳台、卫生间等细部类别。

3. 共享与关联检索

在基于本体的证据库中，不同类别的证据可能与同一对象相关联。比如在描述规范标准类、技术类、用户需求与反馈类等各种设计证据时，都可能会和建筑部件相关，因此部件就成为这些证据的共享概念。在建立证据本体时，通过定义部件类（共享概念及其相互关系），并将其作为这些证据的一个属性加以引用，便可以实现证据的共享检索。

4. 区间检索

实际应用中的问题与查询需求的特征值，往往并不是一个确定数值，而是在一个区间内，因此可以采用模糊处理方式，对问题的特征值与证据库中的属性特征值，进行评估与分级，然后进行相似度计算和匹配。

5. 历史引导检索

系统可以自动收集用户查询的历史记录，以此为基础，结合用户新的检索需求，推理出最能代表用户意图的类别与属性，将其作为检索时的背景知识指导证据检索。

6. 知识推送机制

系统中不断会有新证据加入，这些新证据很可能为某用户所需要，但该用户又无法及时知道该证据的存在，因此，系统必须提供及时有效的推送机制，以使用户快速注意到其需要的新证据知识。

7. 基于情境的检索

证据的产生和应用总是基于一定的情境，设计情境反映了设计证据产生及应用的相关背景知识，证据所包含的意义也只有在对应的情境之下才能体现出来。因此可以通过检索证据的设计情境来快速获得所需要的证据。在检索时，基于当前问题的情境，来确切描述设计需求，从而使得准确和快捷地检索到设计情境与当前项目相似的设计证据成为可能。

8. 建立证据地图

按照证据的类别、属性的层级结构及“主题”特征，从语义联系的角度建立证据地图。证据地图是关于知识的地图，其基本功能是指出证据的位置以及不同证据知识之间的关系，以帮助用户快速、便捷地找到所需的证据资源。

本章小结

“证据检索”是实现“证据应用”的基本前提。通过检索证据库中的现有设计证据，找到能够满足当前设计需求的相关结果，从而为证据的应用和创新做好准备。本研究对于“循证设计网络中心证据检索系统”的探讨，主要目的是明确地表达出：循证设计证据库检索系统的建设需求及预期效果。后续有待进一步深入研究，严谨落实。

第9章　证据的评估与决策

9.1　证据的评估

基于实际需求，通过广泛检索，查找到相关证据之后，接下来就需要对证据进行初步评估，以筛选出其中的可靠证据。证据的评估具有差异性：对于纳入循证设计网络中心的经过实际检验的证据，由于已具有明确的证据分级以及推荐强度，因此可以直接用于统计和比较分析。而对于其他外部来源的证据，则需要对其真实性、重要性、相关性等进行实际评价。借鉴循证医学的证据评估方法，建议从以下方面对证据进行初步评估：

1. 判断证据的真实性

真实性可以作为对证据评估的首要指标。与证据的真实性相关，需要考虑的问题有：此证据来源于哪里？是否以实际案例为基础？其结论或实施效果等是否经过实际检验？收集方法和分析方法是否科学、严谨？检验方式完整可靠吗？有没有经历足够的时间？结果是否具有稳定性？

2. 判断证据的重要性

此证据带来的效果显著吗？影响了哪些因素？关联强度如何？如果不采用该措施会有什么差别？此证据及效果是否真正具有普遍性，适用于推广至其他地区和其他项目吗？

3. 判断证据的相关性（适用性）

当前项目与证据是否存在很大差异？证据是否适于项目的现实情况？此证据是否符合当前客户的预期目标？此证据对客户的潜在利益或损害有哪些？其涉及的干预措施或方法在当前项目是否可行？

实际上，不同的问题以及不同的证据，其技术要领和关键的指标属性都会有所不同，因此，应根据具体的情况，选择相应的评价标准进行科学评价。需要注意的是，只要是设计科学、测量严谨、分析客观的评价结果，无论是肯定还是否定，都同样重要。因为否定一项无效甚至有害的干预措施，其价值不亚于证实一项有效的措施。

经初步评估，将符合条件的相关证据汇集到一起之后，下一步便需要引入统计学的分析方法，对证据进行定性和定量分析，以保证获得“最佳证据”。此时可以借鉴其他学科的研究经验，从数理统计学的方法与理论中，发掘出适合的研究方法，例如Meta分析等统计学方法在循证医学中的成功应用。

9.2　统计分析方法

无论是对建成项目评价结果的总结归纳，还是基于大量证据对“最佳证据”的比较优选，均涉及统计学方法的应用，不同类型、不同条件下的统计分析所选用的方法有所不同。以下基于循证设计证据的特点，从一系列常规的方法中选择并归纳出一些可靠性和适用性较高的统计分析方法。

1. 描述统计（Descriptive Analysis）

描述统计是通过图表或数学方法，对数据资料进行整理、分析，并对数据的分布状态、数字特征和随机变量之间关系进行估计和描述的方法。描述统计分为集中趋势分析、离中趋势分析和相关分析三大部分。

集中趋势分析主要靠平均数、中数、众数等统计指标来表示数据的集中趋势。例如被试受访者的平均意向是什么？是正偏分布还是负偏分布？离中趋势分析则主要靠全距、四分差、平均差、方差、标准差等统计指标来研究数据的离中趋势。

相关分析（Correlation Analysis）探讨数据之间是否具有统计学上的关联性。这种关系既包括两个数据之间的单一相关关系——如年龄与个人领域空间之间的关系，也包括多个数据之间的多重相关关系——如年龄、性别、个人领域空间之间的关系。与回归分析不同，相关分析一般不区别自变量或因变量，也不确定因果关系。举例来说，从相关分析中我们可以得知“质量”和“用户满意度”变量密切相关，但是这两个变量之间到底是哪个变量受哪个变量影响，影响程度如何，则需要通过回归分析来确定。相关分析是一种完整的统计研究方法，它贯穿于提出假设，数据研究，数据分析，数据研究的始终。

2. 回归分析（Regression Analysis）

回归分析是确定2种或2种以上变量间相互依赖的定量关系的一种统计分析方法。在回归分析中，变量被分为2类。一类是因变量，它们通常是实际问题中所关心的一类指标，通常用Y表示；而影响因变量取值的另一变量成为自变量，用X来表示。回归分析主要包含以下步骤：①明确预测的具体目标，确定自变量和因变量；②确定Y与X间的定量关系表达式，这种表达式称为回归方程；③对求得的回归方程的可信度进行检验；④判断自变量X对Y有无影响；⑤利用所求得的回归方程进行预测和控制。需要指出的是，回归分析是对具有因果关系的影响因素（自变量）和预测对象（因变量）所进行的数理统计分析处理。只有当变量与因变量确实存在某种关系时，建立的回归方程才有意义。

回归分析按照涉及的自变量的多少，分为回归和多重回归分析；按照因变量的多少，可分为一元回归分析和多元回归分析；按照自变量和因变量之间的关系类型，可分为线性回归分析和非线性回归分析。

3. 层次分析法（Analytic Hierarchy Process）

层次分析法是一种定量与定性相结合的分析方法。它是指将一个复杂的多目标决策问题作为一个系统，按总目标、各层子目标、评价准则直至具体的备选方案的顺序，分解为不同的层次结构，然后用求解判断矩阵特征向量的办法，求得每一层次的各元素对上一层次某元素的优先权重，最后用加权的方法递阶归并各备选方案对总目标的最终权重，最终权重最大者即为最优方案。层次分析法比较适合于具有分层交错评价指标的目标系统，而且目标值又难于定量描述的决策问题。

层次分析法一般包含以下4个步骤：建立层次结构模型；构造比较矩阵；计算权向量；对结果进行一致性检验。使用层次分析法对证据进行分析时，首先需要将相关证据按照不同属性分解成若干层次，并建立起一个多层次结构模型。然后，在明确各因素判断分析基准后，比较同一层次中各因素的相对重要性，根据相互判断结果构造成比较矩阵。在此基础上，将比较矩阵进行归一化处理，并计算出矩阵的最大特征值及对应的特征向量，最后利用一致性指标进行一致性检验。检验通过，方可成为指导设计的有效证据。

4. 时间序列分析（Time Series Analysis）

时间序列分析是一种动态数据处理的统计方法。该方法基于随机过程理论和数理统计学方法，研究随机数据序列所遵从的统计规律，以用于解决实际问题。由于在多数问题中，随机数据是依时间先后排成序列的，故称为时间序列。经典的统计分析都假定数据序列具有独立性，而时间序列分析则侧重研究数据序列的互相依赖关系。后者实际上是对离散指标的随机过程的统计分析，所以又可看作是随机过程统计的一个组成部分。例如，记录了某栋住宅第一个月，第二个月，……，第 N 个月的用电量，利用时间序列分析方法，便可以对未来各月的用电量进行预测。

时间序列分析是一种定量预测方法，应用数理统计方法对时间序列加以处理，以预测未来事物的发展。它的基本原理：一是承认事物发展的延续性。应用过去数据，就能推测事物的发展趋势。二是考虑到事物发展的随机性。任何事物发展都可能受偶然因素影响，为此要利用统计分析中加权平均法对历史数据进行处理。该方法简单易行，便于掌握，但准确性差，一般只适用于短期预测。时间序列预测一般反映三种实际变化规律：趋势变化、周期性变化、随机性变化。

5. 主成分分析（Principal Components Analysis）

在统计分析中，主成分分析是一种分析、简化数据集的技术，是一种数学变换的方法。简单说就是减少数据集的维数，同时保持数据集的最重要特征。主成分分析过程是设法将原来众多具有一定相关性的指标，重新组合成一组新的互相无关的综合指标来代替原来的指标。主成分分析，是考察多个变量间相关性的一种多元统计方法，研究如何通过少数几个主成分来揭示多个变量间的内部结构，即从原始变量中导出少数几个主成分，使它们尽可能多地保留原始变量的信息，且彼此间互不相关。这些新的变量按照方差依次递减的顺序排列。在数学变换中保持总量的总方差不变，使第一变量具有最大的方差，成为第一主成分，第二变量的方差次大，并且和第一变量不相关，称为第二主成分。依此类推，n 个变量就有 n 个主成分。由于选出的变量或新因素比原始变量或因素个数少，因此，主成分分析法实际上是一种降维分析法。

6. 因素分析法（Factor Analysis Approach）

因素分析法是利用统计指数体系分析现象总变动中各个因素影响程度的一种统计分析方法，也即在分析多种因素影响事物变动时，为了观察某一因素变动后给研究对象整体所带来的影响程度，而将其他因素固定下来，逐项分析，逐项替代来分析该因素影响程度。因素分析法是现代统计学中一种重要而实用的方法，它是多元统计分析的一个分支。

因素分析法的最大功用，就是运用数学方法对可观测的事物在发展中所表现出的外部特征和联系进行由表及里、由此及彼、去粗取精、去伪存真的处理，从而得出客观事物普遍本质的概括。其次，使用因素分析法可以使复杂的研究课题大为简化，并保持其基本的信息量。

7. 粗集理论（Rough Sets）

粗集理论由波兰科学家 Z. Pawlak 于 1982 年创立，是一种用非数值的方法处理含糊性和不确定性信息的数学工具。它能够较好地表达研究对象之间的关系，并通过约简冗余将其中的交集提取出来。粗集的核心思想是用上、下近似集合来描述事物的不确定性。经典的粗集中，当且仅当集合可表示为基本等价类的并集时，才可以精确定义；否则就需要通过下近似和上近似来表示该集合，也即不可精确定义的粗集。

粗集理论作为一种处理不精确（Imprecise）、不一致（Inconsistent）、不完整（Incomplete）等各种不完备信息的有效工具，一方面得益于其数学基础成熟、不需要先验知识；另一方面在于它的易用性。由于粗糙集理论创建的目的和研究的出发点就是直接对数据进行分析和推理，从中发现隐含的知识，揭示潜在的规律，因此是一种天然的数据挖掘或者知识发现方法。

总而言之，由于数理统计涉及专门的知识，后续还需要与社会学、统计学、计算机等学科的相关专家一同协作探讨。作为一般性的基础应用，目前已有专门的应用统计分析软件可以利用，如 SPSS 统计软件。SPSS（Statistics Package for Social Science）是一种运行在 Windows 系统下的社会科学统计软件包。SPSS 软件包集数据管理、统计分析、图表分析、输出管理等功能为一体，采用窗口操作界面，统计分析方法涵盖面广，用户操作使用方便，输出数据表格图文并茂，并且，随着它的功能不断完善，统计分析方法的不断充实，大大提高了统计分析工作的效率，已成为世界上应用最广泛的专业统计软件之一。此外，SPSS 还设有专门的绘图系统，可以根据使用者的需要将给出的数据绘制各种图形，以满足用户的不同需求。此类软件及其应用思维应逐渐为设计者所了解和重视。

王一平（2012：120～121）先生强调："为'最佳证据'的获得，需要'数理统计学'的建筑学研究。数理统计学是'证据的总结与获取'并进行'可靠性检验'的基本方法之一。""统计学方法的引入将促进专业研究方法的科学性，提高设计证据的可靠性，并可能改变建筑学写作的文本方式。""有效的建筑统计学方法及其工具的研究，也是建筑数字化的任务之一。""如果最终不能提供有效的'建筑统计学'方法，循证设计就将是胡说八道的。""循证设计的后续工作的方法研究将集中于对建筑学的统计学方法的研究，并且需要'应用数学家'的合作。"

9.3　决策分析（Decision Analysis）

经过评估和分析获得的"最佳证据"，便可用于指导设计实践。但需要强调的是，对证据的使用，并不是直接地照抄照搬，在任何情况下，设计问题都会因地点、环境、基地性质、资源条件，以及具体客户和用户需求的不同而造成差异。因此，证据应用的关键点是运用批判性思维对证据和具体的设计项目之间进行差异化分析，在此基础上进行适应性调整，而后加以应用。概括而言，就是基于最佳证据，同时与设计者的专业知识和经验、项目的具体状况、客户的意愿、项目预算、社会效应等各方面有机结合，运用科学的决策分析方法，得出最佳设计决策，如此才是真正的循证决策。

9.3.1　循证医学决策分析[①]

决策就是指为实现一定目的而制定多个行动方案，并从中选择一个“最合理的”或“最有利的”行动的过程，其本质是利用知识预测行动的可能后果。根据实施方法的严谨程度，决策可以分为两大类：经验决策和科学决策，前者基于个人或群体的经验和直觉判断做出决策，相对比较主观；后者则强调在科学理论和知识的指导下，使用严格的方法或技术进行分析，以做出更加科学的选择。对于循证医学的决策（包括诊断决策和治疗决策）而言，更加提倡通过科学的思维和分析手段进行科学决策。决策分析作为一种量化估计不同决策选项相对价值的方法，在循证医学实践中具有重要作用，尤其面对复杂或不确定的问题时更为有用。循证医学的决策分析过程包括以下步骤：

1. 确定决策问题

第一步是确认研究问题并界定范围，然后确定不同的决策备选方案，随之列出每一种方案所有可能出现的重要结果。

例如，男性患者，50 岁，体检发现左颈动脉硬化，但目前没有任何症状。现有证据表明，颈动脉硬化者发生脑卒中的危险性升高。因此，对于该患者是否需要治疗，就是一个决策问题。临床上可以有两种选择：一是暂时临床观察，二是实行颈动脉内膜切除术。但是结合临床实际考虑，有如下可能，临床观察虽然避免了手术相关的短期危险因素（围术期死亡，手术中发生脑卒中），可以维持无症状颈动脉硬化状态（在一段特定时间内未发生脑卒中），但是不可避免面临将来更高的脑卒中的风险。如果选择进行手术，手术虽然有益于解决问题，减少发生脑卒中的可能性，但是却有围手术期间发生脑卒中和死亡的风险。

2. 问题的结构化

绝大多数决策分析都采用决策树（Decision Tree）（图 9-1）的方法对问题进行结构化。决策树是一种基于概率论理论，并利用一种树形图作为分析工具的数学模型，其基本原理是用决策点代表决策问题，用方案分枝代表可供选择的方案，用概率分枝代表方案可能出现的各种结果，经过对各种方案在各种结果条件下损益值的计算比较，为决策者提供决策依据。

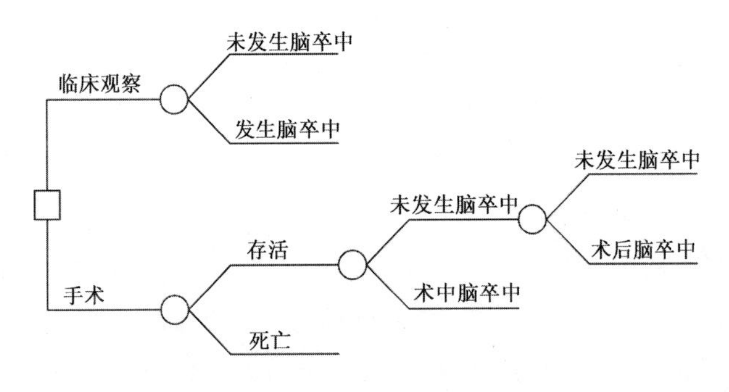

图 9-1　决策树结构（王家良，2014：76）

① 本节来源：王家良，2014。

3. 确定每个方案的各种结果发生的概率

最常用的方法是通过文献（纳入分析的文献必须真实可靠）估计概率，如果在文献中无法得到所需概率，往往就需要依赖于专家的概率估计结果。也可以通过调查研究直接获得，其结果可能更加准确。用决策分析时，必须根据具体的分析内容，设定时间框架或分析期。

4. 对最终结果的效用值赋值

决策过程中结局的量化是决策分析的重要环节。为了达到比较的目的，需要预先将各种结局转换成同一单位的变量，这个变量就是效用（Utility）。效用值是一种表述结局相对优劣的数量化指标，通过对病人或公众进行调查获得。

在该分析案例中，应用质量调整寿命年（QALYs）来衡量结局。设定患者无论是保持未发生脑卒中的“无症状性颈动脉硬化状态”还是有病生存（伴脑卒中状态），他们的期望寿命都是15年，效用值（或生存质量）分别为：未发生脑卒中状态效应值=1，生存（伴脑卒中）效应值=0.5，死亡效应值=0。则形成如下结构（图9-2）。

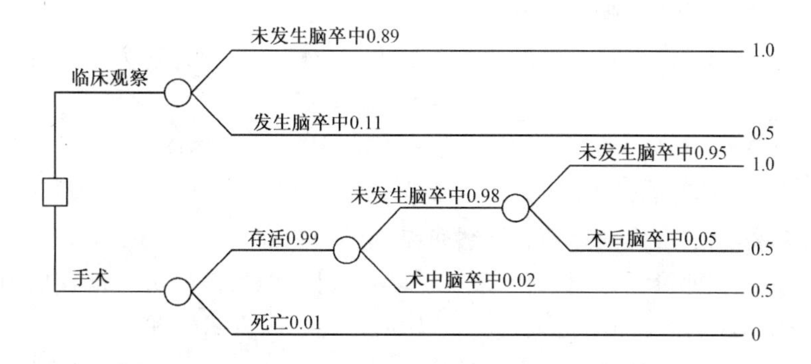

图9-2　决策树估算（王家良，2014：77）

5. 综合分析和评价

根据上面形成的决策树，计算每种备选方案的期望值，即为该节点各分支的概率与结局的效用值的乘积之和，然后比较不同方案的期望值。

临床观察的期望值：$EVc=(15\times1\times0.89)+(15\times0.5\times0.11)=14.18$QALYs。

手术的期望值：$EVs=(15\times1\times0.95\times0.98\times0.99)+(15\times0.5\times0.05\times0.98\times0.99)+(15\times0.5\times0.02\times0.99)+(0\times0\times0.01)=14.34$ QALYs。

比较两者的期望值，手术治疗的期望值稍高，提示应该选择手术治疗，但是应该看到，两个方案的期望值相差不大，而手术治疗还有致死的可能性，虽然死亡的概率很低，但是在生与死的可能选择的情况下，医生或患者难以仅凭14.34 QALYs>14.18QALYs的结果，承担那1%的死亡风险！因此，与患者及时沟通，在知情的情况下作出决策是十分必要的。

6. 对结论进行敏感性分析

敏感分析通过观察假设变化时决策分析的结果是否具有良好的稳定性，对其结论加以评估，从而为问题的深入研究和进一步解决提供线索。

7. 复杂决策

以上只是一个简单的决策分析案例，实际的问题有时可能会复杂得多。比如有些情况下可选择的决策方案及结局很多，或者涉及许多影响因素；有些问题也许无法确知，因而很难结构化成决策树；有时，真实有效的信息不易获取，也无法简便直观地估计效用值，等等，在这些情况下，决策分析就变得比较复杂。但相信，随着决策分析理论和方法学研究的进步，尤其是计算机辅助决策系统的开发和利用，决策分析必将在实践领域发挥越来越重要的作用。

9.3.2　循证设计决策分析

对于循证设计而言，实行决策分析有 2 个前提。第一个前提是对于项目的某种状况，在采用何种处理方案的问题上存在不确定性。而在少数情况下，如果已有的证据已经非常明确某种问题的最佳处理方法，就不必进行决策分析。第二个前提是决策分析必须是针对 2 种以上各有利弊的方案进行比较。如果一个方案在主要效果上明显比其他方案好，同时还有低风险或高效益等优点，就没必要进行决策分析。

循证设计决策分析的实施步骤如下：

（1）确定决策问题，以及不同的决策备选方案，随之列出每种方案所有可能出现的重要结果。

（2）采用决策树（Decision Tree）的方法，对问题进行结构化。

（3）确定每个方案的各种结果发生的概率。

（4）对最终结果的效用值赋值，将各种结局转换成同一单位的变量。

（5）综合分析和评价。根据已形成的决策树，计算每种备选方案的期望值，即该节点各分支的概率与结局的效用值的乘积之和，然后比较不同方案的期望值。

（6）结合客户及用户的意愿，在知情的情况下共同决策。这就要求设计者将多种设计方案提供给客户，并告知每种方案的特点，对比各方案的利弊和结果，使客户能够真正有效地参与进来，按照自己的意愿和具体情况作出自主选择。在此基础之上，将设计者自身的专业经验、各方案的效用值、项目的实际情况，以及客户的意愿和条件结合在一起，制定出最佳的设计决策。

（7）对结论进行敏感性分析，通过观察假设变化时，决策分析的结果是否具有良好的稳定性，对其结论加以评估。

本章小结

对证据的评估、统计和决策构成一个完整的证据应用过程。通过对大量证据的初步评估，获得可靠的证据；经过严格的统计分析，从中筛选出最佳证据；然后对最佳证据进行恰当地分析和调整，制定出最优的设计决策。由此便可以实现证据的现实价值，并带来知识的创新。

需要注意的是，在证据应用的同时，还必须不断对证据系统进行评测、更新和维护，定期淘汰过时证据，以保持证据库的时效性和可用性。实际上，正如联想 CKO 张后启所说：“怎样实现知识库的动态化是让知识管理真正成功的最难点。”“在他眼里，建立一个知识库和一个垃圾库往往只有一步之遥。处于瞬息万变的当代社会，如果没有不断的创新、不断的回顾、不断的更新，曾经的‘知识’很快就会变成无用的垃圾，接踵而来的必然是整个系统的遗弃，也就是知识管理的失败。因此，项目实施后常规的知识审计具有非同小可的作用”（李志刚，2010：277）。

第10章　证据的研究与升级

正如 Hamilton（2009：216）先生所说："尽管科学家和学者们不可能将对单个项目的社会调查或环境考察当作证据。但是对于建筑师、设计师或工程师来说，必须认识到，在包含众多因素的现实环境中对人的行为观察，已足以验证假设是否被支持。同行评议的科学性证据不易获得，因此不需要将其作为建成项目研究的目标。"

也即是说，对于循证设计而言，由项目信息提炼而成，经过实际检验的原始证据，即可作为直接用于指导实践的有效证据。但与此同时，随着循证设计网络中心证据资源的不断丰富，仍然有必要对原始证据进行进一步研究，使之成为更高级别的证据，从而更加有效地指导决策。

相对来说，循证医学，由于医学学科自身的特点，原始证据原本就广泛而大量地存在，因此，循证医学所要求的证据必须是经过深入研究的高级证据。"这样，循证医学顺利地完成了两次转换：将'最佳实践'转换为遵循'最佳证据'，再将'最佳证据'转换为'级别最高的证据'。也就是说，循证医学通过遵循当前最高级别的证据，来确保自己的治疗实践是最佳的"（杨文登，2012：112）。

为高级别证据的形成，循证医学有大样本随机对照实验（Randomized Controlled Trial，RCT）和系统评价（Systematic Review，SR）、荟萃分析（Meta 分析）等，通过这些方式得出的研究证据，可认为是评价临床治疗效果的金标准，目前发达国家已将其作为制定治疗指南的主要依据。此方法可资循证设计借鉴。

10.1　对照实验（Controlled Trial）

对证据进行深入研究和升级的一种方式是应用证据开展对照实验。对照实验是一种特殊类型的前瞻性研究，它通过比较干预组与对照组的实验结果来确定某项干预措施的效果和价值。其做法是从已收集的大量原始证据中选择具有代表性与可操作性的证据，实施到实证研究的对照实验与示范项目中，然后选定观测模式与数据分析技术，对改造后的实验组与未改造的对照组开展一定时限的对照实验。追踪反馈采集数据，对结果进行对比分析，从中提炼有价值的信息，制作形成循证设计的对照实验证据。具体实施步骤为：

（1）从经过收集、提炼、检验、制作和评估后纳入循证数据库的原始证据中，选择具有代表性与可操作性的证据，以备应用。

（2）选择一个适用该证据的对照实验示范项目，结合其实际状况制订研究计划和方案，同时建立对照组，并选定观测模式与数据分析技术。

（3）运用该循证设计证据对实验项目完成改造，并以未改造部分作为对照组，开展为期一年的循证设计证据对照实验。

（4）结合对照实验的过程及结果，追踪反馈，测量并采集数据，获得第一手数据。同时进一步优化实验观测的相关技术。

(5) 应用数据统计方法对实验结果进行对比分析和评价，从中总结并提炼出经过量化的可靠的循证设计对照实验证据，纳入循证设计网络中心。

Hamilton（2009：245～249）在其著作中列举了一些适于证据研究的切实可行的实验设计：观察性研究、对照实验，以及一系列介于观察和对照实验之间的准实验设计（包括非等效对照组、模拟前-后设计、回归不连续性、中断时间序列、多重时间序列、偏相关、时滞相关性），可供研究者借鉴。需要注意的是，实验过程中应对各个环节进行严格审查，并基于一定的原则对研究过程中的方法及数据进行控制和管理，以尽量减少偏差。

10.2　系统评价（Systematic Review）

与对照实验一样，系统评价也是一种证据研究方法。其本质上是一种对大量的信息进行严格的定量或定性分析，从而得出可靠结论的方法。以下通过对循证医学系统评价内容的梳理总结，为循证设计提供参考。

10.2.1　什么是系统评价？

系统评价是一种客观地、定量地总结和整合原始研究结果的研究方法。按照 David Sackett 等（2000）的定义：系统评价就是全面收集全世界所有有关研究，对所有纳入的研究逐个进行严格评价，联合所有研究结果进行综合分析和评价，必要时进行 Meta 分析（一种定量合成的统计方法），从而得出综合可靠结论（有效、无效、应进一步研究），提供尽可能减少偏倚，接近真实的科学证据。

系统评价的一般方法可概括为以下几步：

(1) 确立题目、制定系统评价计划书。了解有关某问题的系统评价是否已存在、正进行、已过期，质量如何，从而确立题目。

(2) 检索文献。系统、全面地收集与该问题相关的所有文献资料。

(3) 选择文献。根据一定的纳入和排除标准，从收集的所有文献中检出有用资料。

(4) 评价纳入研究的偏倚风险。评估单个临床实验在设计、实施、分析过程中的误差程度，以给予文献不同权重值的依据。

(5) 收集数据。根据所需内容收录有关数据资料，并将所有数据输入系统评价管理软件，以进行文献结果的分析和报告。

(6) 分析资料和报告结果。对收集的资料，进行定性分析和定量分析，以获得相应的结果。

(7) 解释系统评价的结果。判断系统评价的论证强度、推广应用性、利弊、意义。

(8) 更新系统评价。定期收集新的原始研究，重新分析、评价，及时更新和完善。

基于笔者对系统评价的初步理解，在此有 2 点需要特别加以区分：

(1) 系统评价与传统的文献综述的关系。

传统的文献综述（Traditional Review），通常是由作者围绕某一题目收集相关的文献，采用定性分析的方法，对论文的研究目的、方法、结果、结论和观点等进行分析和评价，结合自己的观点和临床经验进行阐述和评论，总结成文，因此，常常涉及一个问题的多个方面，有助于广泛了解该领域的全貌，是为下一步开展研究做好准备。而系统评价或荟萃分析多是聚焦于某一具体问题的某一个方面，具有相当的深度，是为了全面总结某一问题，最终要明确评价当前某一干预措施对于该问题的解决究竟是否有效。

（2）系统评价（SR）与 Meta 分析（荟萃分析）的关系。

Meta 分析是将系统评价中的多个不同结果的同类研究合并为一个量化指标的统计学方法，所以 Meta 分析是系统评价的一种，但系统评价不一定都是 Meta 分析。只有满足 2 篇以上临床同质性的文献，才可以使用 Meta 分析进行合并，也即是定量的系统评价；如果没有高质量的文献，或者仅有 1 篇，则不能进行 Meta 分析，只能客观描述当前的状况，可认为是定性系统评价。但是需要强调的是，无论有没有 Meta 分析，系统评价都是重要的，都具有重要的临床意义。

10.2.2 为什么要进行系统评价？[①]

1. 应对信息时代的挑战

每年约有 200 万篇生物医学文献发表在 2 万多种生物医学杂志上，年增长率约为 6.7%。一个内科医生需要每天不间断地阅读 19 篇专业文献才能勉强掌握本学科的新进展、新研究成果，使得需要大量信息进行科学决策的临床医生、研究人员和卫生部门的决策者往往陷入难以驾驭的信息海洋之中。而系统评价采用严格的选择、评价方法、去粗取、去伪存真，将真实、可靠而有临床应用价值的信息进行合成，可直接为各层次的决策者提供科学依据。

2. 及时转化和应用研究成果

实施大规模的随机对照实验（RCT）需要消耗大量的人力、财力和时间，往往超过一个单位的承受能力，可行性受到一定的限制。而现有的临床研究虽然数量多，但多数样本量不够大，单个实验的结果难以提供较为全面、准确和推广应用价值大的研究结果。因此，将多个质量较高的同质临床实验结果应用系统评价方法进行合成，则可将其综合的有效措施，转化和应用于临床实践与决策。

3. 提高统计效能

针对同一临床问题的研究非常多，但因疾病诊断标准、纳入研究对象的标准、测量结果方法、治疗措施和研究设计等的差异，结果可能不一致，甚至相互矛盾。系统评价或 Meta 分析在进行资料合成时，不仅是根据阴性或阳性研究的个数多少决定哪种治疗措施有效，而是充分考虑了各个研究的样本量大小和研究的质量。因而，系统评价可减少有关偏倚的影响，提高研究结果的可靠性和准确性。

10.2.3 Cochrane 系统评价

Cochrane 系统评价是 Cochrane 协作网的评价人员在 Cochrane 统一的 Handbook 指导下，在相应 Cochrane 评价小组编辑部指导和帮助下完成的系统评价，其结果发表在 The Cochrane Library（光盘和因特网）上。由于 Cochrane 协作网有严密的组织管理和质量控制系统，严格遵循 Cochrane 系统评价者手册，采用固定的格式和内容要求，统一的系统评价软件（RevMan）录入和分析数据、撰写系统评价计划书和报告，发表后根据新的研究定期

① 本节来源：王家良，2014：47～48。

更新，有着完善的反馈和完善机制，因此 Cochrane 系统评价的质量通常比非 Cochrane 系统评价更高，被公认为是单一的、评价干预措施疗效的最好信息资源（Best Single Source）。

1. Cochrane 系统评价的制作步骤

（1）提出问题，确定系统评价的题目。

（2）与相关的 Cochrane 系统评价组联系，申请注册题目。

（3）题目批准后，根据协作网提供的 RevMan 软件和 Handbook 制作系统评价的计划书（Protocol）。

（4）计划书完成后提交协作网，接受评价组的修改。

（5）修改到编辑部满意后，发表在 Cochrane 图书馆上。

（6）完成系统评价（SR）全文并送协作网审批。

（7）再修改直到发表在 Cochrane 图书馆上。

（8）跟踪本课题的进展，随时更新。

2. Cochrane 协作网（Cochrane Collaboration）

Cochrane 协作网是以英国已故著名流行病学内科医生 Archie Cochrane 的名字命名的资源网，成立于 1993 年，是目前全球最大的产出、传播和更新医学各领域系统评价的非营利性国际协作组织。Cochrane 协作网的成立，使循证医学的传播并广泛应用成为现实。

自从 1995 年包括 36 个系统评价的第一个 Cochrane 系统评价数据库（Cochrane Database of Systematic Reviews）问世以来，到 2007 年 8 月已产出 3197 篇系统评价，1744 个系统评价计划书，并以每年逾百速度增长。

Cochrane 协作网包括 12 个 Cochrane 中心，1 个 Cochrane 工作网，51 个专业协作组，11 个方法学组，1 个用户工作网及 Cochrane 协作网指导组。几乎覆盖整个临床医学领域。

Cochrane 协作网的产品除了系统评价以外，还包括 Cochrane 随机对照实验数据库，收录随机对照实验；卫生技术评估数据库，收录原始研究等记录；还有方法学评价数据库等。这些宝贵的数据资源汇集成 Cochrane Library 出版，以光盘版和网络版的形式提供给全球读者使用。

1997 年中国循证医学中心成立，1999 年 3 月，国际 Cochrane 协作网正式批准中国 Cochrane 中心注册，成为世界上第 13 个 Cochrane 中心。中国 Cochrane（循证医学）中心的主要使命是：培训循证医学骨干；宣传循证医学思想，提供方法学的咨询、指导和服务；建立中国循证医学临床实验资料库；开展系统评价，为临床研究、实践和政府决策提供可靠证据；组织开展高质量的随机对照实验，促进和改善临床研究质量的提高。

从实际成效来看，Cochrane 协作网和世界各国 Cochrane 中心的建立与发展，不仅为临床医生快速地从数据库及网络获取循证医学证据提供了现代化的技术手段，同时也有力地促进了循证医学的快速发展。

本章小结

随着循证设计网络中心的建立和证据资源的不断完善，有必要借鉴循证医学的对照实验（RCT）和系统评价（SR）等证据研究方法，对原始证据进行进一步研究，使之成为更高级别的“最佳”证据。

另外，Cochrane 协作网的运行机制及发展成果，也为循证设计网络中心建设提示出了清晰的发展方向。我们有理由期待，若干年后，借助计算机网络技术的成熟与发展，循证设计网络也能够建立起一套行之有效的证据生成和传播机制：

（1）建立起证据生产、优化及使用的常规模式；

（2）建立起面向不同专业的协作组，为各专业问题的解决提供专家意见；

（3）建立起方法学协作组，以解决证据生产及系统评价过程中的技术问题；

（4）建立起以互联网为基础的用户支持网络，以促进各类用户的参与；

（5）采用多种途径发布相关信息——如二次文摘、循证数据库、《循证设计》杂志等，使得建筑领域的管理者、实践者、教育者、研究者、学生等都能够遵循循证设计的方法，利用循证设计网络资源，快速、有效地获取所需的“最佳”证据知识。

第 11 章　建立行业机制

循证设计价值的实现，有赖于其在行业领域的有效实施和全面普及，而实施和普及的最佳途径，便是由政策制定入手，从实践模式、教育体制、制度法规等多个维度，构建起基于循证设计的新型建筑学知识思维体系及运行机制，也即现代建筑行业机制，这是在信息时代，建筑行业发展及一切相关活动所依赖的最深层基础。

循证设计的普及推广需要同时面向学科教育和行业实践。建筑领域的实践者、学者、教育者、学生都应联系各自的实际问题，去认识、理解、积累和应用最佳、最新的科学证据，理论与实践相结合，提升设计决策和学习质量，从而实现整体的良性循环，最终全面转向循证设计的新模式。

11.1　基层政府层面

11.1.1　提交成果要求

在证据库创建的初始阶段，最有效的一种证据收集策略可能是：由政府立项，要求每个项目在报建、施工、竣工各阶段，提交最终成果的同时，提交不少于 5 项项目典型证据（即以规范化的模式，对项目的巧妙构思、典型特点、独特策略、成功经验、有效措施、注意问题、技术细节等有价值的知识进行独立归纳），待建筑运行使用 2 年后，安排专门机构有针对性地进行评价检验，符合条件就可纳入循证数据库。

从实际操作层面上，这种做法非常灵活，并不增加过多工作量。每个项目设计者随手可做，只需在现有成果基础上，单独拆解出具体问题，并以规范的模式呈现即可，同时又是一个总结和展示成果的机会。最终，在政府统一政策的主导下，由当前项目开始实施，逐渐向已建成项目推广，从而逐步将现有的存档激活，形成高效的智慧库，指导现实建设。为鼓励企业积极参与贡献“真经验”，未来可以考虑基于对证据质量及应用价值的严格评估，通过抵税的方式建立一种促进机制。

另外，还可基于单项设计证据设立公开评奖机制，从而为更广泛的实践机构及个人提供平台，鼓励每一位设计者参与其中，共享自己的点滴智慧。我们知道，以往的评奖活动中，面向的都是项目整体；而且其评价标准也很少能超越视觉效果，而深入到建筑的性能及具体措施的合理性层面；其最终的结果，往往集中于少数先锋建筑师的规模较小的、精雕细琢的、实验性作品，而一般的设计企业以及普通设计者的代表中国建筑整体面貌的设计作品却望尘莫及。然而，实际上，实践项目，尤其是一些大型项目，其实现的结果取决于很多因素，设计的成功（尤其是单项具体设计策略的成功）只是项目整体出彩的必要而非充分条件。但真正从微观的层面上看，任何项目都可能有其成功之处，每一个设计者都可能有其巧妙解决某个设计问题的独特经验，这些信息都具有某个方面或某种程度上的现实价值。因此，基于单项设计证据的评奖活动，便可以落实到项目的微观层面，并且面向更广泛的对象，同时借助新媒体和互联网的开放平台，使得每个人都有机会参与其中，以此带动整个行业乃至全社会持续共享、互动、传播和反馈。与此同时，这些信息也就成为提取和积累设计证据的重要资源。

11.1.2　建立评价机制

实施循证设计之后，项目设计-建造的全生命周期，将不再停止于图纸交付和项目建成，而是自然而然地融入“评价与检验”这一环节。即需要在项目建成，经历几个春夏秋冬后，对其进行调查和测量，针对每个具体的设计经验进行检验，结合实际效果和使用情况，论证设计的有效性。

为了减少评价的偏颇，需要建立系统性、规范化的评价机制，如此一来，才能确保其有效推广。评价的实施方式有很多：可以由高校、科研机构或者专业的评估公司，作为独立的第三方执行使用后评价；也可以由政府或者行业协会、学会等机构，搭建一个公正的交换平台，组织有同类项目经验的企业联合体，对项目进行集中评价；还可以在同类项目的企业之间单向循环开展评价。

在当前建筑行业大力推行信息化建设、数字化管理、智慧城市的同时，使用后评价机制以及循证设计网络中心的建设应该及早参与进来，与其他维度的信息系统共同协调和发展。这一注重项目后效评价和知识循环利用的举措，必将对整个设计行业的观念及行为产生实质性影响，使整体的建筑品质获得极大提升。

11.2　企业层面

考虑到知识产权的保护，在形成行业层面的完善的运作机制之前，可以首先从企业内部的循证数据系统开始建设。目前，对多数企业来说，虽然都有内部的资料库，但是绝大部分都是非结构化信息，数据库中收集的多数是以项目为单位存储的效果图、施工图、文本、模型、图片等信息，并未实现对数据信息的深度挖掘与处理，因此利用率不高，而且，专业人员也没有形成为自己的设计问题寻找证据的习惯。建筑实践由效益主导，致使实践者对各种问题缺乏深入研究的耐心和精力。另外，由于缺失对建成项目的使用后评价，无法对实际效果进行论证和检验，因而无法发现真正的问题。在某些情况下，借鉴以往项目，反而可能更容易重复导致同样的错误。由此可见，由对实践项目的评价入手，建立企业的循证设计知识体系至关重要。

因此，企业及设计者应基于统一标准，持续地收集和积累证据，逐步建立起一个高效的循证设计证据系统，并建立相应的处理、存储、共享、检索、更新等操作准则，形成规范化的管理和使用模式，如此一来，便可以帮助设计者准确、迅速地获取最佳知识的指导。不仅可以避免不必要的重复劳动，节约人力、物力和时间资源，更重要地，可以提升设计品质，进而提升企业竞争力。

11.2.1　基于项目的证据积累与使用

实践项目的独特经验是设计企业不可多得的知识，每个项目都可以成为新证据的来源。因此，从每个项目开始之初，就应该建立起恰当的证据积累策略，对项目的鲜明特点、创新之处、成熟的有效做法、解决的关键问题及其措施和结果、需要避免的失误等有价值的信息，进行详细记录，并在项目建成后进行实际检验。最终目的在于：一方面，通过每个项目为企业积累证据；另一方面，在项目的执行过程中获得证据系统的有力支持。通过证据（知识）系统与项目管理的深入结合，推动企业创新和成功发展。

设计公司如果想要采用循证设计模式，就必须发动内部力量来共同积累证据资源。首先从当前项目入手创建一个数据库。随着新项目的开展，重要问题往往会重复出现，只需简单地将最新资料添加到不断增加的相应信息集合。随着时间推移，知识基础不断增长，这项工作也将越来越易于管理。

针对当前项目建立证据库的操作方法是："首先从项目最关键的设计问题中筛选出三个首要的研究问题，只需对这三个问题进行研究，便可以构建起一个供此三个概念检索的强有力的数据库。如果公司以每年 50 个项目的速度在运作，每年便可以收集到有关 150 个主题的资料。这种自下而上的方法，即使有所重复，最终也可以很容易地为 100 个主题分别积累 10 条相关证据；或者从文献以及按项目归档的可靠信息中形成 1000 个相关条目，而所有这一切都与实践直接相关。在规模较大的公司，数据库可以快速增长，因为任何时候都有更多的项目在不断开展"（Hamilton，2009：226）。

11.2.2 基于个人的证据积累与使用

个人的项目实践经验是非常重要和难得的证据资源。设计师亲自参与的项目，对整个过程具有全面而真实的深入了解；多年的工作实践中直接面对问题和解决问题，具有切实的体验和心得，可以成为非常有效的指导策略。因此，设计者应当非常注重积累来自其个人实践中的珍贵资源，需要有意识地总结、积累和学习，严谨地进行数据收集，从中提炼有效信息，规范化地制作形成循证设计证据，并系统性地存储归档，形成有用的证据库。以便于随时快速、准确地从中检索相关证据，指导未来的设计实践。

"独立循证关乎'证据的运用与产生'。""传统的设计研究积习中，每一次工程设计的经验与教训，只是慢慢地积淀为设计者的某种专业'感觉'，至多在方案介绍性的文字中作一些'建筑文学'性质的描述，没办法上升到一般学科智慧或者转化为设计的'新证据'。""建筑师的传统工作已经是一种'独立循证'行为的雏形，进一步可自觉地表现为'原始证据的产生'和'证据样本的汇集'。""在每一次具体项目的工程设计中，需要'慎重、准确和明智地应用当前所能获得的最好的研究依据'，同时，使设计经验和技术措施经过可靠方法的处理之后，成为新的'证据'参照物，是独立循证需要完成的任务。""'独立循证'的提问方式和检索方法，与'循证网络'的建设是平行和互补的工作"（王一平，2012：117）。

11.2.3 基于情境的证据积累与使用

必须强调的是，在证据的积累和应用过程中，需要重视证据的产生背景和应用场合，任何有价值的证据都应是基于特定项目、特定情境形成的具体策略，因而切不可将证据与特定项目背景割裂而孤立地生产和使用证据。一旦证据知识脱离其所依托的客观条件，应用者就无法准确了解这些证据形成的内在机制，也就无法理解其核心的应用价值，更加无法把握证据在新项目中的适用情况，从而影响其对证据的判断和使用，不仅降低效率，甚至还可能因误用而产生不利影响。因此，应"带处境"地收集和制作证据；然后，基于特定项目的实际"情境"寻找和使用证据。

11.2.4　共享机制

企业循证证据库系统的运行离不开证据知识的持续更新和良性循环。设计证据的获得在很大程度上依赖于个人隐性知识的转化与共享（即使是对现有项目信息的加工制作，也需要融入个人的思维分析和经验）。因此，需要在企业中建立优秀的企业文化，搭建一个开放平台，鼓励知识共享与互动交流。一方面，建立规范流程，培训技术专员对企业项目信息进行提取和加工；另一方面，需从技术、模式、制度等方面入手，采取综合措施，鼓励个人积极共享证据。比如，针对个人所共享证据的数量、价值、效果、使用频率等因素进行评估，最终，将其与知识署名制度、绩效和薪酬制度、股权制度、晋升制度、培训制度、淘汰制度等方面相挂钩，以此激发和带动个人积极地参与证据库建设，形成积累和运用知识的良性机制。

经过收集和处理后的有效证据被统一储存在证据库中，员工可以方便地调用。由此，逐渐地将个体的设计行为拓展为一种发挥企业全体智慧的整体行为，将知识转化为生产力，并实现知识创新，以此提升企业知识的整体价值，进而体现为实际效益。

与此同时，完善的知识共享机制必须配合健全的知识保护机制，否则很容易造成企业知识的流失，甚至导致更加严重的后果。因此需要建立一套标准化方法，监管知识外流。比如，将所有的证据归由档案室统一管理；与专职人员签订保密协议；对特别重要的知识采用专利保护；对访问证据资源的用户设置权限，使其可查阅，但不能复制或下载；亦可在满足需求的前提下，采用远程访问形式；等等。总之，需要在方便使用和有效监管之间取得一种平衡。

实际上，知识的共享是大势所趋，随着各个企业证据库的不断成熟，可进一步由政府或行业协会，依照统一的标准，搭建公正的知识共享与交换平台，以实现知识在更广泛领域的有效传播和共享。

11.2.5　应用案例

目前已有设计企业开发了系统性地实施循证设计的方法，并建立了企业内部的循证设计证据库，仅举2例：

DW Legacy Design® 是Design Workshop开发的一种循证设计方法，旨在为项目团队提供决策制定的透明化依据。它可以使团队保持统一，并相互协作。DW Legacy Design® 拥有一条嵌入式的反馈式循环——创造、评估、创造、评估，它缩短了研究的学习曲线，并保证有时间来评估随着方法学的演变而日益增多的复杂内容。从项目初始一直到竣工后的监控，都在实行这种严谨的方法。

与内部人员分享范例非常重要，这样团队才不会从零开始——Design Workshop一直在内部推广这种做法。Design Workshop已开发出一种“可持续性矩阵”，这份文件至关重要，可以追踪各种目标及策略、任务、基线、基准和研究原始资料，尤其是在多学科团队工作时。该工具在公司的门户网站也有直接链接，因此，团队能够即刻查到潜在指标的相关信息。若每个潜在指标主题都有充分的且易于得到的研究和基准，则可以减少花在研究和“发明”相关数据库的时间，从而使团队成员能够把分配的研究时间花在寻找更佳的信息或者更具相关性的新比较基准上面。项目计划书模板使团队能够从某些既定的DW Legacy Design® 内容开始制定项目文件。由于整个公司的团队都是采用相同的模板，因此可以把一个项目的相关研究结果快速转移到下一个项目中。在项目进行中，访问 Design Workshop 的门户网站已成一个较为常见的步骤——在设计和施工过程中，员工既取出也存入知识。(Rebecca Leonard，2013：89)

还有一些设计机构，虽没有提出循证设计的概念，但却已在有意识地运用这种思维和方法。比如，MVRDV 就非常注重对建成项目的后效评估，通过调查建筑物对使用者的影响，对每个设计进行深入研究和优化。他们已通过软件开发的方法，将迄今为止所完成的 650 多个项目的空间数据结合其项目背景进行了有效管理，通过一系列广泛测试建立已知原型（Prototyping)，然后有条不紊第使用并升级这些已知原型探索未来项目的解决方案，同事对当前的观念和行为进行质疑。设计经过这种严谨的迭代过程，可以形成最高质量的结果。除此之外，在设计过程中还通过可视化模拟及其他媒介，与各个科学的专家、顾问、客户等密切合作，并使公众参与到设计中，把价值创造在他们的生活品质上，设计由此成为一个民主的社会产品。另外，MVRDV 还与代尔夫特理工大学合作，带领“为什么工厂（The Why Factory)”和独立的学术研究机构及智囊团研究未来的城市，该智库的很多概念已被落实进 MVRDV 的项目。这一系列举措与循证设计天然地相契合，有力地证明了循证设计的合理性和可行性。

11.3 教育层面

11.3.1 循证医学教育

以下首先简单介绍循证医学教育的发展状况及应用模式，以供循证设计教育借鉴。

20 世纪 90 年代中期，循证医学开始向医学教育领域发展，形成了循证医学教育(EBME)。美国、英国、澳大利亚等国家已将循证医学纳入医学生的必修课程。在我国，四川大学率先于 2000 年将循证医学列入本科生、研究生、住院医生培训和继续教育培训教学计划，随后陆续有一些院校将 EBM 纳入临床医学本科生和研究生课程。目前，循证医学教育已逐步得到政策层面的鼓励与推动。《中国本科医学教育标准》（草案）指出：“医学院校必须在整个教学期间实施科学方法及循证医学原理的教育，使学生养成批判性思维，掌握科学研究方法。”

罗盛（2014：142）在其文章中就国外循证医学教育的课程设置、课程内容、教学方法等进行了介绍：加拿大 McMaster 大学在 1998 年系统评价了 1966 ~ 1995 年所有关于批判性评估技巧（Critical Appraisal Skills）学习方面的文章，指出：本科生阶段的学生进行 EBM 教育效果较好，在实习期间学习效果较差。可见对于学生进行实习前的 EBM 教育，有助于提前培养发现问题、提出问题、分析问题、解决问题的能力，因此将开课时间提前到本科三年级第二学期，即学生实习前的一个学期。

课程内容包括：循证医学概论；证据的种类、来源和检索方法；循证医学常用的统计方法；Meta 分析；系统评价；卫生技术评估与卫生决策；等等。

教学方法：

(1) PBL 教学法与“三明治”讨论教学法相结合。注重“教师为主导、学生为主体”的方法，充分运用 CAI 课件，倡导结合真实或模拟案例进行实践和讨论的以问题为基础的

PBL教学法（Problem-Based Learning）和“三明治”讨论教学法相结合，活跃课堂气氛，增强教学效果。

（2）充分利用互联网资源，强调模拟和实践教学。在教学中充分利用学校图书馆的互联网资源，开展循证证据查询的实习和训练，使学生能自觉、主动、正确地查找与利用循证医学资源。学会查找EBM证据重要的资源，Cochrane-Library、OVID数据库、MEDLINE、EMBASE等及国内EBM证据资源，如中国生物医学文献数据库（CBMdisc）、中国循证医学/Cochrane中心数据库、维普数据库、万方数据库、中国学术期刊光盘数据库（CNKI）等。同时通过上机练习的方式，学会运用Revman软件进行Meta分析。

Sharon E. Straus（2006：211、213）在《循证医学实践和教学》中总结了循证医学教育的三种模式和十大成功要素。

循证医学教育的3种模式：

1）循证实践中的角色模型

（1）学生看到证据良好的病人管理的一部分；

（2）通过实例进行教育——事实胜于雄辩；

（3）学生可以发现我们如何使用判断将证据整合到决策中。

2）教授在临床医学中运用证据

（1）学生认为证据是良好的临床学习的一部分；

（2）通过整合进行教育——证据要与其他知识一同教授；

（3）学生发现我们将判断运用于证据和其他知识的整合中。

3）教授专门的循证医学技能

（1）学生学习如何理解证据以及如何明智地运用它们；

（2）通过指导进行教育——学生得到明确的指导，从而得到自身的发展；

（3）学生发现我们将判断运用于完成五个步骤（提问、检索、评价、应用、评估）。

循证医学教学的十大成功要素：

（1）以真实的临床决策和行为为中心；

（2）致力于学生的实际学习需要；

（3）在被动学习与主动学习两者之间达到平衡；

（4）将新知识与旧知识联系在一起；

（5）使每个人都可以融入团队；

（6）专注于学习的感觉和认知；

（7）合理地搭配和利用临床场所、可利用时间和其他环境；

（8）平衡了准备和机会之间的关系；

（9）清楚如何作出判断，无论是关于证据本身还是如何整合证据与其他知识、临床经验和病人的选择；

（10）成功地使学生掌握了终生的学习能力。

11.3.2　循证设计教育

循证设计的运行机制，必须全面融入专业基础教育中，才能从根本上确立建筑行业新的模式。循证设计参与教育的过程同时包括对证据的使用和创造。一方面，可以将循证设计网络中心的证据知识作为基本的教学资源。循证设计网络中心涵盖了技术、管理、组织等多领域的知识，经过“知识拓展”的证据体系，充分体现出知识的实用性、系统性和独特性。对于学生拓宽学术视野，了解学科进展，参与设计实践，学习行业经验等不同层次的需求都大有裨益。

对证据的使用包括2个步骤：第一，需要开展“循证设计方法学”教育，使学生及早了解作为科学性的设计方法的“循证设计”的基本目标及原理，证据的使用条件、规则、方法及注意事项。如此一来，学生可以同步学习理论与实践，从根本上改变传统教育的抽象化弊端；第二，循证设计的教学过程，就是一个主动的知识探索过程，学生有机会参与了解整个实践过程以及经过检验的设计结果，使之进入到设计产生的特定情境和过程中去领会、体验和反思，而且将理论与应用相统一，提高设计者的实际应用能力；同时基于网络的交互性，能够加强实时交流与反馈，并有利于团队协作。

另一方面，应充分激发学生的能动性，进行证据的广泛收集和积累，以便将理论学习与实践有效结合，同时有利于循证数据库的迅速壮大和完善。例如，北京建筑大学张路峰教授的“建筑设计方法论”研究生教学课程，便要求学生以“设计过程”为题，采访一位在京执业建筑师，请建筑师以一个具体的工程项目为案例，回顾一个作品的诞生过程，讲述一个作品从最初构思到最后完成的完整故事。其实，此方法只需再往前跨越一步，便可发展成为收集实践证据的有效机制。按照循证设计的基本操作方法和要求，在全国的研究生课程中加以推广，逐渐形成在建筑教育中利用和创造证据的规范模式。

美国建筑师学会（AIA）执行副主席（EVP）兼首席执行官（CEO）Christine McEntee在其为《循证设计——各类建筑之“基于证据的设计”》（Evidence - Based Design for Multiple Building Types，2009）所作的序言中说：“循证设计研究中有待挖掘的最有价值的方面是建筑教育。应该充分利用实践和学术密切结合的优势，使行业形成基于科学的建筑学研究。如果实践者和教育者能够携手合作，对下一代建筑师进行最好的教育，未来的实践者运用循证设计便顺理成章。”“实践者、研究者和教育者应当全面合作，共同推动这项称为‘建筑学’的伟大事业。”

11.4　行业指导层面

11.4.1　制定专项标准

以上各项措施经过若干年的应用和试错之后，针对实施情况以及积累的证据成果进行全面总结，以此为基础，制定统一的证据生产与应用的详细实施步骤；建立一套在整个行业及企业共享与传播证据的有效机制；经试点应用和修正之后，形成循证设计的专项标准规范，并开发相应软件。与此同时，建立和完善循证设计网络中心的开放平台，并通过循证设计协作网、《循证设计》杂志等途径加以推广。循证设计网络中心的证据资源，除了用于指导具体实践之外，还可以从中筛选出一些应用价值较高、适用程度较广泛的证据，作为常规经验，参与制定和修订相关设计规范，从而使规范更加有理有据，以利于提升整体的设计品质。

11.4.2　信息全面整合

循证设计的证据系统建设及运行，将会对整个行业的设计模式、组织模式、教育模式、政策模式、管理模式等带来全方位的深刻影响。因此，绝对不能脱离现代建筑信息体系而孤立地建设。应该与当下迅猛发展的BIM信息系统、发展了几十年的GIS地理信息系统，以及Google Earth的可视化虚拟平台等充分结合，从真正意义上，实现由独立证据到建筑项目再到城市层面的全面信息整合，使各个层面的数据纵横交叉，自由关联，这才是信息时代的到来所将引发的真正革命。

本章小结

综上所述，可以预见循证设计具有现实意义的后续发展计划为：

（1）在建筑实践中，从业者应当重视积累实践和项目经验，自觉地进行独立循证。设计企业应当基于统一的标准，建立起高效的循证设计证据库，并建立相应的操作规则，形成系统化和规范化地生产和使用证据的一般模式。

（2）在建筑教育中，从本科低年级阶段开始，开展循证设计原理及应用方法教育，将实践证据知识作为教学资源之一，同时培养学生理论与实践相结合，学习、使用，以及收集和创造证据的实践能力。

（3）由政府立项，要求在项目报建、竣工提交最终成果的同时提交典型证据，并建立规范化的建成项目评价机制，从而逐渐积累设计证据。未来可以考虑通过抵税以及评奖的方式，来形成推广循证设计的促进机制。

（4）建立结构式文摘二次文献数据库，实现对基础信息的深度挖掘与二次开发，逐步将现有成果转化为有效的设计证据。同时建立循证设计方法学指导小组。

（5）基于建筑行业权威平台，建立循证设计网络中心，基于统一标准，将不同层面的证据整合纳入证据库，并建立一套适用的证据网络及其使用原则，提供强有力的支持平台，实现证据资源在整合行业中的合理共享和高效利用。

（6）创办《循证设计》杂志，形成在整个行业内系统地传播最新证据的有效机制。

（7）根据循证设计的初步实施反馈，并结合中国国情及建筑行业现实状况，制定相关政策及标准，并开发相关软件，从而推动循证设计在建筑领域的全面普及。

第 5 篇　总结

第12章　总结与展望

自20世纪末以来，随着我国城市化进程的快速推进，建筑市场空前繁荣，各类建设项目在数量、规模上都已相当庞大。与此同时，随着建筑复杂性的增加以及社会需求的提升，又不断带来新的挑战。在这种形势下，传统建筑学无论是作为学科，还是作为专业，都已日渐失去其应有的引导和控制能力，而逐步陷入一种尴尬境地。因此，当前迫切需要一种面向行业整体的调整和转型，从而优化设计与建造模式，提升整体的建设水平，确保建筑的最终品质和日常使用。

由循证设计开始，与信息时代的背景相对应，建筑行业将被引向一个“研究与实践相结合”的“科学化”的新阶段。循证设计将从根本上扭转以往基于个人经验、各自为战、忽视效果检验、缺乏社会参与、实践与研究脱节的局面，转向以科学证据为指导，以最终性能为目标，以信息集成化管理为基础的新模式。经由证据的不断积累，积聚全行业的集体智慧，建立起强大、开放、高效的循证设计网络平台，并基于统一的标准和操作规则，系统地共享和传播建筑学的专业知识。从此，人们将紧密团结，共同协作，通过“实践—研究—教育—社会”的多维度结合，“评价—策划—循证”的有效循环，“设计—组织—生产（施工）”的高度集成，使设计实践止于至善！

总体而言，循证设计的发展，目前无论是在国内还是在国外，均是刚刚起步。尽管在欧美国家，尤其在医疗建筑领域，循证设计已经历了十多年的发展，陆续受到很多组织、机构的广泛关注，并取得了一定的效果，但是，无论是理论还是实践，仍然缺乏系统性。因此，如果能够充分结合我国当前大规模建设的现实状况，从循证设计的理论到实践进行系统建设，便有可能推动甚至引领和主导世界上此领域乃至整个行业的发展。笔者相信，未来建筑界对于信息、知识及证据的系统运用，会如同CAD甚至现代主义建筑的诞生一样，成为建筑行业的又一次重大历史机遇。

12.1　全书总结

本书基于对国内外循证设计理论与实践的整合研究，结合中国国情和建筑行业现状问题，系统地搭建了循证设计的思维逻辑体系；借鉴产品设计知识系统以及循证医学中心的运行机制，对从证据生产到证据应用的整个实施流程，以及其中的关键技术和策略，进行了系统性的理论研究，建立起一套循证设计操作体系的基本架构。这些成果对于循证设计在中国建筑领域的发展和普及，具有一定的现实意义和推动价值。具体而言，本书主要的研究内容及结论如下：

12.1.1　循证设计的理论体系

1. 循证设计概论

本书首先对循证设计概念的形成过程、核心思想、现实意义等进行了基本介绍，然后对国内外现有循证设计的研究进展及成果进行了综述分析，以确立研究空白。

目前来说，国外的研究存在 3 大特点：①目前尽管已有个别关于各类型建筑循证设计的探索，但主流仍然偏重于医疗建筑的循证设计，在更广泛领域的推广和应用还有待继续发展；②对于循证设计的关注停留在“基于证据”的直义层面，虽然在实践领域逐渐有一些零散的应用，然而，在其外延不断扩展的同时，对循证设计核心理论与方法的系统综合研究较为缺乏；③现有的循证设计研究主要关注的是独立循证设计，尚没有进入到信息化的层面，探讨循证设计深层的信息与知识系统价值。

循证设计在我国的研究主要经历了 4 个阶段：从对国外循证设计理论和国外医疗建筑循证设计案例的介绍；到国外循证设计理论与我国医疗建筑项目的结合分析；国外循证设计理论在我国城市规划等其他领域的应用探索；再到立足本土、面向整个学科和行业的自主的系统性理论研究，逐步推进发展。尽管在循证设计的整体研究和发展上较之英美国家仍有很大差距，但是在理论系统的探讨上已经有了重要推进：以“系统论”的观察方法，从数字化的信息管理本质上，思考循证设计的价值。

综合国内外的研究现状来看，笔者认为主要存在两大问题：第一，就理论研究而言，虽然已有研究成果分析了循证设计在数字化前提下的信息管理价值，但是尚未从外延的“信息管理”深入到实质性的“知识管理”层面，另外，循证设计的完整理论体系仍缺乏系统整合；第二，就操作层面而言，尽管已提出独立循证设计的基本模式，但是对于循证设计的系统性应用以及作为其基础的证据网络建设研究仍然空白。可见，循证设计的进一步发展，亟待形成一套切中现实问题核心的、能够真正参与和影响设计活动本质的、切实可行的、体系化的理论和实施策略，以利于其向实践领域系统推进。

2. 循证设计解读

一个有价值的科研课题，必须是由社会现实出发，查找问题，然后结合相关资料及个人经验，提出解决办法，并进行实际验证。也就是说，发现和提出现实问题是研究与改进的第一步。建筑学未来的发展，必须以客观地认清业内当前的现实问题为起点。因此，本书对循证设计的解读与研究便遵循这种思路：首先基于当今时代发展的大背景，实事求是地审视中国建筑界的问题和学科面临的困境，然后探讨循证设计给出的解决方法。既是提出问题，同时也是循证与解答，从而真正地体现循证设计的现实意义。

第一层次：循证设计为建筑学引入科学理性的方法

1）建筑行业缺乏严谨性——循证设计是基于最佳证据的理性设计

通观建筑领域存在的各种问题，最根本的是建筑行业缺乏严谨性和科学性。长久以来，在建筑教育和理论中过分地夸大建筑的艺术性，建筑设计中又刻意强调建筑师个人的创造性，致使整个行业的理性意识和基础薄弱，相对于其他行业来说，建筑行业严重地粗糙，不严谨，不系统。

循证设计的核心是使用最佳证据。循证设计建立在对实际案例大量调查研究、切实分析的基础之上，旨在突破传统基于设计者个人经验和感觉的主观臆断的设计方式，强调任何设计决策都应该以经过实践积累、检验、提炼的证据为指导，基于已有证据和当前项目的现实条件进行科学分析，以提高设计概念和实施的严谨性，从而确保建筑物最终的品质。由循证设计开始，建筑学将形成一种以科学方法与证据指导建筑设计的新方法。

2）追求造型的形式主义危机——循证设计关注建筑的最终品质

在信息时代，新媒体和互联网信息的广泛传播，使大量的图片资源触手可及，但实际上，人们通过这些表面信息，大多看到或吸收的仅仅是形式，缺乏对内在机制的探究，并不知晓其中的内涵，也即知其然不知其所以然，其结果就是很容易造成照猫画虎的形式主义危机。因而导致目前全国各地很多建筑式样很前卫，但是普遍的建筑品质不高。

为了避免形式操作的危机，需要深入地研究所借鉴项目的内在机制，了解其整体的项目背景，所基于的问题，所形成的原因，最重要的做法及目的，以及取得的真实效果和存在的问题。这也正是循证设计对证据的解读、分析和创造性运用的重点所在。

在循证设计的一般模式下，遵循“目标—问题—证据—解读—概念—假设—验证”的路径，整个过程形成一条严谨的逻辑链，将项目的目标、设计方案与最终效果联系起来，以项目的实际效果作为衡量标准，要求任何项目的实施必须以保证建成质量为前提，注重未来效应，并在不断的反馈、检验和优化中，使设计止于至善。可见，从对形式的关注到对最终效果和日常使用的重视，是循证设计之于传统设计的一大跨越。

3）理论研究与实践脱节——循证设计搭建起研究与实践的互动平台

建筑领域的另一种现象是理论研究与现实实践相脱离。长久以来，建筑界的研究方法基本都是从理论到理论，从概念到概念，所关心的问题与现实相去甚远。所导致的结果就是：学术研究，假设的不是真问题，研究成果没有现实意义；而与此同时，实践中亟待解决的问题又缺乏关注和深入研究。

循证设计，通过广泛的、具体的、切实的调查研究，掌握大量第一手资料，并从中发现和提出现实需要解决的问题，然后通过开展深入的研究，寻找科学证据的支持，再经过科学的分析处理得出结论，最后经由实践加以检验。整个过程中，将研究与实践相结合，从实践经验中累积与提炼知识，再利用现有资源指导现实实践，实现其应用价值。经过反复地实践和后效评价，使认识更接近问题的本质，使知识经历一个“实践—认识—再实践—再认识”的过程，获得不断提升。在这种研究与实践相互印证的循环过程中，真正搭建起研究与实践的互动平台。

4）反馈机制不健全——循证设计建立起评价与应用的良性循环

实际上，对于建成环境的重视早已不是新鲜事。数十年来，国内很多学者和团队已针对使用后评价作了大量的研究，但是这些研究成果在我国建筑实践中的应用却非常有限。其中一个关键的问题在于：没有将评价和应用真正有效地建立起关联。使用后评价只有上一个项目的终，没有下一个项目的始，不参与应用，不能转化为生产力，也就无法实现其实际意义。所以，未来最迫切的就是增加一个整合环节，使其形成有效循环。

循证设计的着眼点已从关注建筑形式转向重视设计过程和运行机制。经由“评价—策划—循证”的完整模式，建立起完善的循环反馈机制，一方面，承接建成项目的评价反馈，另一方面，评价的结果又作为客观证据，前馈到未来项目的设计，为其提供指导。从而使设计策略获得不断优化，使证据趋于更加合理和全面，使建筑的性能获得提升，此正是循证设计的理论和方法的核心价值之所在。

同时，为了避免传统评价中，因为过于贪大贪全，而导致缺乏针对性，节点研究不够突出，无法解决实际问题等弊端。循证设计的实施，要求立足于建筑的微观层面，拆解为具体的问题与措施。每次只针对有限的一些关键问题进行评估，不仅可以减少调查研究的难度，而且可以将问题看得更透彻，确保结论的完整性和有效性，如此才对未来具有指导意义。

5）澄清误解：循证设计将导致设计的僵化和创造力的丧失？

在一个新概念形成之初，总是无可避免地需要面对各种质疑。对于循证设计而言，多数人担忧的是这种理性的设计方法会制约设计者的创造性，对证据的重复利用会导致设计的僵化和千篇一律。

循证设计本质上是一种认识问题和解决问题的实践模式和思想方法。其根本目标是：将设计决策建立在大量经检验和提炼的实践证据基础之上，避免实际项目中无谓的试错，从而尽可能地确保建筑物的最终品质。同时消除简单重复性工作所导致的个体辛苦，使得设计者重获创作的自由，以集中精力关注更重要的问题。较之以往凭感觉的随意决策，循证设计不仅不会限制建筑师的创作自由，相反，在很多时候，理性恰恰意味着思考。

循证设计始终坚守着设计对象的客观性与个体性，强调具体问题具体分析，注重探究证据在特定语境中的意义；并且，任何设计问题的提出和解决总是为个人的思考留有充分的余地，循证设计在避免建筑师“想当然”的同时，恰恰呼唤更高层次的整合创新能力；循证设计方法及证据系统建设是一个动态的、开放的、不断更新和完善的过程。所以，其结果必将是最大限度的严谨性和最大限度的创造性的完美结合。

第二层次：循证设计为建筑学科建构知识体系

6）建筑学科缺乏共识基础——循证设计参与建构学科知识体系

当代建筑学正走向一种无标准、无规则、无导向的“全面多元化”状态。建筑学科缺乏基础及共识，然而，作为一门独立学科，建筑学未来的发展必须走向自律，其专业地位，必须建立在可客观度量的、规范的、系统的学科知识基础之上。那么，建筑学究竟如何能够成为一个“以知识为基础”的专业？首先便是需要从实践经验开始，积累专业知识。

建筑的工程性、物质性大量地蕴含在实践中，随着国内建设项目的大量进行，中国有极好的机会结合循证设计理论的思想和方法，在整个建筑行业内建立一个循证设计的系统网络，以实践为基础，积累和提炼其中有价值的经验和信息，并将其转化为可传达与共享的合理性设计依据，也即成为“理性的实践知识”，从而逐步构建起当代建筑学的基础知识和学科体系。

7）实践层面：粗糙的大量性建设——科学性的循证知识体系提升建筑行业整体品质

当前，中国建筑行业正在经历一个快速发展时期，所带来的直接后果就是大量的普通建筑品质不佳。如何才能保证大量性建筑的品质？如何提升设计行业的整体水平？

基于循证设计的证据知识体系，通过科学地循证，现有成果得以返回实践指导未来项目，从而使得每一次设计都能够发挥学科的全部智慧，以形成最佳的设计方案。此外，循证设计的证据知识还可参与指导制定和修订相关规范，使其更加有理有据，以此实现对大量性建设的品质控制。最终，经由知识体系的直接或间接指导，将品质与规模完美结合，从根本上保证建筑的整体品质，推动整个建筑行业的永久健康发展。

8）教育层面：建筑教育抽象化——实践性的循证知识体系成为专业教育基础

循证设计的实施及循证知识体系的建立，很重要的一项价值是面向建筑教育。在以往的建筑教育中，建筑实践与教育很少互动。一方面，学生在学习时关注和训练的都是抽象的建筑空间、艺术、美学以及技术的基本常识（很多已过时），几乎不曾接受过面向实践领域的教育训练，其实践能力通常都是从实习开始重新培养。另一方面，实际项目的经验也并没有成为教育的知识来源。建筑院校很少邀请专业实践者参与教学活动，反之亦然，实践中遇到的问题，也很少与学院合作开展应用研究，这无疑是一种很大的资源浪费。

基于建筑实践所建构的循证知识体系，为专业教育建立良好的理论和实践基础，并通过具体案例支持教育理论，形成一种建筑教育、设计实践、学术研究三者紧密结合的新模式，同时构建起一个完整的建筑学教育培养体系。

9）社会层面：建筑信息不对称——开放的循证知识体系带来“全社会的建筑学”

建筑不同于任何其他艺术，它不仅是建筑师个人的作品，同时还具有社会功能属性，建筑一旦竣工，就必须要面向社会、面向大众，接受公开的评判。而且，在信息时代，公众对知情权的需求也越来越高。但问题却在于，在现行模式下，由于缺乏基础的建筑信息网络，使得建筑专业信息无法在社会层面自由流通，由此导致专业与受众之间的信息不对称。而实际上，信息不对称正是导致建筑品质低下以及建筑市场暴利的最大根源。

循证设计本质上体现的是一种理性和实证精神，基于系统客观的知识，进行有依据的设计，使所有人知道判断的方法、依据和标准，从而可以不依赖权威，自己进行思考和判断。循证设计所建立的知识体系，使专业信息公开分享，充分地给予社会以知情权，并开放地接受社会的评判与质疑。由此便可以消除和解决建筑工程项目的信息不对称问题，并通过社会化的监督提升建筑工程质量水平，使设计与建设程序逐渐走上良性循环的发展轨道。与此同时，借助循证知识体系的开放平台，逐渐建立起一种以实际需求为导向，以建筑最终性能和使用为目标，由设计团队、客户和用户共同参与的新模式，对于提高我国的建筑设计水平具有重要的现实意义。

10）建筑行业缺乏整体性思考——循证思想蕴含的深层含义即为“系统整合”

现阶段中国建筑界最根本的问题就是不成体系。而循证思想蕴含的深层含义即为“系统整合”：循证设计将建筑设计作为一个系统工程，综合内部与外部所有资源，对其进行整体性思考，注重经济效益、社会效益以及生态效益的协调发展，从而实现综合效益的最大化；通过集成与共享集体智慧，使设计成为一种基于整体知识的全行业行为；基于“评价—策划—循证—假设—检验—应用”的设计循环过程，使设计获得不断优化，并发挥现有成果对未来的指导价值；建立起“实践—研究—教育—社会需求”紧密结合的新模式；形成“专业人员—客户—用户—公众”共同参与的协同机制；等等，从根本上说，这是一种面向社会整体、沟通过去与未来的开放性的整合设计体系。

第三层次：循证设计将带来整个建筑行业范式的转变

建筑设计及建造总是需要与其时代经济、科技和社会发展水平相匹配。作为信息时代建筑学的一种价值观和方法论，循证设计本质上是一种信息（知识）集成化的设计方法，“循证设计”之于传统“常规设计”将带来整个建筑行业范式的转变，概括来讲，就是以证据（知识）集成为基础的全行业设计运作模式。

11）基础平台：信息集成系统

当前信息化发展对于建筑学的影响主要体现为两个方面：一是“参数化设计”，二是

"建筑信息管理"。相对于仅仅停留于形式创造的"参数化"应用来说，"建筑信息管理"通过与建筑的整个生产体系的结合，从而实现对信息资源的系统整合和过程的有效控制，这无疑是一种进步。

但是，目前的建筑信息化管理仍然没有发挥实质性作用。一方面，就信息的形式和内容而言，现有的项目信息管理系统囿于信息的存在和组织形式，不能被灵活查找和应用，无法转化为现实生产力。而且，现有信息系统中仅仅保存了设计的直观成果，而对于更重要的、能够反映设计构思和意图、设计原理及演变过程等核心内容仍然空白。

另一方面，就信息管理的过程而言，当前过分地关注了"建筑信息化"的外延，通过BIM等专项技术的应用，尽管可以完成对设计、建造等各个环节的信息集成，实现对项目全生命周期信息的有序组织和有效控制，然而，其整个过程中的操作对象仅仅是项目常规运作的基础数据，对信息的加工方式也只是直接的汇总、连接、有序化、共享等表层处理。却并不能基于这些"信息"，实现对"知识"的自动提炼及结构化存储和快速检索应用，因而仍然无法实现"基于知识指导设计"的需求。因此，在当前信息极度泛滥，而有用知识却仍然匮乏的局面下，亟须对项目信息进行深入加工和挖掘，从而建立一套能够真正有效地支持设计决策的知识管理系统。

循证设计对于证据的提炼和管理，正是一种有效的知识管理方法，而最终所建立的循证设计证据系统，也正是一种能够直接支持设计的"知识"平台。其最根本特征在于信息的构成和组织方式：拆解为微观层面的具体证据。具体而言，就是对现有项目信息进行综合分析、拆解和提炼，从中获得一系列微观层面的具体问题及解决方案，以构成独立证据，然后以证据为基本单位进行系统性的组织存储和检索应用。如此一来，基于循证设计的理论和实施方法，按照其对证据来源、质量、形式的明确要求，以及证据收集、制作、存储、检索的研究框架的指引，可以为知识管理提供一条切实可行的实施途径，据此可以迅速建立起一种清晰完善的运行机制，以带动建筑行业知识系统的建设；反过来，完善的知识系统也为循证设计的实施提供基础和保障。由此可见，未来的信息化建设，应将项目基础信息系统与循证证据系统同步建设并深入结合，逐步从信息管理走向对证据知识的积累、利用和创新。

12）建筑业设计模式转变：从传统设计到循证设计

事实上，在建筑实践中，设计者大部分的工作都是在重复应用其专业知识与技能，各项目（尤其是同类项目）设计中容易遇到的困难，一旦拆解为微观层面的具体问题之后，其解决的思路和策略很多都大同小异。况且，现代建筑工程的复杂性早已不是仅凭建筑师个人所能控制，任何一个人都无法全面考虑一项设计可能产生的所有后果及影响，因此必须将所有人的认识综合起来整体加以利用。由此可见，专业经验和知识的积累与应用极为重要。但在行业实践中，一直以来，设计者对设计案例的参考，都是比较随意的、浅层次的自发行为，根本原因在于：一是缺乏成熟的"基于知识"的设计理论指导，二是缺乏完善的设计知识系统支持。由此导致系统化的设计难以推进，现有项目资源也无法与设计模式相结合，转化为现实生产力。

循证设计，作为一种信息集成化的设计方法，本质上就是一种对已有设计经验和知识的"重用"。首先通过对实践证据的不断积累，集聚起全行业的整体知识，然后通过在设计中系统性地应用已有知识，提高设计的质量与效率，与此同时带来设计思维方式、设计者职能角色、设计模式以及组织方式的全方面变革。

那么，循证设计如何可行？现如今，在信息和网络技术的支持下，信息传播所能达到的深度、广度以及所具备的潜力是前所未有的。借助“大数据”时代的信息技术大发展，人类能够以前所未有的速度生产和使用证据，从而在真正意义上催生了“循证设计”的登场。换言之，循证设计作为一种以信息为基础的设计方法，正是信息时代为建筑学提供的新机会。

从更加宏观的角度来看，以“信息背景和技术”作为“知识管理”的支持，以“循证设计”作为“知识管理”的指导方法，以“知识管理系统”作为“循证设计”的实施基础，以“循证设计”作为“绿色建筑”的品质保证，将这几方面有效结合并同步发展，必将带来建筑学科与行业的一次巨大跃升。

12.1.2　循证设计的操作体系

在循证设计的概念相对清晰、理论相对完备之后，如何确保循证设计获得系统性地有效实施就成为迫切需要解决的一大问题。而循证设计的真正意义，也只有在其能够对实践整体带来广泛性的积极影响之后，方能得以体现。因此，本研究的第二大部分借鉴循证医学和产品知识管理的成熟体系，尝试搭建循证设计操作体系的基础架构，围绕证据和数据库建设的一系列相关问题展开初步的系统研究，从而为循证设计从理论到实践的应用提供实现途径和操作指南。

1. 循证设计的实施架构

1）循证设计的发展目标

借鉴循证医学的实践成果，可以预见循证设计的后续发展方向为：

（1）建立结构式文摘二次建筑文献数据库，实现基础数据的实时采集、深度挖掘与二次开发，持续不断地从已有研究成果中积累原始证据。

（2）从政府、企业、专业人员、建筑教育等多维度入手，基于后效评价的循环机制，建立起生产和使用证据的一般模式和策略，直接从设计实践中积累原始证据。

（3）基于建筑行业权威平台，建立循证设计网络中心，汇集行业集体智慧，并建立相应的证据汇集、表达、分级、分类、存储、检索的规范体系，从而为循证设计的信息举证提供强有力的支持平台。

（4）建立统计分析、系统评价、科学决策的有效方法和操作模式，以保证“最佳证据”的获得及其应用创新。

（5）建立循证设计方法学指导小组，对相关专业人员进行循证设计宣传、培训与指导。

（6）创办《循证设计》杂志，在整个行业内系统性地传播最新证据。

（7）基于循证设计的试点实施反馈结果，并结合中国国情和建筑行业现状，建立行业机制，制定相关政策、标准、法规，并开发相关软件，从而推动循证设计在整个建筑领域的普及，最终带来建筑学的全面转变与升级。

2）循证设计的实施模式

在笔者看来，Hamilton 先生提出的循证设计模式，只能算作“循证设计”的一部分，仅仅是一个“独立”的“用证”过程。所谓“独立”，是指其注重的是个体的循证设计行为，而缺失循证设计网络的“系统”基础；所谓“用证”，是指其“假定”证据天然存在，并不关心证据的产生，因而缺失作为其使用前提的“创证”过程。实际上，循证设计实践应包含两个方面：既包括“创造证据”，又包括“使用证据”。而且，在循证设计发展的初始阶段，前者更应该作为研究的起点和重点。

本研究所建立的循证设计实施模式，在 Hamilton 的循证设计模式基础上，对“创证”过程加以补充并整合，从而呈现一个同时包含“创证”和“用证”的循证设计完整过程。

(1)“创证”：对建成项目开展使用后评价，积累原始证据。

·通过调查研究，选择典型的、有价值的，并且具有可操作性的研究对象（项目或问题）。

·查阅该项目的相关资料及已有研究成果，并进行初步现场踏勘，掌握项目大致情况。

·对该项目的业主及设计者进行访谈，发掘及回溯项目的建设背景和条件、设计的主要目标和理念、设计方案的主要特点、面对的主要问题、解决的办法、预期的效果、实现的结果、改进的办法、预防的措施、技术细节等具有针对性的具体问题，同时请教该类项目的普遍性设计经验。

·对项目实体及空间进行解构，综合运用各种研究方法，开展调查研究：针对项目的解决措施、预期结果等，选择适当手段，进行实际检验；同时结合建筑用户及管理人员的评价反馈，总结建筑实际取得的成功效果及存在的显著问题。

·对查阅、访谈、调查及测量的所有结果逐项进行评价分析，从中确立一些关键的、对未来具有指导价值的具体问题。问题分为 2 大类：①已成功解决的问题，检验其有效性，然后以问题为线索，按照“问题—背景—原因—措施—目标—结果”的结构加以组织，形成完整的原始证据，纳入数据库；②对于未解决的问题，继续遵循以下“用证”过程，为其寻找解决办法。

(2)“用证”：使用最佳证据指导实践决策。

·明确需要解决的关键问题，并将其转化为可研究的问题。

·从问题中提取需求特征，制定相应的检索策略，全面地搜集相关证据。如果检索结果不满足要求，则需要对设计问题进行继续分解，然后重复检索。如果仍然不存在符合要求的证据，就可以认为所研究的设计问题是一个尚未被研究和思考的新问题。在这种情况下，便需要开展专门研究，从而形成新证据。

·综合运用定性与定量的科学方法，对检索到的相关证据进行来源等级、真实性、重要性、相关性评估和统计分析，以从中获得“最佳证据”。

·深入理解设计证据，运用批判性思维对其进行解读，并对其在特定项目中的意义作出分析判断。

·基于对最佳证据的分析结果，并结合设计者的个人经验、业主的目标和愿望，以及项目的具体情况，形成设计概念。

·基于设计概念假设预期结果，并明确地加以记录，以便于日后评价检验。

·实施决策方案，并在项目建成后，选择一项或多项测量方法对假设进行检验，以确定其是否实现。

·对评价结果进行总结，将经考证的成功结果作为新证据，纳入证据库，并按照一定的规则及时修改和更新证据库；失败结果作为新问题，进入下一循环过程。

2. 循证设计网络中心建构及相关应用策略

循证设计的实施，最根本地，依赖于大量可供查询检索的证据。因此，建立循证设计网络中心，广泛地积累和传播设计证据，便成为循证设计发展和普及的关键，也是实现循证设计的一系列长远效应的基本前提。因此，本研究借鉴其他领域知识系统建设的经验，并基于建筑行业自身的特点，首次尝试对“循证设计网络中心”的建构进行系统性探究。

循证设计的应用性质是其最重要的特征，基于这个前提建立的循证证据系统，在信息的组织方式上，与传统的项目信息系统必然完全不同：传统的建筑信息系统及模型，以建筑项目为对象和单位构建数据库；而本研究所建构的循证设计网络中心，建议以具体的、独立的证据为对象和单位构建数据库，从而使得数据结构简明、清晰，突出重点，将核心的信息加以提炼，并通过规范化的方式进行信息表达，然后以统一的标准进行分类和存储，不仅减少了数据存储的难度，更重要的是大大提高了证据被有效检索和使用的效率。

但是，循证设计网络中心的建立并不是要取代传统数据库，传统数据库尤其是BIM全周期信息数据库可用于为证据的生产提供基础信息。最终，所有的数据库，集成为中央数据库，从而使得各种层面的信息交叉关联，形成“大数据”的开放网络格局。

循证设计网络中心的构建是一项复杂工程。本书对于“循证设计网络中心”的研究，首先从建筑专业的证据需求角度入手，围绕“证据”生产与使用的全生命周期展开初步的系统探讨，目的在于初步建立结构化的证据支持系统，从而为循证设计向实践层面的推进做好准备，同时也为该研究领域的进一步发展提供基础条件。

1）证据的收集与制作

证据的获取与加工是建立循证设计网络中心最关键、最复杂的一步。一般的项目信息必须经过总结和分析，对其中有价值的知识进行拆解和提炼，使之具体化，然后经过检验，方能成为循证设计的原始证据。

（1）证据的收集

为循证设计的使用后评价，必须采用化整为零的方式，将项目拆解为一系列具体的独立问题。因此，开展建成项目评价的第一步就是，按照一定的原则对工程项目进行解构，得出影响建筑性能的各个因素。由于各个因素都是按照一致的原则进行的解构，因此可以将同类工程项目的评价信息进行横向对比，更有利于日后对相应证据的参考和使用。

通过借鉴现有POE的评价指标体系，本研究按照建筑项目由外而内的顺序，建立如下的解构步骤和策略：首先，对项目的整体背景及外部环境进行分析和解构；第二，是对建筑实体进行分析和解构，为下一步的功能分析提供实物载体；第三，是对各个功能空间进行分析和解构，得出影响建筑功能和行为的空间因素；第四，对空间内部的设施配置进行分析和解构。最终，以各阶段得出的关键因素为对象，建立评价和分析指标框架。然后根据特定项目特点及评价需求，建立核心指标。

（2）证据的制作

通过调查研究，收集到一系列遵循“背景—问题—目标—措施—效果”路径，经过实际检验的独立完整的“证据知识”之后，接下来，就需要对证据进行加工制作。由于循证网络中心的基本组织策略是面向主题。因此，提出正确的问题是循证设计实施的起点，也是确保其不断发展的生长点。证据的制作，乃至整个循证实践的第一步首先需要恰当地提出问题。

本研究在对循证医学 PICO 格式进行借鉴和转义之后，提出循证设计构建问题的 PICO 格式；基于循证设计的基本原则，初步建立了证据的基本结构，以此规范的模式汇集每个独立证据的完整信息，为后续统一存储和管理提供条件。

什么样的证据是有价值并可以进行收集的？就设计证据而言，就是在一个建筑项目中，设计者巧妙地处理某些具体的设计问题的独特经验或设计智慧，这些策略不仅在当前已被实践证明有效（在否定一项证据时，则是证明其失败或无效），而且其措施或原理、方法等对于未来项目的类似问题也具有一定的指导作用。基于此原则，本研究列举了一些证据样本，以供循证实践者借鉴。实际上，有价值的证据样本比比皆是，任何的建成项目中都或多或少地蕴含着大量可贵的经验教训，唯一的问题在于，这些知识并不像最终的施工图一样“现成地存在”，而是需要有意识地专门发掘和积累，而这也正是循证设计的根本使命和真正价值所在。

2）证据的表达与存储

（1）证据分级

项目信息经过集成和检验，按照规范化的结构，被制成合格的证据之后。接下来就需要根据证据的来源、主题及其他相关属性对证据进行分级、分类，并按照相应的标准建立信息存储模型，然后基于统一的信息编码标准和存储机制，整合纳入循证设计网络中心。

借鉴循证医学的证据分级方法，结合建筑专业自身的特点，本研究提出循证设计证据的分级原则和方法：由于现有学术文献、书籍、网站等来源的信息，其形式并非基于循证设计的应用目的，其成果也未经过实践的检验，因此，其研究结果的可靠性有待进一步考证。相比之下，经过研究者严格设计，针对实践项目开展的实际研究，所积累的证据，只要执行得当，可信度会很高。因此，应优先选用纳入循证设计中心的经过严格检验和制作的高质量的研究证据。在此原则指导下，本研究将循证设计的证据分为以下 6 大级、13 小级。同时，面向执行过程，为使用者制定了综合证据质量和推荐强度的标准，以方便理解和使用。

（2）证据分类

证据的分类存储是循证设计网络中心建设的基础和关键步骤。由于设计证据本身具有多样性和复杂性特征，同时，考虑未来建筑行业信息系统的全面整合，因此，循证设计的证据分类体系采用“面分法”的信息分类方式。在证据存储与检索的过程中，需要先将证据对象的附着信息进行多元性归属分析，然后分别基于不同的分类标准，归于相应的类型集合。通过这样的分析，一个独立证据就具有了多方面的类别属性对应关系。

对证据的分类可从各种不同的角度考虑。每个证据都在以不同的形态或方式表现着不同侧面，每一个侧面都代表着一种相应的属性。在证据分类的过程中，可以基于不同的属性特征，划分不同的类别，甚至需要在主题属性下结合子主题之间存在的明显差异将其再分类。本研究作为对证据分类方法的初次讨论，尚不涉及严格的完整分类标准。只是初步探讨对证据进行分类的可能性，建立了一个划分证据类别的大致范围和框架。

（3）证据表达体系

为了进一步实现对证据知识的计算机管理，以及与其他信息系统的数据交换。还需要基于统一的规则，用适当的符号对证据知识加以表达。基于对现有各种知识表达体系的综合分析，本研究建议采用基于本体的知识表达方式，也即是通过对概念的定义及概念之间关系的描述来表达证据知识。

证据的表达模型可描述为：

<证据知识>::=（<概念>，<属性>，<关系>）

<概念>::=（<类>）

<属性>::=（<继承属性>，<预定义属性>，<自定义属性>）

<关系>::=（<Part-of>，<Kind-of>，<Instance-of>，<Attribute-of>）

（注："类"包含不同层次，"属性"可根据实际需要自由添加扩展，"关系"说明见表7-9）

这种基于本体的语义建模，将为后续"面向主题"的语义检索提供基础和便利。

基于本体的循证设计证据表达，需要恰当地定义属性，建立起完善的基础属性集，这是建立面向现代信息系统的知识表达体系最为关键的一步。参照IFC的属性集分类方法，本研究设定了循证设计证据属性集的基本构成，将其分为性能属性集和证据属性集两大类，由于证据的内容和表现形式的多样性，性能属性集和证据属性集都需要进一步划分为预定义属性集和自定义属性集。属性集的应用需遵循以下3个基本原则：按需集成、动态扩展和全局一致性。根据证据特点选取相应属性集组合，以进行数据描述。同时，本研究还结合循证设计的基本原则，以及项目评价体系的基本内容，初步建构了循证设计证据的属性集。

（4）证据编码体系

证据的检索、存储、传递都离不开代码。本研究借鉴现有建筑信息编码标准，并与循证设计证据的分类和表达方式充分结合，制定了循证设计的证据编码系统策略：打破单一的信息编码惯例，采用证据分类编码和属性代码分离的方式。对于前者，需要在证据分类入库的过程中，选择相应类别，并沿用其相应代码；对于后者，包括预定义和自定义的证据属性集，以及"外部引用"信息编码，均划为属性代码，由软件设计人员直接设计或者系统自动生成到数据库中，用户只需要根据存储及检索需求选好相应属性即可，不需要考虑对其编码。如此一来，便可以大大减少编码量。

3）证据的检索与应用

在完成证据的收集制作、分级分类和编码存储之后，下一步就是根据数据库的自身特点，建立相应的检索查询系统。实际上，证据的最终应用才是收集和存储的根本目的。

以基于本体建立的循证设计证据库为基础，与按类别、属性"主题"的存储方式相对应，循证设计网络中心采用的检索机制是基于本体的语义检索。在循证证据系统中，检索的基本方式是基于检索问题与需求的所有相关属性（即对相关概念、类别、属性进行动态组合）与系统知识之间的匹配，检索过程也即可以拆解为一系列不同层次的匹配任务。因此，证据的检索体系可使用如下的结构化表达式：

<Task>::=<<Task1>，<Task2>，<Task3>，<Task4>，……，<Note>>

其中，Task 为根据问题及检索需求选择的各种相关属性（概念或属性组合），Note 为备注，即可补充属性。

基于本体的设计证据检索步骤，依次为：①确定检索问题；②确定检索主题词；③选择检索类别及属性集；④制定检索策略进行检索扩展；⑤调整检索；⑥分析和评价检索结果。

4）证据的评估与决策

基于实际需求，查找到相关证据之后，就需要对证据进行初步评估。证据的评估具有差异性：对于纳入循证设计网络中心的经过实际检验的证据，由于已具有明确的证据分级以及推荐强度，因此可以直接用于统计和比较分析。而对于其他外部来源的证据，则需要对其真实性、重要性、相关性等进行实际评价。

本研究基于证据的特点，选择并归纳了一些可靠性和适用性较高的统计分析方法，用于对证据进行定性和定量分析，以从中筛选出“最佳”证据。基于最佳证据，便可以制定设计决策。对于循证设计而言，不排斥经验决策，但复杂情况下则更提倡科学决策。决策分析包括以下步骤：定义研究问题，并确定不同的决策备选方案，以及每一种方案的结果；采用决策树的方法对问题进行结构化；估计每种方案各项结果的概率；对最终结果的效用值赋值；根据决策树，计算每种备选方案的期望值并进行比较；与客户的意愿和项目的实际条件相结合，制定出最佳的设计决策；对结论加以评估检验。此外，在证据应用的同时，还必须不断对证据系统进行评测、更新和维护。

5）证据的研究与升级

对于循证设计而言，由项目信息提炼而成，经过检验后纳入循证设计中心的原始证据，即可作为直接用于指导实践的有效证据。但与此同时，随着循证设计网络中心证据资源的不断丰富，仍然有必要对原始证据进行进一步研究，使之成为更高级别的证据，从而更有效地指导决策。

为高级别证据的形成，循证医学有对照实验、系统评价、荟萃分析等方式，可资循证设计借鉴。此外，Cochrane 协作网的运行机制和发展成果，为循证设计网络中心建设提示了清晰的发展方向。借助计算机网络技术的成熟与发展，循证设计领域也终将建立起一套行之有效的系统性的证据生成和传播机制。

6）建立行业机制

循证设计对于建筑行业的真正价值，依赖于其在实践领域的有效实施和全面普及，而实施和普及的最佳途径是，由政策制定入手，面向设计实践、组织管理、教育模式、制度法规等多维度，构建起基于循证设计的现代建筑行业机制。

（1）基层政府层面：由政府立项，要求每个项目在报建、施工、竣工各阶段，提交最终成果的同时，提交不少于 5 项项目典型证据。同时建立规范化的建成项目评价机制，待建筑运行一定时间后，安排专门机构有针对性地进行评价检验，符合条件就可纳入循证数据库，从而逐渐积累设计证据。未来可以考虑通过抵税及评奖的方式，来建立循证设计的促进和推广机制。

（2）企业层面：企业及设计者应基于统一标准，持续地收集和积累证据，逐步建立起一个高效的循证设计证据系统，并建立相应的存储、共享、检索、更新等操作准则，形成规范化的管理和使用模式，以帮助设计者准确、迅速地获取最佳证据。将证据系统与项目管理深入结合，不仅可以节约资源，提高效率，更重要地，可以提升设计成果品质，从而提升竞争力。

（3）教育层面：循证设计的全新运行机制，必须全面融入到专业教育中。循证设计参与教育的过程同时包括对证据的使用和创造。一方面，首先需要开展“循证设计方法学”教育，使学生及早了解“循证设计”的基本目标、原理与方法。同时将循证设计网络中心的证据信息，作为基本的教学资源，从根本上改变传统教育的抽象化弊端。另一方面，应充分激发学生的能动性，进行证据的广泛收集和积累，不仅有利于他们的实践学习，同时有利于循证数据库的迅速壮大和完善。

（4）行业指导层面：经过几年的应用和试错之后，针对实施情况以及积累的证据成果进行全面总结，以此为基础，制定统一的证据生产与应用的详细实施步骤；建立一套具有可行性的共享与传播证据的有效机制；经试点应用和修正之后，形成循证设计的专项标准规范，并开发相应软件。与此同时，建立和完善循证设计网络中心的开放平台，并通过协作网、《循证设计》杂志等途径加以推广。

最后，支持循证设计的证据系统建设决不能脱离现代建筑信息体系而孤立地建设，而是应该与当下迅猛发展的 BIM 信息系统，以及发展了几十年的 GIS 地理信息系统充分结合，从真正意义上，实现由建筑到城市层面的全面信息整合，这才是信息时代的到来所将引发的真正革命。

12.2　后续研究展望（循证设计实践体系）

实际上，无论是循证设计还是知识管理，都是一项实践性的工作。目前来说，无论国内外，在研究理论指导下系统性地开展循证设计的实践研究尚无先例。本书通过借鉴其他行业的经验，并基于建筑行业的自身特点，初步预设和构建了完整地理解和实施循证设计的系统逻辑和方法，其最大的意义在于，紧密结合建筑行业的现实状态和发展需求，提出了一整套从理论上具有针对性、契合时代发展趋势、切实可行的解决策略，然而，从科学研究角度而言，这只能算是一种假设或者可能性。其实施效果究竟如何，还有待大量的实践应用，以检验其有效性。在真正的实施过程中，必定还会遭遇各种困难，只有将那些具体的问题一个个地加以解决，才能将这套体系真正落实，并完整地构建起来。另外，在此次对于循证设计操作理论的初次研究中，有很多内容仅仅列出了大致的方向和框架，细节并不完善，比如，对于证据的提取要素、分类、属性、关联关系等具体内容的研究落实，必然需要依托大量的设计实例进行广泛和深入地挖掘，如此方能确保其后续的有效应用。因此，本研究接下来最为迫切的工作，就是紧扣操作理论，开展循证设计的实践研究，以大量的实践案例为基础，并结合具体的操作应用，对其加以修正、扩充、优化和完善，最终建立一套可靠的、可行的、系统的循证设计体系。

12.2.1　研究计划及目的

众所周知，在物理学中，总是从较为典型的模型开始研究。同样，对于循证设计实践来说，为了得到切实有效并具有广泛指导意义的方法和结论，必须立足于一个最典型的建筑领域，重点而深入地研究一类项目（或问题）的一系列证据。研究的问题应该尽可能地具体化，而且最终需要形成一个完整的体系，如此一来，方能具有切实的指导和推广价值。

纵观整个建筑领域，建设量最大，涉及和影响范围最广，与人们的生活最为息息相关的一类典型项目就是住宅建筑。而且住宅建筑的功能相对简单明确，实际效果与使用者的主客观感受的关联性较大，结论的普适性相对较高。更为重要的是，中国过去 30 多年经历了大规模的城市建设和发展，在建成住宅的规模和数量上，都已相当可观，正迫切需要基于扎实的学术理论进行系统总结。因此，综合上述一系列原因，本研究后续将选取城市住宅建筑为切入点，选择大量具有代表性的建成案例，运用循证设计操作理论的相关策略，开展一系列针对住宅证据的调查、收集、分析、评价、组织等实践研究。一方面建立起大量的证据样板，以指导和提升此类建筑的整体设计和建造品质；另一方面，对本研究的预设体系进行检验和完善，从而为在更大范围内推广循证设计以及基于证据的知识管理提供准备和支持。同时，作为建筑专业领域的明确需求和导向，为下一阶段的循证设计证据库及决策支持系统（映射为计算机语言）的建设提供条件。

需要强调的是，不同于传统意义上的类型建筑研究，也不同于针对单个案例开展的完整的使用后评价，对于住宅建筑的循证实践研究更侧重基于一般研究方法的前提讨论问题，通过充分发掘此类项目中的有价值的具体证据，形成一套行之有效的循证设计操作与应用模式，此过程与方法的意义更大于结论。

12.2.2　研究的远期目标

更加长远地来看，希望能够基于建筑行业的权威平台，协助建立循证设计方法论研究组、循证设计网络中心，以及《循证设计》杂志，并经过若干年的实践积累，为循证设计专项规范的编制做好准备。

最终，通过循证设计系统的理论和操作体系指导，大量的证据样板以及循证实践的应用示范，为建筑学建立起以证据指导建筑设计的科学方法，以证据（知识）集成管理为基础的全行业设计模式，以未来应用为目标的循证设计网络系统，以及完善的现代建筑行业运行机制，从而将我国的建筑事业推向一个信息和知识的全新阶段。

本章小结

针对本书内容需要特别指出以下 3 点：

（1）本研究对循证设计理论体系的探讨，引用了大量的业内学者专家和实践者的经验和看法，借以证明和支持笔者的论证，目的在于以文本方式直观地体现“循证”的本质思想——“用证据和事实说话”，从而令结论更具有可信性。与此同时，在当前信息大量存在的前提下，也提示出一种具有现实意义的研究策略与方向——信息的有效整合。

（2）本研究对循证设计操作体系的系统初探，由于无法获得业内研究成果的指导，所以在许多环节上，不得不参照循证医学等其他学科的相关模式，在一定程度上相当于是在为本系统的建设寻找“跨领域证据”，但绝非拿来主义的直接套用，而是基于建筑学科自身的特点进行了专门的考量、转换及重新设计。

（3）从严格的科学研究角度来讲，这种探索性的研究成果尚未完善，后续还有待大量的实践检验与修正。然而，在现阶段发表的信心主要是来源于互联网产品“迭代思维”的启发。我们知道每一种互联网产品的第一版本都可能是粗糙的，甚至可能存在重大缺陷，但是经过几次迭代之后，就能达到相对完美的状态。其隐含意味在于，对一种包含众多复杂因素的未来事物的探索，几乎不可能一次性地解决问题，一步走到完美，唯有不断地假设和反馈，在反复迭代中逐步升级完善，而这其中确立一个具有价值性和可行性的迭代起点尤为重要。那么，本研究在一定程度上正可以看作是对这种起点的一个预设，主要目的是抛砖引玉，加强交流，以带动更多的专业同行共同关注并推进循证设计的建设和发展；同样重要的是，基于建筑学自身的角度，明确地提出目标与需求，以寻求更广泛领域的专业支持与协作，从而推动循证设计进入更加深入严谨的研究阶段。

如有不妥之处，恳请专家和读者不吝指正！

附录：循证医学应用一例

用循证医学证据指导股骨粗隆间骨折的治疗决策

赵文志　张路　方旭　何盛为

摘要：用循证医学证据指导股骨粗隆间骨折的治疗决策，在权威评价系统中查询最佳证据。结果显示，外固定架和髁头型钉不适用粗隆间骨折；DHS 具有明显优势；不能证明人工关节置换和内固定何者占优。提示应用循证医学证据指导股骨粗隆间骨折的治疗决策，可以对患者实施个体化治疗。

关键词：循证医学；股骨粗隆间骨折；临床决策

随着社会人口的老龄化，股骨粗隆间骨折日益增多。因其对生活质量的影响严重，长期以来一直受到人们的高度重视。然而由于本病患者年龄较大，多伴有不同程度的骨质疏松和其他内科基础疾患，全身状况较差等原因，使得在治疗上较难以达成统一意见。

尽管有部分学者推荐保守治疗，但多数学者首选手术治疗，并且已收到良好效果。当前临床上常用的固定物有钉板系统、髓内固定系统以及外固定系统。钉板系统以动力髋螺钉（Dynamic Hip Screw，DHS）为代表，髓内固定物有 Gamma 钉、髓内髋螺钉和股骨近端髓内钉（PFN）等，外固定系统主要为外固定架。如今，不同内固定物的适应证尚没有统一，不同作者报道的愈后资料也不尽一致。此外，在以下方面还存在不同意见：维生素 D 及钙剂是否能促进骨折愈合；预防性应用抗生素是否有意义；术后预防下肢静脉血栓形成是否必要；术前是否需要常规牵引等等。

随着信息社会的快速发展，人们面对大量纷繁多样的文献报道和预后资料，医生在对股骨粗隆间骨折的临床治疗作出决策时会陷入一种两难境地。如何选择一种安全有效、适应患者个性化医疗要求的治疗方案，是临床医生所面临的一个新的课题。不断发展与完善的循证医学为我们解决这一问题提供了非常宝贵的方法论。

目前，发达国家已将系统评价和随机对照实验（RCT）的结论作为制定临床治疗指南的主要依据。Cochrane 系统评价是 Cochrane 协作网成员在 Cochrane 统一的 HandBook 标准下完成的系统评价。目前，它已成为传播循证医学的最佳数据库。

笔者运用循证医学理论和方法，以 Cochrane 系统评价和 New Zealand Guidelines Group（NZGG）制作的髋部骨折循证指南为根据，搜寻最佳医学证据，为股骨粗隆间骨折的临床决策提供有意义的参考。

1. 循证过程

1.1　提出问题

围绕股骨粗隆间骨折的围手术期治疗，提出如下问题：（1）手术治疗还是非手术治疗；（2）如采取手术治疗，具体方式是什么；（3）术前是否需要常规牵引；（4）预防性应用抗生素的意义；（5）术后预防下肢静脉血栓形成是否必要；（6）维生素 D 及钙剂是否能促进骨折愈合。

1.2　检索证据

1.2.1 Cochrane 系统评价数据库：在 Cochrane 系统评价数据库（http://www.cochrane.org）中查找骨关节肌肉损伤协作小组制定的关于 hip fracture 的 Cochrane 系统评价。

1.2.2 美国国立指南数据库 NGC：检索美国国立指南数据库 NGC（http://www.guidelines.gov），可得到2003 New Zealand Guidelines Group（NZGG）制作的髋部骨折循证指南：Acute management and immediate rehabilitation after hip fracture amongst people aged 65 years and over。

2. 循证结果

2.1 手术治疗与保守治疗的比较

Conservative versus operative treatment for hip fractures inadults 系统评价严格纳入 5 个保守和手术治疗对比的随机对照实验（RCT），共计 428 位老年患者。评价标准为：保守治疗并发症，手术后并发症，解剖复位程度，死亡率等。RCT 结果：保守和手术治疗的最终结果无显著性差异。但手术治疗可以减少住院时间，加快康复。保守治疗恢复较慢，畸形愈合比较多见，宜在无现代手术设备情况下应用。

2.2 手术治疗的方式选择

2.2.1 外固定架与髓外内固定板：Extramedullary fixation implants and external fixators for extracapsular hip fractures in adults 系统评价中，共纳入 14 个随机对照实验，总计 2222 个主要为老年女性的患者。结论为：与髋部滑动螺钉相比，外固定架有较高的固定失败率。因此，髋部滑动螺钉显示出明显的优势。

2.2.2 髓内针与髓外内固定的比较：Condylocephalic nails versus extramedullary implants for extracap sular hip fractures 系统评价中，共纳入 11 个随机对照实验，总计 1777 例患者。经系统评价后作者认为：髁头型髓内钉的优势被伤肢再骨折、慢性疼痛以及肢体畸形等并发症等所抵消。因此，髁头型髓内钉尤其是 Ender 钉在转子间骨折的治疗中已不再适用。

Gamma and other cephalocondylic intramedullary nails versus extramedullary implants for extracapsular hip fractures in adults 系统评价中，比较了头髁型髓内钉（Gamma、PFN）与髓外固定物（滑动髋部螺钉）的优劣。共计 32 个随机对照实验，5155 个患者。结论认为：由于滑动髋部螺钉的并发症少，与头髁型髓内钉相比，滑动髋部螺钉在转子间骨折的治疗中显出明显优势。对于转子下骨折，尚需更多的证据支持头髁型髓内钉的优势。

2.2.3 不同的髓内针之间比较：在 Intramedullary nails for extracap sular hip fractures in adults（不同头髁型髓内针设计之间相比较）中，共纳入 7 个总计 1071 个主要为女性患者的随机对照实验。其中 4 个随机对照实验为 PFN 与 Gamma 钉的比较，共计 910 个患者，提示两种设计在手术中以及骨折愈合过程中的并发症无明显差别。在另两个随机对照实验共包括 171 个患者的研究中，1 个改变了螺钉的设计，1 个改变锁眼的设计。两项研究均未得出肯定结论。因此，有限的证据表明，不同的髓内针设计并无显著差别。

2.2.4 人工关节与内固定的比较：Replacement arthroplasty versus internal fixation for extracapsular hip fractures in adults 系统评价中，2 个随机对照实验共计 148 名年龄大于 70 岁的患者。1 个 RCT 为人工关节与髋部滑动螺钉相比较，另 1 个 RCT 为人工关节与 PFN

的比较。两者在手术时间，伤口并发症，再手术率，生活自理能力等无明显差别，但人工关节置换需输血的比例较高。笔者认为：有限的证据尚不能证明人工关节在不稳定型骨折治疗中比内固定占有优势。

新西兰指南小组（New Zealand Guidelines Group，NZGG）在《65 岁及其以上患者髋部骨折的紧急治疗和快速康复》临床循证指南中指出，与钉板系统和髓内钉系统相比，用髋部滑动螺钉治疗股骨粗隆间骨折会得到更优的结果，作为 A 级推荐。

2.3　术前牵引的意义

在 Pre-operative traction for fractures of the proximal femur in adults 系统评价中，共纳入 10 个 RCT 总计 1547 个患者，比较牵引治疗是否可以减轻术前疼痛，是否有利于术中复位及提高复位质量等，并没有得出肯定结论。新西兰指南小组的临床循证指南中也认为：术前常规使用下肢牵引毫无必要，A 级推荐。

2.4　抗生素的应用

在 Antibiotic prophylaxis for surgery for proximal femoral and other closed long bone fractures 这篇系统评价中，研究了髋部骨折和其他闭合性长骨骨折手术治疗预防应用抗生素的意义。纳入 22 个研究 8307 个患者。以伤口感染（深、浅），泌尿系感染，呼吸道感染，药物副作用和经济学评价作为研究指标。结论为：术后应当应用抗生素。多倍剂量与单剂量相比，在预防伤口感染、泌尿系及呼吸系统感染的作用无显著差别。经济学模型评价结果为：一代头孢菌素具有最佳成本-效益比。

2.5　低分子量肝素在术后的应用价值

Heparin，low molecular weight heparin and physical methods for preventing deep vein thrombosis and pulmonary embolism following surgery for hip fractures 系统评价中，对肝素、低分子量肝素及物理方法在术后预防下肢深静脉血栓及肺栓塞的意义进行了系统评价。纳入 31 个 RCT 总计 2958 个患者。肝素、低分子量肝素可以预防下肢深静脉血栓形成，但对于肺栓塞的预防价值尚需更多证据支持。足部、腓肠肌按摩泵可预防下肢深静脉血栓及肺栓塞，但先后顺序尚需深入研究。

2.6　维生素 D 及钙剂的应用

Vitamin D and vitamin D analogues for preventing fracturesassociated with involutional and post-menopausal osteoporosis 中认为：维生素 D 及钙剂可以显著减少髋部骨折发生率（7 个 RCT，18778 例患者）。每天服用维生素 D 及钙剂可以减少高危人群的髋部骨折发生率，已经髋部骨折的患者体内维生素 D 呈低水平，亦应每天服用。A 级推荐。

3. 循证结果总结

结合 Cochrane 系统评价数据库和新西兰指南小组循证证据：对于股骨粗隆间骨折的外科治疗，宜首选滑动螺钉系统（DHS）和人工关节置换，而不推荐使用外固定架和 Ender 钉；髓内系统不比滑动螺钉优越，鉴于髓内固定手术操作要求较高，手术固定之前需取得良好复位，两枚股骨颈内螺钉精确植入困难。故不推荐髓内系统。不能证明人工关节在不稳定型骨折治疗中比内固定占有优势；术后预防深静脉血栓形成和预防感染很有必要；维生素 D 及钙剂可以预防髋部骨折的发生，对髋部骨折的治疗也有促进作用。

4. 骨科领域实践循证医学的特殊性

骨外科专科性质的特殊性决定了在骨外科领域里实践循证医学具有一定的特殊性。

4.1 骨外科 RCT 试验的局限性

在骨外科领域开展高质量的 RCT 试验，存在很大的局限性，也同样面临严峻的医学伦理问题。而且，不是所有的骨科治疗领域都有完备的 RCT 级别证据。尤其在国内开展骨外科领域的 RCT 试验，更存在多方面因素的限制。因此，在证据级别不够的情况下，需依次采用下一级别证据。在目前骨外科治疗领域，专家级建议仍是证据主要来源。

4.2 强调医师的临床实践能力

在骨外科治疗领域实践循证医学理念时，医师的专业知识不仅体现在对于病情的认知能力上，更多的体现在具体的手术治疗当中，即手术熟练程度，对各种植入物生物力学性能了解程度等等。一个最佳的证据由一个不熟练的术者实践，还不如退而求其次，采用一个术者熟练的技术。

4.3 主客观因素的影响

骨科患者多需要较长随访期才能获得最终疗效以及患者功能的康复评定，这常使一些疗法的结果在早、中、晚期呈现不同表现，由于主观和客观功能评定的差异，使许多文献的结果无法进行比较。因此，需依据循证医学理念，以预防和降低严重事件的发生率，延长患者寿命，提高生活质量等终点治疗指标作为骨科治疗的目的。

4.4 手术的选择

患者的意愿往往体现在是否手术的决定上，而手术的选择，在目前国内往往受经济因素影响。因此需要有外科经济学分析的观念，采用成本-效益比分析，结合患者的条件进行外科决策。

在今天仅靠个人或一个研究群体很难积累完善的临床资料，循证医学的方法论更加符合现代骨科临床的要求。使用高级别、高质量证据是实践循证骨外科学的要求。

5. 循证医学指导外科治疗决策的未来展望

医学的发展大致经历了 3 个阶段：第一个阶段为蒙昧医学阶段，或经验医学阶段；第二个阶段为实验医学阶段；第三个阶段为循证医学阶段。循证医学阶段的主要手段是通过科学的设计实验，以统计学为基础，对所观察到的实验数据进行处理和分析，从而得出结论。但循证医学也是存在一定局限性的。循证医学的结论以大量的初级来源证据为基础，这需要消耗大量的人力、物力和时间，虽然综合了多家的研究进行系统性评价，但也不可避免出现偏倚。理论医学的产生可以弥补循证医学的缺欠，它可以站在系统的高度预测系统运行的逻辑规律，可以按规则寻找系统运行的关键证据。确信，随着医学发展的第四个阶段——理论医学阶段的到来，理论医学将弥补人类智力的缺憾，大大地缩小人类认识生命现象的循证范围。

参考文献

1. 循证设计方面

[1] 王一平. 为绿色建筑的循证设计研究 [D]. 武汉：华中科技大学，2012.
[2] 王一平等. 建筑数字化论题之一：终结 [J]. 四川建筑科学研究，2009（2）.
[3] 王一平等. 建筑数字化论题之二：循证 [J]. 四川建筑科学研究，2009（3）.
[4] 王一平等. 建筑数字化之教育论题 [J]. 华中建筑，2009（11）.
[5] 王一平等. "识别无障碍性"的问题框架与研究方法 [J]. 四川建筑科学研究，2012（2）.
[6] Roger Ulrich. View through a window mayinfluence recovery from surgery [J]. Science，1984（224）.
[7] D. Kirk Hamilton，David H. Watkins. Evidence-Based Design for Multiple Building Types [M]. John Wiley&Sons，Inc.，2009.
[8] Peter C. Lippman. Evidence-Based Design of Elementary and Secondary Schools：A Responsive Approach to Creating Learning Environments [M]. John Wiley&Sons，Inc.，2010.
[9] Linda L. Nussbaumer. Evidence-based Design for Interior Designers [M]. Fairchild Books，2009.
[10] McCullough. Evidence-based Design for Healthcare Facilities [M]. Sigma Theta Tau International，2010.
[11] Gordon H. Chong，Robert Brandt，W. Mike Martin. Design Informed：Driving Innovation with Evidence-Based Design [M]. John Wiley&Sons，Inc.，2010.
[12] Sharon E. Straus. Evidence Based Medicine（3rd Edn）[M]. Elsevier Pte Ltd.，2006.
[13] Rosalyn Cama. Evidence-Based Healthcare Design [M]. John Wiley&Sons，Inc.，2009.
[14] Clare Cooper Marcus，Naomi A. Sachs. Therapeutic Landscapes：An Evidence-Based Approach to Designing Healing Gardens and Restorative Outdoor Spaces [M]. John Wiley&Sons，Inc.，2013.
[15] Cynthia McCullough. Evidence-Based Design for Healthcare Facilities [M]. Sigma Theta Tau International，2009.
[16] EmilyPhares. Evidence-Based Designin Healthcare Interior Design Practice [M]. LAP Lambert Academic Publishing，2011.
[17] D. Kirk Hamilton，Mardelle Shepley. Design for Critical Care：An Evidence-Based Approach [M]. Architectural Press，2009.
[18] Linda L. Nussbaumer，Evidence-Based Design for Interior Designers [M]. Fairchild Books，2009.
[19] Ann Sloan Devlin. Transforming the Doctor's Office：Principles from Evidence-Based Design [M]. Routledge，2014.
[20] Emily Phares. Evidence-Based Design in Healthcare Interior Design Practice [M]. LAP Lambert Academic Publishing，2011.
[21] American Institute of Architects Design for Aging Post-Occupancy Evaluations [M]. John Wiley&Sons，Inc.，2007.
[22] Cynthia A. Leibrock，Debra D. Harris，Design Details for Health：Making the Most of Design's Healing Potential [M]. John Wiley&Sons，Inc.，2011.
[23] Michael Phiri，Bing Chen. Sustainability and Evidence-Based Design in the Healthcare Estate [M]. Springer，2013.

[24] Anjali Joseph, D. kirk Hamilton. 卵石工程——协同循证案例研究 [J]. 钱辰伟译. 城市建筑, 2011 (6).

[25] D. Kirk Hamilton. 循证设计：用科学研究指导医院设计 [J]. 柏鑫译. 中国医院建筑与装备, 2012 (10).

[26] 吕志鹏, 朱雪梅. 循证设计的理论研究与实践 [J]. 中国医院建筑与装备, 2012 (10).

[27] Roger S. Ulrich. 支持性设计——循证设计的重要理论 [J]. 中国医院建筑与装备, 2012 (10).

[28] Mardelle McCuskey Shepley. 循证设计的研究方法：建成评估 [J]. 中国医院建筑与装备, 2012 (10).

[29] Roger S. Ulrich. 循证设计理论为科学决策提供支持 [J]. 中国医院建筑与装备, 2012 (10).

[30] D. Kirk Hamilton. 循证设计对解决核心设计问题很有帮助 [J]. 中国医院建筑与装备, 2012 (10).

[31] Gail Vittori. 循证设计提升了设计决策的质量 [J]. 中国医院建筑与装备, 2012 (10).

[32] Joseph G. Sprague. 循证设计在医疗设施设计导则制订中的应用 [J]. 中国医院建筑与装备, 2012 (10).

[33] Rebecca Leonard. DW Legacy Design 工程 [J]. 世界建筑导报, 2013 (6).

[34] 舒平等. 基于循证理念的建筑设计过程解析 [J]. 城市建筑, 2014 (18).

[35] 黄锡璆. 从系统化方法到循证设计 [C]. 第十二届全国医院建设大会, 2011.

[36] 荆子洋等. 循证设计支持下的可持续医疗建筑设计 [J]. 中外建筑, 2014 (2).

[37] 潘迪. 医疗建筑的循证设计研究 [J]. 华中建筑, 2012 (9).

[38] 晁军, 刘德明. 趋近自然的医院建筑康复环境设计 [J]. 建筑学报, 2008 (5).

[39] 晁军, 谢辉. 英国医院建筑的循证设计初探 [J]. 城市建筑, 2008 (7).

[40] 杨文登, 叶浩生. 社会科学的三次“科学化”浪潮：从实证研究、社会技术到循证实践 [J]. 社会科学, 2012 (8).

[41] 舒平等. 基于循证设计理论在教学空间设计中的案例研究 [J]. 城市建筑, 2014 (20).

[42] 龙灏, 况毅. 基于循证设计理论的住院病房设计新趋势——以美国普林斯顿大学医疗中心为例 [J]. 城市建筑, 2014 (25).

[43] 金鑫等. 基于循证设计理念的医院急诊医学科服务效率研究——以北京朝阳医院为例 [J]. 城市建筑, 2012 (5).

[44] 官东. 医疗建筑的循证设计分析 [J]. 城市建筑, 2014 (6).

[45] 陈冰. 医院建筑设计策略及评估方法——英国 BREEAM 的启示 [J]. 建筑学报, 2011 (S2).

[46] 陈筝. 走向循证的风景园林：美国科研发展及启示 [J]. 中国园林, 2013 (12).

[47] Craig Zimring 等. 以循证设计为基础的绿色医院设计 [C]. 绿色医院解决方案国际研讨会, 2011.

[48] 尹茗喻. 基于循证设计的康复环境景观设计要素 [J]. 安徽农业科学, 2011 (5).

[49] 张文英等. 设计结合医疗——医疗花园和康复景观 [J]. 中国园林, 2009 (8).

[50] 温燕. 基于循证理论的绿色建筑设计方法研究——以重庆市建科院科研办公大楼方案设计为例 [D]. 重庆：重庆大学, 2013.

[51] 魏哲. 循证方法在城市设计中的应用研究 [D]. 哈尔滨：哈尔滨工业大学, 2011.

[52] 方圆. 循证设计理论及其在中国医疗建筑领域应用初探 [D]. 天津：天津大学, 2013.

[53] 侯学良. 建设工程质量问题的循证管理方法及其应用 [M]. 北京：中国电力出版社, 2010.

[54] 侯学良. 基于循证科学的建设工程项目实施状态诊断理论与应用 [M]. 北京：电子工业出版社, 2011.

[55] 侯学良等. 中国住宅工程质量问题的循证管理方法及其实证研究 (1) ——质量问题的群因素分析

[J]．土木工程学报，2008（7）．

2. 循证医学方面

[56] 王家良．循证医学［M］．第2版．北京：人民卫生出版社，2014.

[57] 张天嵩等．实用循证医学方法学［M］．第2版．长沙：中南大学出版社，2014.

[58] 董碧蓉．循证医学系列讲座第二讲：循证医学与治疗决策［J］．中国医院，2002（7）．

[59] 谢瑜，李幼平．循证医学：从范式到文化［J］．医学与哲学（人文社会医学版），2010（6）．

[60] 翟拥华．基于循证医学实践的知识管理［J］．科技情报开发与经济，2010（5）．

[61] 赵文志等．用循证医学证据指导股骨粗隆间骨折的治疗决策［J］．医学与哲学（临床决策论坛版），2008（9）．

[62] 李幼平，王莉．循证医学研究方法［J］．中华移植杂志（电子版），2010（3）．

[63] 殷兆芳，吴士尧．从循证医学到循证实践［J］．循证医学，2007（1）．

[64] 张玉，李娜．循证医学数据库建库方法和检索策略研究［J］．医学信息学杂志，2009（9）．

[65] Sharon E. Straus 等．循证医学实践和教学［M］．第3版．詹思延等译．北京：北京大学医学出版社，2006.

[66] 杨克虎．循证医学［M］．北京：人民卫生出版社，2007.

[67] 王吉耀．循证医学与临床实践［M］．第3版．北京：科学出版社，2012.

[68] 罗盛等．基于能力培养的非医学类专业本科生循证医学教学改革与实践探索［J］．中国教育技术装备，2014（2）．

3. 建筑策划与使用后评价方面

[69]（美）威廉·M. 培尼亚，史蒂文·A. 帕歇尔．问题探查——建筑项目策划指导手册［M］．王晓京译．北京：中国建筑工业出版社，2010.

[70]（美）Wolfgang F. E. Preiser，（加）Jacqueline C. Vischer. 建筑性能评价［M］．汪晓霞，杨小东译．北京：机械工业出版社，2009.

[71] 庄惟敏．建筑策划导论［M］．北京：中国水利水电出版社，2000.

[72]（美）伊迪丝·谢里．建筑策划——从理论到实践的设计指南［M］．黄慧文译．北京：中国建筑工业出版社，2006.

[73]（美）罗伯特·G. 赫什伯格．建筑策划与前期管理［M］．汪芳，李天骄译．北京：中国建筑工业出版社，2005.

[74] Wolfgang F. E. Preiser，et. al.. Post-Occupancy Evaluation［M］. Van Nostrand Reinhold Company，1988.

[75] 吴硕贤．建筑学的重要研究方向——使用后评价［J］．南方建筑，2009（1）．

[76] 朱小雷，吴硕贤．使用后评价对建筑设计的影响及其对我国的意义［J］．建筑学报，2002（5）．

[77] 苏实，庄惟敏．建筑策划中的空间预测与空间评价研究意义［J］．建筑学报，2010（4）．

[78] 张维，庄惟敏．建筑策划操作体系：从理论到实践的实现［J］．建筑创作，2008（6）．

[79] 郭昊栩．岭南高校教学建筑的使用后评价及设计模式［M］．北京：中国建筑工业出版社，2012.

[80] 徐晋，迟琳．刍议建筑策划阶段的独立性——信息处理与价值管理角度［J］．价值工程，2009（10）．

[81] 赵东汉．建筑使用后评价访谈及应用浅析［J］．山西建筑，2007（13）．

[82] 汪晓霞．建筑后评估及其操作模式探究［J］．城市建筑，2009（7）．

[83] 石谦飞，马冬梅．商业建筑建成环境使用后评价指标体系研究［J］．太原理工大学学报，2008（5）．

[84] 王祖纬，城市开放空间使用后评价方法研究［D］．太原：太原理工大学，2008.

[85] 苏实．从建筑策划的空间预测与评价到空间构想的系统方法研究［D］．北京：清华大学，2011.
[86] 陈树平．公共建筑使用后评价模型构建与应用研究［D］．天津：天津理工大学，2011.
[87] 胡礼基．基于设计完成度的建筑质量评价体系初探［D］．深圳：深圳大学，2013.
[88] 梁思思．建筑策划中的预评价与使用后评估的研究［D］．北京：清华大学，2006.

4. 建筑数字化方面

[89] 王立明，龚恺．解读格雷戈·林恩［J］．建筑师，2006（3）．
[90] 俞传飞．分化与整合——数字化背景（前景）下建筑及其设计的现状与走向［J］．建筑师，2003（1）．
[91] 俞传飞．在形式之外——试论数字化时代建筑内涵的变化［J］．新建筑，2003（4）．
[92] 姜爱林．城镇化、工业化与信息化的互动关系［J］．城市规划汇刊，2002（5）．
[93] 李恒等．BIM 在建设项目中应用模式研究［J］．工程管理学报，2010（5）．
[94] 叶飞．数字技术对建筑设计影响初探［D］．西安：西安建筑科技大学，2009.
[95] 贾巍杨．信息时代建筑设计的互动性［D］．天津：天津大学，2008.
[96] 郑聪，基于 BIM 的建筑集成化设计研究［D］．长沙：中南大学，2012.
[97] 孙悦．基于 BIM 的建设项目全生命周期信息管理研究［D］．哈尔滨：哈尔滨工业大学，2011.
[98] 刘艺．基于 BIM 技术的 SI 住宅住户参与设计研究［D］．北京：北京交通大学，2012.
[99] 张洋．基于 BIM 的建筑工程信息集成与管理研究［D］．北京：清华大学，2009.
[100] 季征宇．建筑工程设计中的知识管理［M］．北京：中国建筑工业出版社，2008.
[101] 姜得晟．工程勘察设计单位信息化集成应用系统建设探讨［J］．技术与工程，2008（1）．
[102] 刘霁等．用知识管理带动勘察设计企业的信息化［J］．中国勘察设计，2011（3）．
[103] 过俊．BIM 在国内建筑全生命周期的典型应用［J］．建筑技艺，2011（Z1）．
[104] 谢辉．组织隐性知识整合及扩散机制研究［D］．长沙：中南大学，2005.
[105] 谢益人，阎丽．谈勘察设计行业的 PDM 应用与实施［J］．中国勘察设计，2006（6）．
[106] 张凯．我国建筑业信息资源管理研究［D］．武汉：华中科技大学，2004.
[107] 温军．通用设计思想下的公众参与研究［D］．成都：西南交通大学，2012.
[108] 万冬军等．用户参与建筑设计的实现方法研究［J］．土木工程学报，2005（3）．
[109] 付晓惠．绿色建筑整合设计理论及其应用研究［D］．成都：西南交通大学，2011.
[110] 章红宝．钱学森开放复杂巨系统思想研究［D］．北京：中央党校，2005.

5. 制造业产业体系方面

[111]（美）斯蒂芬·基兰，詹姆斯·廷伯莱克．再造建筑——如何用制造业的方法改造建筑业［M］．何清华等译．北京：中国建筑工业出版社，2009.
[112] 郭戈，黄一如．从规模生产到数码定制——工业化住宅的生产模式与设计特征演变［J］．建筑学报，2012（4）．
[113] 史晨鸣．建筑学对大量性定制的回应［D］．上海：同济大学，2006.
[114] 周兵，麦尔斯．汽车百年［M］．北京：金城出版社，2012.
[115] 李燕华，高秀均．飞机维修性并行设计技术［J］．航空制造技术，1998（6）．
[116] 王普．飞机异地协同数字化设计制造技术［J］．航空制造技术，2001（4）．
[117] 赵群力．飞机一体化设计技术［J］．航空科学技术，2004（3）．
[118] 刘佳等．网络化集成制造平台下个性化定制系统研究［J］．机械制造．2005（8）．
[119] 赵翠萍．大批量定制生产模式在现代制造业中的应用［J］．机电产品开发与创新，2006（5）．

[120] 柳丽，叶飞帆．大批量定制实现的方法和策略［J］．机电工程，2005（7）．
[121] 李萍．21 世纪新的制造模式——大批量定制的探讨［J］．机床与液压，2005（3）．
[122] 荣烈润．大批量定制——21 世纪的主流生产方式［J］．机电一体化，2005（1）．
[123] 顾新建等．大批量定制：未来制造业的主流生产方式［J］．成组技术与生产现代化，2002（2）．
[124] 顾新建等．面向大批量定制生产的模块化制造系统［J］．组合机床与自动化加工技术，2003（1）．
[125] 蔡波等．产品概念设计重用研究［J］．机械科学与技术，2002（4）．
[126] 胡建．产品设计知识管理关键技术研究及实现［D］．南京：南京航空航天大学，2005.
[127] 王玉．产品设计重用基础框架研究［J］．机械科学与技术，2003（5）．
[128] 张东民等．产品设计重用策略［J］．机械设计与研究，2007（1）．
[129] 王秋莲．基于可拓理论的产品绿色设计知识重用研究［J］．科技管理研究，2010（13）．

6. 哲学方面

[130]（美）Christopher Shields，ARISTOTLE［M］．London：Routledge，2007.
[131]（德）康德．纯粹理性批判［M］．邓晓芒译．北京：人民出版社，2004.
[132]（美）托马斯·库恩．科学革命的结构［M］．第 4 版．金吾伦，胡新和译．北京：北京大学出版社，2012.
[133]（美）威廉·詹姆斯．实用主义［M］．陈小珍编译．北京：北京出版社，2012.
[134]（美）Samuel Enoch Stumpf，James Fieser. 西方哲学史［M］．匡宏，邓晓芒等译．北京：世界图书出版公司北京公司，2009.
[135]（美）汤姆·洛克摩尔．在康德的唤醒下——20 世纪西方哲学［M］．徐向东译．北京：北京大学出版社，2010.
[136]（法）福柯等．激进的美学锋芒［M］．周宪译．北京：中国人民大学出版社，2003.
[137]（德）尤尔根·哈贝马斯．现代性的哲学话语［M］．曹卫东译．南京：译林出版社，2011.
[138] 司徒朔．北大在 1919［M］．北京：中国发展出版社，2011.

7. 建筑理论与历史方面

[139]（荷）赫曼·赫茨伯格．建筑学教程：设计原理［M］．仲德崑译．天津：天津大学出版社，2003.
[140]（英）布莱恩·劳森．设计师怎样思考——解密设计［M］．杨小东、段炼译．北京：机械工业出版社，2010.
[141]（美）肯尼斯·弗兰姆普敦．现代建筑：一部批判的历史［M］．张钦南等译．北京：生活·读书·新知三联书店，2004.
[142]（美）查尔斯·詹克斯．现代主义的临界点：后现代主义向何处去？［M］．丁宁等译．北京：北京大学出版社，2011.
[143]（加拿大）简·雅各布斯．美国大城市的死与生［M］．第 2 版．金衡山译．南京：译林出版社，2006.
[144]（法）勒·柯布西耶．走向新建筑［M］．陈志华译．西安：陕西师范大学出版社，2004.
[145]（意）布鲁诺·赛维．建筑空间论——如何品评建筑［M］．张似赞译．北京：中国建筑工业出版社，2006.
[146]（美）M. Elen Deming，（新西兰）Simon Swaffield. 景观设计学：调查·策略·设计［M］．陈晓宇译．北京：电子工业出版社，2013.
[147]（美）伦纳德 R. 贝奇曼．整合建筑——建筑学的系统要素［M］．梁多林译．北京：机械工业出

版社，2005.
[148]（美）肯尼思·弗兰姆普顿．建构文化研究——论19世纪和20世纪建筑中的建造诗学［M］．王骏阳译．北京：中国建筑工业出版社，2007.
[149] 吴良镛．国际建协《北京宪章》——建筑学的未来［M］．北京：清华大学出版社，2002.
[150] 刘先觉．现代建筑理论：建筑结合人文科学自然科学与技术科学的新成就［M］．第2版．北京：中国建筑工业出版社，2008.
[151] 顾孟潮．建筑哲学概论［M］．北京：中国建筑工业出版社，2011.
[152] 潘谷西．中国建筑史［M］．第4版．北京：中国建筑工业出版社，2001.
[153] 乔迅翔．宋代官式建筑营造及其技术［M］．上海：同济大学出版，2012.
[154] 时殷弘．现当代国际关系史（从16世纪到20世纪末）［M］．北京：中国人民大学出版社，2006.
[155]（德）奥斯瓦尔德·斯宾格勒．西方的没落［M］．张兰平译．西安：陕西师范大学出版社，2008.

8. 建筑实践方面

[156] AW访谈：王维仁［J］．世界建筑导报，2014（4）．
[157] 朱涛．合院的重复与变奏——读王维仁的建筑实践［J］．UED，2011（9）．
[158] 李虎．迟到的现代主义．OPEN建筑事务所日记，2012.
[159] 李虎，杨永悦．李虎+黄文菁的开放建筑［J］．建筑技艺，2012（3）．
[160] AW访谈：李虎+黄文菁［J］．世界建筑导报，2013（3）．
[161] 金秋野．光辉的城市和理想国（下）［J］．读书，2010（8）．
[162] 易娜，李东．界于理论思辨和技术之间的营造——建筑师王澍访谈［J］．建筑师，2006（4）．
[163] 李迈，Francisco Gonzalez. 理性地分析+诗意地建造［J］．世界建筑导报，2013（1）．
[164] 沈源．下一位建筑大师——技术管理使你的创意实现［M］．北京：中国建筑工业出版社，2010.（注：此书新版已更名为《建筑设计管理方法与实践》）
[165] 寿震华，沈东莓．轻松设计——建筑设计实用方法［M］．北京：中国建筑工业出版社，2012.
[166] 姜涌．建筑师职能体系与建造实践［M］．北京：清华大学出版社，2005.
[167] 杨秉德．新中国建筑——创作与评论［M］．天津：天津大学出版社，2000.
[168] 黄印武．在沙溪阅读时间（剑川民族文化丛书）［M］．昆明：云南民族出版社，2011.
[169] 范路，易娜．“前卫实力派”·“城市思想者”［J］．建筑师，2007（2）．
[170] 冯果川．病态语境中的建筑学基本问题［J］．新建筑，2013（5）．
[171] 范路等．转盘子与提问式设计方法——建筑师崔愷访谈［J］．建筑师．2006（2）．
[172] 王毅，王辉．转型中的建筑设计教学思考与实践——兼谈清华大学建筑设计基础课教学［J］．世界建筑，2013（3）．
[173] 张路峰．建筑评论写给谁看［J］．世界建筑，2014（8）．
[174] 崔愷访谈［J］．世界建筑，2013（10）．
[175] 黄文菁．华黎访谈［J］．世界建筑，2007（7）．
[176] 安娜·托斯托艾斯等．保护现代建筑遗产是建筑师肩负的社会责任［J］．UED，2013（12）．
[177] 顾大庆．香港现代建筑的设计研究及其对香港当前建筑设计发展的意义［J］．UED，2013（8）．
[178] 娜斯林·斯拉吉．住房—城市的物质［J］．世界建筑导报，2013（2）．
[179] 李翔宁．gmp与当代中国建筑的实践［J］．UED，2013（7）．
[180] 史建，冯恪如．王澍访谈——恢复想象的中国建筑教育传统［J］．世界建筑，2012（5）．
[181] 郑小东．材料与建造的故事——10个中国当代建筑师（事务所）访谈［M］．北京：清华大学出

版社，2013.
[182] 张路峰．设计过程：建筑师访谈录［M］．北京：中国建筑工业出版社，2012.
[183] UED 专访 Arup Associates［J］. UED，2014（4）.
[184] 始终如一的"一体化设计"——Arup Associates 的发展历程［J］. UED，2014（4）.
[185] 吴蔚．另类本土化［J］. UED，2013（7）.
[186] 杨小东．普适住宅——针对每个人的通用居住构想［M］．北京：机械工业出版社，2007.
[187] 别用球形把手：老年住宅室内设计 20 要点［EB/OL］.
http：//news. focus. cn/2013-05-10/3262042. html 2013-05-10.

9. 知识管理与数据库建设方面

[188]（美）彼得·德鲁克，约瑟夫·马恰列洛．德鲁克日志［M］．蒋旭峰等译．上海：上海译文出版社，2014.
[189]（日）野中郁次郎，竹内弘高．创造知识的企业：日美企业持续创新的动力［M］．李萌，高飞译．北京：知识产权出版社，2006.
[190] 李志刚．知识管理：原理、技术与应用［M］．北京：电子工业出版社，2010.
[191] 钱亚东．支持协同设计的知识管理系统研究与开发［D］．杭州：浙江大学，2006.
[192] 李湘桔．基于知识管理的建筑设计企业项目管理研究［D］．天津：天津大学，2009.
[193] 敬石开等．面向复杂产品总体设计的工程知识管理［M］．北京：中国科学技术出版社，2014.
[194] 张健．BIM 环境下基于建设领域本体的语义检索研究［D］．大连：大连理工大学，2013.
[195] 万毅．循证医学证据评价的语义模型与应用研究［D］．西安：第四军医大学，2009.
[196] 邱奎宁等．IFC 技术标准系列文章之一：IFC 标准及实例介绍［J］．土木建筑工程信息技术，2010（3）.
[197] 张汉义，邱奎宁．IFC 技术标准系列文章之二：IFC 标准形状表达及空间结构实例介绍［J］．土木建筑工程信息技术，2010（6）.
[198] 王琳，邱奎宁．IFC 技术标准系列文章之三：IFC 结构及数据实例分析［J］．土木建筑工程信息技术，2010（12）.
[199] 代一帆等．关于建筑数据表示和交换的标准 IFC［J］．建筑科学，2008（8）.
[200] 李犁等．基于 IFC 标准 BIM 数据库的构建与应用［J］．四川建筑科学研究，2013（6）.
[201] 邱奎宁，王磊．IFC 标准的实现方法［J］．建筑科学，2004（3）.
[202] 杨柳，侯永春．集成化建筑信息分类体系浅议［J］．江苏建筑，2003（3）.
[203] 毛振华，屈青山．建筑企业基础信息规范编码系统［J］．施工技术，2005（2）.
[204] 余宏亮等．建筑施工企业基础信息分类编码研究［J］．土木建筑工程信息技术，2014（1）.
[205] 曹阳．村镇住宅建筑产品分类及信息编码研究［J］．网络与信息，2012（9）.

10. 调查研究方法及案例方面

[206]（美）艾尔．巴比．社会研究方法［M］．邱泽奇译．北京：华夏出版社，2010.
[207] 朱贵芳．谈调查研究中的问卷设计［J］．莆田学院学报，2005（6）.
[208] 苏敬勤，崔淼．探索性与验证性案例研究访谈问题设计：理论与案例［J］．管理学报，2011（10）.
[209] 孙海法等．案例研究的方法论［J］．科研管理，2004（2）.
[210] 汪晓霞．使用后评估（POE）理论及案例研究——清华大学美术学院教学楼评价性后评估［J］．南方建筑，2011（2）.

［211］吴成，吴向阳．深圳大学学生公寓使用后评估的启示［J］．南方建筑，2012（5）．
［212］刘洋．本土建筑使用状态的观察与隐忧［D］．北京：中国建筑设计研究院，2012.

致　　谢

两易寒暑，付梓在即。首先特别感谢吴宇江编审对本研究出版工作的鼎力支持，值得我终生感激和学习的挚友！感谢史瑛编辑对书稿的细致加工和学术规范把关！感谢王维仁、王澍、崔恺、李虎、黄印武、Kengo Kuma、Peter Stutchbury、Jürgen Mayer H.、Christian Kerez、Francisco Mangado、Ole Scheeren 先生等诸多接受采访的学者专家们，以及陈世民、张道真、沈源先生等经验丰富的建筑师，对中国建筑界现实问题的真知灼见，为本书提供了有力的引证资源！另外，还有很多引用和参阅内容的作者，在此一并感谢！

我今生之最幸，遇恩师王一平先生！十多年慈父般耐心地守成和期待，为我指点迷津。继其“建筑学循证研究”的理论开山之后，我终究不负其所望地承续并拓展了这条学术道路！老师的指引：最是有先见之明，20 年之后将如何看待当下所做的事情！老师的告诫：历史上的事儿，公平地等待着每一个人，而承当需要勇气和胸怀！

感谢我的导师饶小军先生！不仅读研期间费心栽培，在我人生最低谷，再一次把我收留下来，为我撑起导报这片自由天空，使我有机会不断地汲取营养，完成蜕变和转型成长。永远记得老师的语重心长：“踏踏实实，做成一件事很重要！”感谢杨阡老师，我们一起在导报度过了最愉快的畅谈时光！在西北谷的咖啡座、415 会议室，无数次地给予我人文主义洗礼，为我树立了理想主义的生活榜样！

感谢心理学家朱泠老师，感谢文学院的张霁、王立新、赵东明、余洋、景海峰、王馨、葛欢欢、何志平、范晓燕、杨阡、蔡泓秋等多位具有“独立之精神，自由之思想”的文、史、哲、艺的老师们无私的教诲和指点，为我奠定了扎实的人文基础，给予我内心的激发与滋养，有着无可估量的力量和价值，使我终生受益！

感谢张福江大哥诚恳善意的叮咛嘱咐，感谢穗敏、王磊、王岩和书亚的全心鼓励，感谢覃力、甘海星、沈少娟、MaryAnn、乔迅翔、王浩锋等导报社的老师同事们，以及路达、黄松瑞、施苏等工作室的小伙伴们，为我营造了简单轻松的工作环境，带给我许多的温暖关怀！

感谢我亲爱的家人：爸爸、妈妈、弟弟和弟妹，家风纯正、厚德开明。至善和坚韧的种子塑造了我的基本人格！无条件的爱和支持是我永远的后盾！

感谢循证设计，赋予了我一条自觉地体悟自性、发挥生命能量的途径。时而自忖，一介后辈，何德何能竟敢妄谈行业未来发展的大问题。实非不自量力，仅仅是下定了奉献自己一生做点学问的决心，并选择了一个专门领域，坚持每天尽最大可能地去学习和思考，随后便源源不断地获得各种助力和自然呈现的结论，迫使我不得不写它出来，而自己只不过是一个心甘情愿地承办这件事情的工具。无意摸索至此，这条路，却已然清晰无二地呈现在我的面前，我识得了它，它也选择了我，那便只有当仁不让！这本书谨作为过去几年来持续思考和积累的一段总结，继而未来，我知道还有很多的事情等着我，丝毫不敢懈怠！

2015 年 9 月

于涵酝阁

Email：26710573@ qq. com